Planning for the People

中国城市规划学会学术成果

人本·规划

孙施文 等 著

中国城市规划学会学术工作委员会 编

中国建筑工业出版社

目录

序论

孙施文，中国城市规划学会常务理事、学术工作委员会主任委员，同济大学建筑与城市规划学院教授

孙施文

人民城市，规划赋能

一

"人民城市"的完整意义，是由"人民城市人民建，人民城市为人民"共同构成的。

"人民城市"决不是一句漂亮的口号，而是要付诸具体的行动中的。这就需要将人民的主体地位、发展要求和作用发挥贯彻在认识、组织、方法等行动的过程中，并不断地去推进、去完善的。行动是多种多样的，通过规划来落实、贯彻人民城市理念，是其中重要的途径，也是最为基础的途径。

人民，是个集合名词，由无数个体的人所组成；他们还组合成不同的群体，因此，既有共同的愿望和利益，也有多元的本底和各自的诉求。各类社会实存、组织和管理，都不只是为了满足人们的基本需求，尽管这是基础，但不是全部，而是要在排除掉任何先验假定的前提下，在人的全面发展过程中，由人们作出自己的选择，选择也就意味着在多种可能性中选择适意的结果。当然，不同人或人群有着不尽一致的憧憬、价值观和行事方式，因此，竞争、协商、合作等是人民作为一个整体其内部运作整合的基本机制，这种机制持续运行而呈现其外在的种种现象。

人民城市，不仅仅限于"城市"，而是涵盖了所有的人类聚居环境，是由无数个体人及其群体不断调节内在关系而共同生产生活的场域和谋求高质量发展、高品质生活的场景的集合。城市，不仅仅只是生活工作、维持生计的场所，更是人们实现人生意义、追逐梦想、实现憧憬的所在。人和社会的全面持续发展，是人民城市的基本目标。

人民城市，是治国理政和各项事业的出发点也是基本点，也是城乡人居环境

营造的价值基础。从规划师的视角看，正如何艳玲所总结的那样，就是要以人民为本，以人民需求为目标；以人民为先，价值冲突中以人民为遵循；以人民为主，坚持人民赋权与人民自觉（见本书王世福等）。这就需要规划师们坚持以人为本、以人民为主体的思想，认识城乡构成及其运行发展的特征与规律，认识人民发展愿望和对美好生活需求的内涵，才能做好与发展资源配置、社会经济利益协调相关的各项工作。正如王富海等人所呼吁的（见本书），规划理念首先需要进行一次革命，才有可能更好地推进规划内容、技术方法以及规划模式、规划制度等的变革，从而使人民城市真正落到实处。

也正是在这样的意义上，中国城市规划学会学术工作委员会在为 2022 年中国城市规划年会策划了"人民城市，规划赋能"主题后，即着手编撰本书，意图接续之前有关空间治理的探讨 ❶，从不同层面、多维视角来探究人民城市的内涵及其实现途径，以及规划如何真正践行人民城市理念，从而为"人民城市人民建、人民城市为人民"作出应有的贡献。

二

透视"人民城市"理念，其关键在于，人民基于生活、生计、生机的发展需求如何得到体现和满足，这与城市的设施供给、活动供给、制度供给有着密切的关系，在这供与给的过程中，人民的主体地位及其作用怎么得到体现和发挥。程鹏、李健和张剑涛的"以人民城市理念为价值导向的供需匹配再审视"一文，对"谁的需求、需求什么，谁来供给、供给什么"以及相互之间的匹配问题，进行了剖析，提出了"依靠人民、服务人民、成就人民"的供需匹配分析框架。论文提出，作为需求端主体的人民作为一个复合概念，包括了个体—群体—人民之间局部与整体、多元社会群体之间的辩证统一关系，需求的内容方面呈现出扩展化、升级化和差异化的特征，并具有显著的动态性，因此，在供给侧方面就需要动员多元主体在各方面同向发力，依据共建、共治、共享的供给策略，围绕"全龄友好"优化城市供给，以城市更新全面提升城市品质、以人的需求作为根本依据不断动态优化，推动高质量发展、创造高品质生活。

供需匹配提供了一个认识践行人民城市理念的认识框架，段德罡和陈炼、张

❶ 见《治理·规划》（孙施文等著，中国城市规划学会学术工作委员会编，中国建筑工业出版社，2020）和《治理·规划Ⅱ》（孙施文等著，中国城市规划学会学术工作委员会编，中国建筑工业出版社，2021）。

京祥和高煜的两篇文章则对具体路径进行了进一步的探究。尽管两篇文章的对象和主题有所不同，前者讨论的是乡村产业发展的逻辑关系，后者解析的是城市更新过程中的作用机制，但都揭示了随着对人民主体性的强调，供给过程及其作用机制需要有相应的调整或转变，从而保证供需之间的相适应。段德罡和陈炼的"村民主体性——乡村产业的内涵、逻辑及发展策略"一文认为，乡村产业不能仅从经济价值的角度来理解，而是应当体现村民主体性、尊重村民意愿与能力特征，能够带动村民就业、激活乡村地区生产生活活力的"为村产业"，并且强调只有充分尊重村民主体地位的乡村产业才有实际意义，只有建立在乡村整体价值基础上并与乡村价值体系相结合的产业才是属于乡村的产业。在此基础上，提出乡村产业发展的对策建议：建立企业下乡准入及利益分配机制保障农民利益；量体裁衣的产业设置确保农民乐业；常态化教育培训推动村民成长；福利性产业保底关怀弱势群体等。张京祥和高煜的"城市更新中的发展联盟重建——基于南京老城南地区城市更新的实证"一文，梳理了南京老城南地区城市更新从政府—市场为主体的"增长联盟"所推动的大规模拆旧建新，到以居民为中心、多元主体协同的"发展联盟"所施行的有机更新的发展历程，揭示出城市更新方式转变与更新主体——联盟的构成及其互动起着决定性的作用。张京祥等的文章针对当前城市发展转型的新形势新要求，城市更新行动从"地方裁量"向"国家意志"、从"物质再造"向"社会营造"转变的要求，提出在中国特色的国家政策驱动型城市发展治理模式下，"发展联盟"在城市更新中也面临着新的问题、新的挑战，需要在规划实践中直接面对并进一步地推进和完善。

"'人民城市'需要规划理念的革命"，是王富海、曾祥坤和张宸撰写的文章标题，相信也是他们发自内心的呼吁。文章提出，要真正践行人民城市，就要实现：规划对象要从关注人口转变到关注人民，规划视角要从英雄主义转变到平民主义，规划内容要从物质主义转变到综合运营，规划形式要从精英主义转变到共同缔造，规划方式要从经验主义转变到精准治理。而要实现这些转变，首先需要的就是转变规划理念，只有实现了理念的更新，才能引发技术、路径、模式、制度的更新。因此，文章号召规划师们必须要有革命的自觉。确实，相对于前些年我们在狂飙猛进的快速建设时期的规划作为来讲，规划的理念需要有全面的变革，城乡规划要为人民的安居乐业和美好生活作出贡献，而不是为利润、为增长，这是需要在规划师的头脑中确立起来并付诸行动的。而同时更为重要的是，"人民城市人民建"，要把规划事业看成是真正"具体为人民服务"的，具体落实人民在城乡发展治理中的主体地位，发挥人民在城乡发展中的主体作用。

　　与王富海等人的文章强调规划理念变革、规划转型和对城乡运营过程关注的视角相契合，同时关切到张京祥等人文章中有关"发展联盟"再结构的话题，周岚和丁志刚的"面向真实社会需求的城市更新行动规划思考"一文，针对实施中的城市更新行动提出了一些具体的策略。他们认为，当前的城市更新行动需要直面快速城镇化发展时期累积的安全风险、高基数上的经济可持续发展、高质量发展的百姓需求提升等中国独有的城市更新现实问题，需要响应居民深度参与、多元诉求和有限空间的沟通协商、行动实施的资金平衡等复杂社会需求，需要进行详实深入调查、在尊重意愿基础上进行实效沟通和务实合作、资金共担合作、持续在地运营的具体实操路径探索，整合"策划—规划—设计—建设—运营"的全生命周期管理。在此基础上，论文进一步提出了中国规划理论创新发展的方向。

　　袁奇峰和薛燕府的"珠江三角洲的土地发展权及其空间效应研究——以佛山市南海区狮山镇为例"和袁奇峰、陈嘉悦和邱理榕的"大都市区近郊乡村发展权的不均衡及共同富裕研究——以南海区里水镇为例"两篇文章，均聚焦在土地发展权问题上。发展权也称为开发权，概念并不新，是现代规划的奠基石，但在国内规划发展历程中，因为土地共有的制度特征而对此的讨论一直欠缺。近年来，因应农用地转为建设用地的管控强化以及乡村振兴、集体建设用地入市等制度创新的推动，在公共管理、法学、农业经济等学科领域已然成为研究热点。应该说这些研究还只涉及发展权的部分领域，无论是城市用地安排尤其是城市更新，还是农用地之间的转用等，都与发展权问题相关，尤其是在中国特定土地制度下有关发展权本身的研究值得进一步推进。从国际上已有研究发展来看，发展权是因规划管控的产生而形成的权益概念，规划管控的核心就是对发展权的管控，不仅有关能不能发展（开发），而且也关系到发展（开发）到什么程度。因此，发展权作为空间使用的权益之一，也就意味着规划对于这些权益的配置和协调，直接关系到所有权或者使用权人和使用者利益。也正是在这样的意义上，袁奇峰等人的两篇文章所倡导的以镇域为基本发展单元来构筑利益共同体、建立土地发展权交易和转移制度等，还需要进一步还原到特定土地制度和人民——个体、集体和整体的辩证统一体关系中进行讨论，从而才能够更好地认识土地发展权的赋权、调节和管控的实质性意义及其可能的制度、法律等方面的操作。"人民城市"，权益是个关键问题，而构成土地权益重要内容的"发展权"及其相关的课题，是空间治理和权益保障研究的基础，也是现代规划的基础性理论研究问题，有待规划同仁们继续深入研究。

三

人民城市中的"人民"是一个集合的概念，但其正是由一个一个的个体以各种方式组合而成的。从人的个体或群体出发来进行探讨，有助于我们更好地认识其可能涉及的维度和所需要应对的内容。当然，从个体和群体出发可讨论的内容众多，本辑中只是选取了有限的方面展开讨论。

杨宇振的"作为感觉的城市：人民之城的空间策略"一文，则从获得感、幸福感、安全感出发，紧紧抓住"感觉"的生成结构及其内在机理这一主题进行了思辨性的解析，希望以此来为空间营造的供给策略提供思想基础。论文在以城市作为感觉对象、对作为关系性存在的现代城市中的多重关系进行了清理的基础上，认为，价值认知是感觉的社会基础，国家感、现实感和地方感的互动和共构组成了城市基础性感觉，在不确定发展中生产地方的相对确定性是空间策略的基本出发点。而价值认知来自于具体的生活世界，在日常生活和社会实践中形成、在社会交往和矛盾冲突中转变，城市微小公共空间在此过程中有着重要的积极作用，而"地方人群的自组织和实践是微小公共空间存在的根本前提"。

黄建中、许燕婷和王兰的"个体行为视角下建成环境对健康影响的研究进展"的文章，则从个体行为的角度来综述了建成环境与健康的关系。近年来，健康城市的话题已经开始得到了关注，本文集中也有冷红等和袁媛等的其他文章对此进行探讨。健康城市的概念涉及个体的生理心理健康，也涉及社会和城市的组织和运行问题，之间存在着众多的交互作用，而清理其间的关系并用以指导规划实践，则是健康学者和规划学者需要通力合作的。黄建中等人的这篇文章从个体行为角度对既有研究成果进行了总结和提炼，揭示了建成环境的综合健康效应。当然，就个体的健康而言，既与个体特征及其生活方式与行为方式相关，与其生产生活活动的建成环境构成与组织有关，也与职业、家庭及社会交往等社会经济的因素相关，因此从个体到群体再到整体以及从行为类别落实到具体个体的反应之间都存在逻辑上的空隙，因此文章提出的"关注个体异质性提高解释力"，是健康城市研究需要进一步关注的。而要达到从相关性到因果性认识的学术研究目标，多学科的分工合作、汇聚研究焦点以及创新研究的技术手段等都需要有整体性的架构。

从个体视角出发讨论社区和城市，必然会涉及组织和自组织的话题，否则社区也就不成其为社区，城市也就不成其为城市。在中文的语境中，组织更具有自上而下的、从政府出发的倾向，这是下一组中要集中讨论的；而自组织则更多采用自下而上、从个体出发的视角。杨宇振的文章在最后提到，作为感觉的社会基础的价值认知，来自于由自组织形成的微小公共空间中的生活世界，但并未对此再作展开。汪芳、章佳茵和雷凯宇的"现代适应中传统民居自组织更新研究：以陕西榆林卫城四合院为例"则对自组织作了更进一步的阐发。

汪芳等的文章分析了传统民居在现代社会中因应居民生计模式转变、社会建构和日常生活实践需要等而进行的适应性更新，这些更新既来自于、也构成了居民构成、社会关系等方面的变化，也表现在居住方式、居住条件和各类支撑设施改善等方方面面。论文详细讨论了引发传统民居更新的驱动力量、内外部动力机制和不同更新阶段的表现与实现途径所产生的结果。从严格意义上讲，汪芳等人的文章中所提到的"自组织"更多指的是自发改造和更新，尽管其相互之间可能存在着在公共空间、空间使用方式与权益方面的竞争与协同，但其是否达成组织化或结构化的状态尚不明朗，而"失衡"现象的出现也多少反映出了这一点。

以特定群体为对象研究其需求并提出规划应对策略的研究，在本系列的年会主题论文集的每一册中都会出现。本书中，李志刚、亢德芝、何浩和邹润涛"我国'儿童友好型城市'的空间规划实践——以武汉为例"和袁媛、廖绮晶、朱倩琼和何灏宇的"'双减'政策背景下促进儿童健康的社区规划设计"两篇文章，都是以儿童这个特殊的群体为对象的规划策略研究。尽管王富海等人的文章对"**友好型城市"的提法持有异议，程鹏等和张菁等的文章都强调了"全龄友好"的概念，从城市整体上讲都没错，但在研究具体策略和实践中，针对特定人群进行专题性的分项研究，也同样是不错的工作方法，至少可以对相对应的需求、对策能有更加深入地理解和应对。如袁媛等人的文章从引导儿童主动体力活动、提升体质健康水平的目标出发，在分析不同年龄段儿童的行为特征和空间需求的基础上，提出了促进儿童健康的社区和校园规划设计的要求和原则，对于社区规划和校园规划设计的内容安排可以起到指导和强调的作用，当然在实践中还需要将其与其他年龄段或其他社群的活动及其要求进行组合，从而达成全龄友好。

四

践行人民城市理念，关注政府和规划工作开展及其制度建设同样重要，尽管这无可避免地带有比较明显的自上而下的视角，但不可否认的是，这些工作同样是人民城市建设中不可或缺的方面。但在管理和规划工作开展的过程中，必须坚持"以人为本""以人民为中心"的认识论和价值观，实践"人民城市为人民"的具体行动，从而使城乡规划真正成为"具体为人民服务"的事业。

在中文中，"城市"这个词有着多层所指，与英语中的"City"或"Urban"的指称不尽相同，而更为重要的是，城市在不同的文化中，对于人们生活的意义及其情感寄托也是极不相同的，这在日常生活、文学和影视作品的比较中是可以清晰看到的。正如武廷海和郑伊辰在"中国城市的体系特征及其对国土空间规划的价值"一文中所指出的那样，"中国城市是中华文明的结晶"，因此，如何在历史文化保护传承中，发挥城市在现当代文明中的独特价值，实现人民对美好生活的向往，也是"人民城市"营建的关键所在。武廷海和郑伊辰的文章基于对中国城市发展的历史研究，总结了中国城市体系发展的时空特征，探索基于自然、本于文化的未来城市体系解决方案，提出在当今开展的国土空间规划中，应当"以城市体系为空间骨架，巩固广域文化格局"，"以城市体系为空间引擎，建设现代化经济体系，实现高质量发展"，"以城市体系为关键空间，实现人与自然和谐共生"，"以城市体系为空间主体，建设人民美好家园，实现共同富裕"。

武廷海等的文章从历史文化传承角度将历史研究为现实或为指导未来规划而用，张松则以"新时代名城保护制度的完善与转型"一文，在强调历史文化名城保护的制度建设的同时，进一步扩展历史保护的范畴，为整体性保护和发展指出方向。今年是我国历史文化名城保护制度建立四十周年，张松的文章对中国历史文化名城保护制度的特色进行了总结，并面对其实施中仍存在的一系列挑战，在借鉴欧洲整体性保护的战略、策略措施的基础上，提出重新审视城市保护的社会经济价值，并将城市保护的重点内容与可持续发展的资源管理、文化多样性、建成遗产保护等整合起来，对国土空间规划中的历史文化保护传承、城市更新中的传统肌理保护等提出了具体的建议，并提出以保护优先、保留保护为主，建立以居民为主体的多种模式的保护体系，通过城市精细化管理有序开展城市更新行动。

城市山水环境作为城市整体环境的重要组成部分，也是城市空间及其特色展现的关键所在，黄玫和张勤在文章中也指出，"生态效益的转化有助于提升老百姓的幸福感"，但如何发挥山水资源更好为人民享用、不断提升人民的幸福感，仍然存在着诸多问题。刘奇志、朱志兵和徐放的"规划合理组织引导 山水资源服务人民"一文，总结了城市中山水资源利用在公共性、多功能性、历史文化价值体现、再利用的价值提升等方面存在的问题，提出在"工作组织层面，真正体现山水资源公共性，让更多市民能够享用"，在"规划编制层面，充分发挥资源多功能性，让其发挥更大价值"，在"文化价值层面，展现历史环境整体性，实现人文与自然相统一"，在"工程实施层面，合理选择资源再利用方式，实现资源效益最大化"。

张菁和付冬楠的"基于人本视角的城市空间规划策略思考"一文则在洞悉城市发展动力转变，即由生产驱动向消费驱动的转变的基础上，分析了当今城市中人的基本需求、消费特征、经济社会发展特点等的变化，结合天津、长春、合肥、深圳等城市规划实践，清理了从满足日常生活所需的生活文化设施配置到特定场景营造、由多元的价值观和生活方式所引发的场景促进人力资本汇聚、从而推动城市发展的自下而上的规划策略逻辑关联，由此揭示出与自上而下的规划思维相结合的思维进路。当然，在不同的空间层次上，如何将上下贯通并交织成统一整体的方式方法，仍需要进一步的研究。作者在此基础上，建立了从满足人的多元需求而不是简单地以产业发展的单一指标来评价城市发展的认识，并进一步提出了"引导职住平衡的组团城市建设，满足居民健康出行需求""立足人才需求推进创新空间创造，满足人才宜居宜业要求""推进全龄友好的人居环境，提升全体居民幸福感"等规划策略。

王世福和梁潇元的"设计赋能：责任规划师的设计治理实施机制研究"一文，承续了作者在《治理·规划Ⅱ》中有关"设计治理"的议题❶，在前文对设计治理模式总结的基础上，本文进一步深化讨论了责任规划师介入基层设计治理的实施机制。在分析北京责任规划师、广州社区规划师、广州重点片区总规划师制度实践的基础上，从"权责—工具"角度分析了规划师的作为以及20种设计治理工具的使用性质，提出规划师的角色要从设计技术人员向责任型设计代理转变，规划师的权责要从向上服务向双向赋能转变。王学海的"乡村振兴中的规划赋能"则提出规划如何为乡村规划赋能的问题。该文在总结国家政策推进和高速城市化进程中乡村振兴所面临的亟待解决的问题基础上，提出规划赋能乡村振兴需要树立全面视角，充分发挥规划的综合统筹作用，以发展的眼光优化空间管控，与村民一起做乡村发展需要的规划和有用的规划。

冷红和张天宇的"健康视角下社区韧性提升与城市更新响应"一文，以社区规划和城市更新为基础，综合了近年来"健康"和"韧性"两个热点议题，辨析了两者之间的关系，提出健康城市应当注重多维度的综合韧性的提升，公共健康是韧性建设的重要目标之一；韧性提升是健康社区建设的重要途径和抓手，而公共健康治理水平也影响着社区和城市应急能力和适应扰动能力。在此基础上，分析了社区健康与韧性提升对城市更新提出的要求，以及城市更新规划响应的策略，建议将健康风险与韧性评估纳入规划体系之中。

---

❶ 王世福，梁潇元. 半正式城市设计治理的中国实践 [C]// 孙施文，等著. 中国城市规划学会学术工作委员会编. 治理·规划Ⅱ. 北京：中国建筑工业出版社，2021：343–356.

五

本文集的最后一组论文是有关城市体检评估的。体检评估既是规划实施的监测，是对规划编制和实施进行动态修改完善的重要环节和依据。正如黄玫和张勤在"城市体检评估服务'人民城市'导向的规划转型和空间治理"一文中所说的那样，城市体检评估是规划制定、实施、监督全周期中承上启下的重要一环，因此，对于城市治理工作的开展具有重要作用。而更为重要的是，体检评估所确立的标准和指标以及评价方式，不仅是对过去规划编制和规划实施的监督、回顾与评价，而且会直接影响甚至规约了未来的规划工作开展。

黄玫和张勤的论文认为，如何与人民互动，将城市体检评估的成果反馈到规划中，然后通过规划实施来回应人民的需求，是规划从空间管理到空间治理的关键步骤。在具体分析并以"人民城市"的视角解读了《国土空间规划城市体检评估规程》内容内涵的基础上，提出未来改进的一些方向。作者认为，注重服务对象是城市体检评估成果应用体现"人民城市"的重要准则，因此，体检评估应当更好地反映民意、体现民意、落实民意，反映市民真实需求、达成市民的期望、充分考虑市民的心理感受度。在体检评估成果运用方面，要识别物质空间层面能解决的问题，从评估指标出发，构建科学的算法模型，细化分析对象的需求，找到背后的规划实施原因；要考虑到规划制定的链接路径，将评估结论翻译成空间语言，是规划从制定到实施的关键。

周建军、陈鸿和田乃鲁的"舟山群岛新区'五个城市'体检评估探索——基于对标新加坡海上花园城市的国际视角"和张艳、郭影霞和邹兵的"基于居住—就业空间布局视角的深圳城市多中心结构评价"两篇文章，则分别以舟山群岛新区和深圳为例，从不同的维度介绍了规划评估评价的内容。周建军等的文章围绕着绿色城市、共享城市、开放城市、和善城市、智慧城市的目标，参考了新加坡城市建设经验，建立了"绿色生态""社会共享""经济高效""文化品质""智慧科技"五个方面、由29个基本指标和20个推荐指标组成的指标体系，根据舟山新区的特点有针对性地完善了《国土空间规划城市体检评估规程》的评价内容。张艳等的文章运用手机信令数据分辨了市民居住地和就业地信息，从空间形态、城市功能等角度评价了深圳城市多中心的结构。居住—就业空间布局，关系到市民生产、生活活动的分布以及由此产生的交通联系，相互之间的关系直接影响到居民的日常生活，以此为基本视角进行评价具有重要意义，在此基础上，如能进一步分析多中心与居民生活的匹配程度，则不仅评价了多中心结构的状态，更可以说明多中心分布的合理性。

张剑涛 李健 程鹏

程鹏，博士，上海社会科学院城市与人口发展研究所助理研究员

李健，博士，上海社会科学院城市与人口发展研究所研究员

张剑涛，博士，中国城市规划学会学术工作委员会委员，上海社会科学院城市与区域研究中心客座研究员

以人民城市理念为价值导向的供需匹配再审视

1 引言

中国特色社会主义进入新时代，我国社会主要矛盾已经转化为人民日益增长的美好生活需要和不平衡不充分的发展之间的矛盾。从解决温饱问题，到全面建成小康社会，再到努力实现共同富裕，人民美好生活需要日益广泛，不仅对物质文化生活提出了更高要求，而且在民主、法治、公平、正义、安全和环境等方面的要求日益增长。相应地，中国城市的规划建设管理工作重心发生转变，需要"推进以人为核心的新型城镇化"，加快"城市病"治理，建设高品质人居环境和创造美好生活，切实增强人民群众的获得感、幸福感、安全感。2019 年 11 月，上海提出了"人民城市人民建，人民城市为人民"重要理念，深刻揭示了中国特色社会主义城市的人民性，强调城市是人民的城市，城市发展为了人民，城市发展依靠人民，城市发展的成果由人民共享。人民城市理念成为中国特色社会主义城市发展道路的新引领[1]。

人民需求和城市供给是城乡规划领域长期关注的议题。马克思需求供给理论认为，需求和供给不是简单地提供可以满足需求的产品，而是体现人与人之间社会关系和经济制度特征的历史范畴，体现了物与物和人与人两个层次上的关系[2]。人民需求和城市供给之间的供需匹配是个动态演化的过程。进入新发展阶段，经济、社会、技术和体制领域的宏观发展趋势导致需求端呈现出多社会群体、多类型需求等特征，在供给端亟需优化和完善城市规划建设管理的体系性供给响应。以人民城市理念为价值导向，城乡规划界需要深刻领会人民城市理念内涵，重新审视新阶段人民需求和城市供给之间供需匹配的新要求，回答好"谁的需求""需求什么""谁来供给""怎么供给"等问题，探索践行人民城市理念的行动路径。

2　人民城市理念与供需匹配演化的认识

在城市发展的历史进程中，人民城市理念具有深厚的理论基础和现实根基，人民需求和城市供给始终处于动态调适的演化过程中。以人民城市理念为价值导向，有效促进人民需求和城市供给之间的供需匹配，首先需要把握人民城市理念的深刻内涵和供需匹配演化的历史进程。

2.1　人民城市理念的价值导向

人民城市作为一种发展理念，是坚持以人民为中心的价值观在城市维度的体现 [3]，与"以人为本"等相近概念一样，都离不开真实的主体——"人"的尺度，其生成逻辑可以追溯到贯穿于整个近现代哲学发展史的人本主义哲学思潮的发展历程中。

"以人为本"从来都是具体的、历史的，不是抽象的、凝固的。因为，现实的"人"总是多样的，他们的权益总是多元化的，具体到以什么人为本，以人的哪方面的权益和能力为本时，并无一成不变的样式，而是始终发展变化着 [4]。无论是欧洲启蒙运动之前的"以神为本"或"以权为本"，还是我国传统价值观中将"人"和"民"分开，维护统治阶层利益的"以人为本"，都是以实现人的某些片面需求为目的、局限的"以人为本"。伴随着资本主义的产生，人本主义思潮逐渐兴起，逐渐经历了系统化和完整化的发展过程，开始把人当作世界的本真和最高的存在。马克思的实践唯物主义，在历史上第一次全面地整合了既有的人学思想，指出实践是包括人在内的全部世界的根基所在 [5]。尽管中国也经历了以阶级斗争为纲的年代，但从提出"为人民服务"，到改革开放的实践、"三个代表"重要思想和"以人为本"的科学发展观，通过理论与实践的结合把人本主义的价值观不断推向前进，逐渐走向以全体人民群众为本，以社会与自然和谐、人的全面发展为目标，构成了社会历史进步的逻辑所在。党的十八大以来，"以人民为中心"的发展思想被作为发展的首要原则和根本立场明确提出，成为贯穿五大发展理念的一条主线。这一思想涵盖了三个方面的内容，即，发展为了人民、发展依靠人民、发展成果由人民共享，分别回答了发展的根本目的、根本动力和根本价值问题 [6]。

城市是人类文明的集聚，城市发展进程中历来不乏"以人为本"的发展理念 [7]和"城市人"等理论 [8]。从"坚持以人民为中心的发展思想，坚持人民城市为人民"，到"人民城市人民建，人民城市为人民"，在城市发展普遍规律基础上叠加中国特色社会主义政治和意识形态，可以看作是人民城市理念的逻辑起点 [9]。人民城市理念继承和超越了中国传统民本思想，赋予马克思主义人本思想以新时代的内涵 [10]，具体可以站在人民城市的生活逻辑之上，从生活、生计和生机三个维度认识人民城市 [11]；也可以从"三个 People"的视角理解，即城市发展的目标是为人民创造更加幸福的美好生活（for People），城市发展的内容要聚焦人民群众的需求（of People），城市发展的路径要发挥人民群众主体作用（by People）[12]。人民城市重要理念作为发端于马克思主义城市思想的中国化实践，需要把握好个体、群体和人民的辩证统一关系，把握好硬实力和软实力的互动并进关系，把握好价值导向与实践推进的知行统一关系 [13]，不断推进具体的实践探索。

2.2　供需匹配演化的历史逻辑

研究人民需求，绕不开心理学中的"需求层次理论"。作为一个被广泛引用和不断改造的理论，马斯洛需求层次理论的核心观点在于个体需求满足的顺序是从低到高的，当低层次需求被满足之后，会转而寻求实现更高层次的需求 [14]。正是因为人民需求层次和对美好生活的向往处于不断变化的过程中，人民需求和城市供给之间的供需匹配贯穿了我国城镇化发展的各个历史阶段。

从中国社会主要矛盾的转化进程来看，1956 年党的八大提出"人民对于经济文化迅速发展的需要同当前经济文化不能满足人民需要的状况之间的矛盾"，1962年党的八届十中全会表述为"无产阶级同资产阶级的矛盾为整个社会主义历史阶段的主要矛盾"，1981 年党的十一届六中全会重新明确"人民日益增长的物质文化需要同落后的社会生产之间的矛盾"，党的十九大报告提出"我国社会主要矛盾是人民日益增长的美好生活需要和不平衡不充分的发展之间的矛盾"，体现出生产力水平的提高真实促进了人民需求结构和需求层次的发展变化，以及不平衡不充分的发展现状难以满足新的社会需求。具体而言，人民需求结构的日益扩展和需求层次的逐步提升主要体现在物质生活与民生保障需求水平日益增长、精神文化需求水平显著提升、扩大政治参与和影响公共决策的参与式需求开始显现、公平法治诉求变得特别突出等方面 [15]。在不同发展阶段，人民的需求层次和对美好生活的向往不同，党和国家提出的总体布局也不相同。改革开放以来，中国特色社会主义事业的总体布局实现了从经济、政治和文化"三位一体"到增加了社会的"四位一体"，以及增加了生态文明的"五位一体"的飞跃。

按照城市发展的一般规律，人民需求总体上也与我国的城镇化发展阶段紧密关联，即从生存阶段向基础阶段，到进阶阶段，再到生活品质阶段 [16]。从 1949年到 1978 年，30 年时间里我国城镇化率仅仅增长 8 个百分点，发展速度缓慢；1978 年以后，城镇化率从 18% 到 30% 这个阶段，是城市建设从无到有、补短板的过程，主要解决衣食住行问题；随着城镇化快速发展，城镇化率在 30% 到 50% 这个阶段，人们对生活产生了一些品质要求；当城镇化率超过 50%，城市发展迎来了由量变到质变的根本性转变，补短板的侧重点主要聚焦社会治理和精神文化等方面 [17]。近年来，中国城镇化率连续跨越 50%（2011 年）和 60%（2019 年），意味着我国进入了以城市型社会为主体的时代，我国的社会结构、生产生活方式和治理体系都在发生重大变化。在城镇化进程的中后期，推进以人为核心的新型城镇化，不仅要解决农村人口向城市转移过程中的问题，更要重点解决城市自身发展的问题，推动城市发展从外延快速扩张转向内涵提质增效转变，不断推进人民需求和城市供给之间的供需匹配。

3　人民城市建设中的供需匹配分析框架

进入新发展阶段，我国的供给侧结构性改革的核心是经济结构的调整和经济发展方式的转变，通过提高供给结构的适应性和灵活性，主动适应新的经济发展环境，提高全要素生产率 [18]。在城市发展领域，城市供给也需要主动适应城镇化中后期阶段人民的现实需求和发展趋势，乃至通过创新主动调整供给侧达到引领需求端的目标，追求"供需匹配"的理想状态，这种主动适应需求变化的实践应以人民城市理念为价值导向。为此，从供需匹配的关键要素和逻辑连接出发，构建人民城市建设中的供需匹配分析框架（图 1），具体包含人民城市理念、需求端和供给侧三个关键要素，"人民城市—需求端""人民城市—供给侧"和"需求端—供给侧"三组供需匹配逻辑连接，以及以共建共治共享为核心的社会治理保障逻辑。

3.1　供需匹配的核心要素

首先，人民城市理念是供需匹配的价值导向。真理只有在指导实践的过程中才能充分展现其巨大力量，也只有在实践过程中才能不断创新发展，"实践、认识、再实践、再认识"，以人民城市重要理念为价值导向，把握好个体、群体和人民的辩证统一关系，将其贯彻落实到城市发展的全过程和城市工作各个方面，构成了实践推进人民需求和城市供给之间供需匹配的必要连接。

其次，需求端变化是供需匹配优化的前提。从全面建成小康社会到促进全体人民共同富裕，人民需求更加复杂。一是整体上呈现出需求结构扩展的特点，原有需求结构中一些隐性需求在社会发展所提供的可行条件下被激活，一些超出原有需求结构的新需求可能会出现。二是整体上呈现出需求层次升级的特点，从以生存需求为主向以发展需求乃至精神需求为主转型，包括物质生活、民生保

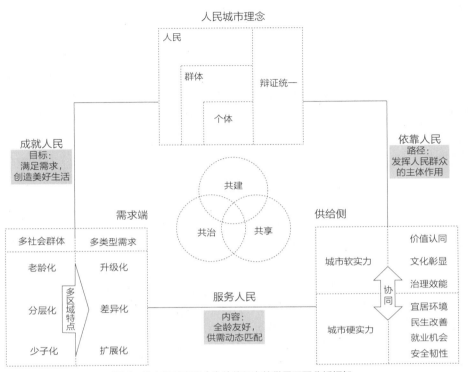

图 1　以人民城市理念为价值导向的供需匹配分析框架
资料来源：作者绘制

障、精神文化和公平法制、政治参与的需求水平日益增长，需要有效区分"需要
（ Need ）"和"想要（ Want ）"两种需求形态。三是多元社会群体的差异化需求更
加凸显，包括社会结构变化、大中小城市之间的区域性差异的存在等。

　　再者，供给侧响应是供需匹配优化的要求。针对新发展阶段人民需求变化，
亟需构建城市供给的系统性响应。一是匹配性，基于对需求端的研究，供需匹配
要求从需求满足和服务匹配的角度提升城市供给的响应能力。二是优先性，包括
针对不同需求层次之间的优先性，按照从低到高的顺序，优先满足低层次需求并
逐步向高层次需求延伸和深化，形成不同的发展价值及其实现的优先次序，以及
针对不同社会群体之间的优先性，形成目标对象的差序识别和服务资源投放的优
先匹配。三是动态性，社会群体的需求是动态变化的，城市供给有短期目标和长
期目标，在适应不同需求的同时，反过来也影响需求的产生，所以在供给响应的
路径和机制层面需要充分考虑动态发展特征。

3.2　供需匹配的逻辑连接

　　以人民城市理念为价值导向，供需匹配的逻辑连接包括三个方面。①在"人
民城市—需求端"，需要形成发展目标上的逻辑连接。人民城市理念要求在发展目

标上成就人民，面对需求端的动态变化，只有抓住了人民最关心最直接最现实的利益问题，满足人民日益增长的美好生活需要，才能抓住民心、顺应民意，把以人民为中心的发展思想落到实处。②在"人民城市—供给侧"，需要形成发展路径上的逻辑连接。人民城市理念要求在发展路径上依靠人民，发挥人民群众的主体作用，尊重人民对城市发展的知情权、参与权、监督权，积极搭建城市发展人人可为的平台，推动多元主体在城市规划建设管理各方面同向发力。③在"需求端—供给侧"，是供需匹配的落脚点，需要形成发展内容上的逻辑连接。人民城市理念要求在发展内容上服务人民，包括服务对象和服务内容的全覆盖，发挥城市硬实力与软实力的互动并进作用，动态推进针对多元社会群体服务供给的"全龄友好"。

同样，人民城市理念价值导向下的供需匹配，不仅需要体现在有形的城市产品的需求和供给的动态匹配，即物质秩序的变化上；更是需要体现在人与人之间社会关系和经济制度特征的变化上，上述在目标上成就人民、在路径上依靠人民、在内容上服务人民，都对制度秩序的变化提出了要求。以共建为基本动力，以共治为重要方式，以共享为最终目的，加强城市治理体系和治理能力建设，构成了运行机制层面的社会治理保障逻辑。

4　人民城市建设中的供需匹配重要问题

长期以来，我国城乡规划领域的相关研究和实践主要聚焦宏观的城镇化历史进程和城市规划建设管理的具体事项，鲜有聚焦这一历史进程中人民需求和城市供给演化的系统性研究。对于人民需求趋势的把握，基于需求层次理论，通过分析社会、经济、技术和体制等领域的宏观发展趋势，尤其是城乡人口结构发生根本变化带来的居民生产方式、生活方式的巨大变迁，既有研究已关注到老龄化、少子化和社会分层等带来的各类需求演化。在城市供给方面，《中华人民共和国国民经济和社会发展第十四个五年规划和 2035 年远景目标纲要》首次以独立章节部署"全面提升城市品质"，并将实施城市更新行动上升为国家战略。以人民城市理念为价值导向，规划研究和实践尚需要更加聚焦"人"的发展，强化系统性的供需匹配历史回溯和需求研判，为相关城市规划建设管理工作的有效供给提供更清晰的发展指引，构成了亟待深入探索的重要问题。

4.1　人民需求和城市供给发展阶段的历史总结

党的十九届六中全会把着力点放在总结党的百年奋斗重大成就和历史经验上，通过了《中共中央关于党的百年奋斗重大成就和历史经验的决议》，在已有总结和

结论的基础上进行概述，突出了中国特色社会主义新时代这个重点。我国的城市
发展也具有显著的阶段性特征，站在新的历史起点上，回顾过去，展望未来，全
面总结我国城镇化进程中人民需求和城市供给演化的成就、经验和问题，特别是
经历了快速城镇化发展阶段后的重大成就和历史经验，准确把握供需匹配历史发
展的主题主线，既有客观需要，也具备主观条件。

具体来看，我国的城镇化发展阶段可以简要划分为 4 个阶段，包括 1949—
1978 年的城镇化起步阶段，城镇化率 10%—18%；1978—1998 年的城镇化稳步
发展阶段，城镇化率 18%—30%；1998—2011 年的城镇化快速发展阶段，城镇
化率 30%—50%；2011 年至今的城镇化高质量发展阶段，城镇化率已超过 60%。
在需求端，综合各类需求层次理论，从需求结构和需求层次出发，需要总结人民
需求演化的扩展性、层次性和多元性特征，把握每个发展阶段人民的主体需求和
相对关系。在供给侧，结合城镇化的历史进程，总结各个阶段城市供给响应人民
需求的重点方向，总体呈现出从无到有、补硬件设施短板和软硬件品质提升的发
展历程，对于其具体表现和内在机制等都有必要做进一步探讨。

4.2 基于需求层次理论的多元社会群体需求趋势

供需匹配是城市供给响应人民需求的理想状态，城市供给是否满足人民日益增
长的美好生活需要，最终要以人的需求作为根本依据。准确识别和把握新发展阶段
多元社会群体的需求变化，是推动城市供需匹配的基础性环节。正如需求本身具有
复杂性，解释需求演化特征的需求层次理论也多种多样。作为一个被广泛引用的理
论，马斯洛需求层次理论不断经历改造，主要围绕增加或减少层次展开，也形成了
Alderfer（1969）提出的包括存在、相关性和成长三个相互关联需求的 ERG 理论，
McClelland（1951）提出的成就需求理论，Doyal 和 Gough（1991）提出的十二
类"中间需求"理论，Deci 和 Ryan（2000）提出的自决理论（SDT），Hertnon
（2005）提出的只有生存和改善两种类型的普遍人类需求理论，以及马克斯 – 尼夫
（Max-Neef）"以人为尺度的发展"理论（Human Scale Development）[19] 等。不
管以何种需求理论来解读未来一段时期人民需求的发展趋势，总体上呈现出与之
紧密关联的多群体社会、多样化区域和多类型需求三个特点。

其一，多群体社会。一是老龄化，第七次人口普查数据显示，2020 年中国
65 岁人口占比达到 13.5%，在"十四五"期间这个数字将达到 14%，中国将进
入深度人口老龄化社会，城市的适老化改造，打造高质量为老产品和服务体系，
建设老年友好型社会将构成重要需求之一。二是少子化，中国总和生育率从 1970
年代之前的 6 左右，降至 1990 年的 2 左右，以及 2010 年后的 1.5 左右，再降至

2020 年的 1.3，与之相关的家庭小型化、抚养精细化可能导致住房需求变化，以及儿童友好城市空间的需求。三是分层化，2010—2020 年我国大学文化人口增长73.2%，文盲率由 4.08% 降至 2.67%，受教育程度大幅提高，但收入分配差距拉大，社会阶层固化现象突出，社会阶层之间的需求差异显现。同样以住房领域为例，"居者有其屋"与改善性住房需求并行的特征突出。其二，多样化区域。我国历史悠久、幅员辽阔，城市发展更是千差万别，大中小城市、东中西城市在自然地理、历史文化和发展阶段等方面存在差异性，人口进一步向经济发达区域、大都市圈城市群集聚，不平衡不充分的发展特征带来人民的差异化需求。如从需求层次上看，经济发达的大城市满足自我实现需求的能力强，但满足基本生活需求的能力却不一定强于甚至可能低于一些普通城市，反映在居民的城市生活满意度的差异上，大城市的城市居民生活压力显著高于中小城市。其三，多类型需求。所有上述社会结构变迁、发展水平差异等带来的影响最终都表现为新发展阶段的扩展化、升级化和差异化的人民需求。如在功能服务设施领域，随着我国经济社会的发展进步和公共服务供给的改进，民众的公共服务需求会不断出现新的特征，总的趋势是从低层次向高水平、从重数量到重品质、从整体性到差异性的转变，这些都需要有效的供给响应。因此，从人的需求出发，只有进一步细致研究人群画像，把握多元需求特点，才能做到分类精准施策，让每一类社会群体都能有获得感。

4.3　以人民需求为导向优化城市供给的总体思路

以人民城市理念为价值导向，全面优化城市供给取得更大突破，满足人民日益增长的美好生活需要，需要在总体思路和实现路径上更加明晰。重点围绕"全龄友好"形成优化城市供给的基本思路，"全龄"意味着从出生、成长、教育、结婚、生子、起居、养老等不同阶段的物质和精神需求，都需要得到满足；"友好"，意味着包容，全面推进城市供给提升，既能够提供普惠的、高品质的各类需求，也能提供和满足部分小众、个性化的需求。当前，"老龄化"遇上"少子化"，中国城市未来发展将不可回避地面临"一老一少"困局，《中共中央 国务院关于加强新时代老龄工作的意见》和《关于推进儿童友好城市建设的指导意见》相继出台，将满足老年人需求和解决人口老龄化问题相结合，聚焦为儿童成长发展提供适宜的条件、环境和服务，形成了新的工作遵循。此外，《关于开展青年发展型城市建设试点的意见》也已出台，旨在不断优化满足青年多样化、多层次发展需求的政策环境和社会环境。以上，对于"全龄友好"的多元社会群体关注覆盖面日益广泛，但从建立基本的价值取向，到完善相关的制度建设、技术方法和具体实践，仍需要不断深化落实和统筹协调，亦即统筹好局部与整体、多元社会群体之间的关系。

　　重点聚焦"城市更新"和"动态优化"两个维度探讨具体的实施路径。一是部署"全面提升城市品质",深化落实"城市更新行动"。在"城市更新行动"整体战略导向和城市更新试点工作推进下,各地陆续发布城市更新行动计划,对于城市品质提升形成系统性的引领具有积极的推动作用,构成了优化城市供给的一条行动主线。从内涵来看,应包含"硬实力"和"软实力"两个方面,在以往的城市发展过程中往往偏重经济发展和物质环境等"硬实力"的建设,对于"软实力"的关注不足,应在城市品质提升过程中更加侧重社会治理、精神文化等方面的供给。二是完善实施评估与动态调整机制。自然资源和住房城乡建设部门已建立"一年一体检,五年一评估"的城市体检评估机制,对于深入查找"城市病"根源,科学精准提出"治疗方案"具有重要意义。显然,城市供给与人民需求之间的供需是否匹配是评估的关键内容和调整的主要方向,除了城市体检评估本身,城市体检评估标准的科学性、完整性和有效性也有赖于在以人的需求作为根本依据的条件下,进行与时俱进的再审视、再选择和再优化。

5　结语

　　人民城市理念是"以人民为中心"的发展思想在城市维度的体现,体现了城市发展为了人民、城市发展依靠人民、城市发展成果由人民共享的思想内涵。以人民城市为价值导向,围绕"人"这一行为主体,对人民需求与城市供给之间的供需匹配再审视。研究指出:在需求端,需求的主体是全体人民,超越了传统"以人为本"的局限性,包括了"个体—群体—人民"之间局部与整体、多元社会群体之间的辩证统一关系;需求的内容呈现出扩展化、升级化和差异化的特点,并具有显著的动态性特征。在供给侧,供给的主体是最广大的人民群众,人民城市理念牵引多元主体在城市规划建设管理各方面同向发力;供给的路径需要围绕"全龄友好"形成优化城市供给的基本思路,聚焦以"城市更新"全面"提升城市品质",并以人的需求作为根本依据不断"动态优化"。以上都构成了践行人民城市理念,推动新发展阶段城市供给匹配人民需求的重要问题。

　　城乡规划是具体为人民服务的工作,是政府调控城乡空间资源、指导城乡发展与建设、维护社会公平、保障公共安全和公共利益的重要公共政策之一。我国的城乡规划正逐渐从单纯的重视物质空间规划转向对社会空间发展的关注,相关的理论研究和实践活动也日益从以工具理性为导向转向以价值理性为导向。进入新发展阶段,在"推动高质量发展、创造高品质生活"的发展诉求下,深化供给侧结构性改革,是从优化供给方式和要素配置出发,调整供给结构,扩大有效供给，提高供给对需求变化的适应性。在城市发展领域，我国的城镇化历程具有显著的阶段性特征，改革开放尤其是市场化改革以来，逐步进入稳定、快速发展时期，城镇化水平迅速提高，城市品质也有很大提升，带动了区域经济社会发展。随着人民需求的不断提升，城市发展中长期积累的问题也逐渐凸显，推进城市供给优化不断适应人民需求变化，构成了供给侧结构性改革的重要领域。在国土空间规划体系重构背景下，规划作为公共政策的一部分具有重要的资源配置功能，以人民城市为价值导向，充分研究和实践人民需求和城市供给之间的供需匹配，是把握改革方向、解决现实问题，引领城市发展满足人民日益增长的美好生活需要的必然要求。

参考文献

[1]   程鹏，李健.在人民城市建设中放大中心辐射作用的机制与路径研究——以上海实践为例 [J]. 南京社会科学，2022（1）：63-71.

[2]   任红梅.马克思供给需求理论视角下中国供给侧结构性改革研究 [D]. 西安：西北大学，2018.

[3]   宋道雷.人民城市理念及其治理策略 [J]. 南京社会科学，2021（6）：78-85，96.

[4]   李德顺.以人为本的价值观 [J]. 哲学动态，2004（7）：3-5.

[5]   张奎良."以人为本"的哲学意义 [J]. 哲学研究，2004（5）：11-16.

[6]   姜淑萍."以人民为中心的发展思想"的深刻内涵和重大意义 [J]. 党的文献，2016（6）：20-26.

[7]   石楠.以人为本 [J]. 城市规划，2005（2）：1.

[8]   梁鹤年.再谈"城市人"——以人为本的城镇化 [J]. 城市规划，2014，38（9）：64-75.

[9]   刘士林.人民城市：理论渊源和当代发展 [J]. 南京社会科学，2020（8）：66-72.

[10] 吴新叶，付凯丰."人民城市人民建、人民城市为人民"的时代意涵 [J]. 党政论坛，2020（10）：4-7.

[11] 何雪松，侯秋宇.人民城市的价值关怀与治理的限度 [J]. 南京社会科学，2021（1）：57-64.

[12] 诸大建，孙辉.用人民城市理念引领上海社区更新微基建 [J]. 党政论坛，2021（2）：24-27.

[13] 程鹏，李健.属于人民 服务人民 成就人民 [N]. 解放日报，2022-03-08（009）.

[14] Maslow A. A theory of human motivation[J]. Psychological Review，1943，50（1）：370-396.

[15] 吕普生.论新时代中国社会主要矛盾历史性转化的理论与实践依据 [J]. 新疆师范大学学报（哲学社会科学版），2018，39（4）：18-31.

[16] 阳建强.我国城市发展已进入内涵提升和品质优先新阶段 [N]. 中国建设报，2018-11-30（003）.

[17] 王凯.从城市双修到提升城市品质能级 不断建设完善人民的城市 [N]. 中国建设报，2020-7-9（005）.

[18] 胡鞍钢，周绍杰，任皓.供给侧结构性改革——适应和引领中国经济新常态 [J]. 清华大学学报（哲学社会科学版），2016，31（2）：17-22，195.

[19] Max-Neef M. Human Scale Development：Conception，Application and Further Reflections[M]. The Apex Press，New York and London，1991.

段德罡，中国城市规划学会学术工作委员会委员、乡村规划与建设学术委员会副主任委员，西安建筑科技大学建筑学院教授

陈炼，西安建筑科技大学博士研究生

陈炼   段德罡

村民主体性

——乡村产业的内涵、逻辑及发展策略

全面实施乡村振兴战略，推动乡村现代化发展，是新时代中国特色社会主义事业的重要组成部分，是基于人民性基础上的战略选择。深入贯彻以人为本的思想，把握乡村的人民性，是落实乡村振兴与新型城镇化战略，推动城乡融合发展的关键。

产业兴旺是乡村振兴的重要基础，是维系乡村社会稳定、村民安居乐业的前提，也是关乎我国现代化进程的重要因素。产业兴旺不是单一的农业发展，而是伴随乡村社会的整体进步带来的老百姓对不同产业经营能力的发展。乡村产业不能仅从经济价值的角度来理解，在确保国家粮食安全的前提下，只有充分尊重村民主体地位，乡村产业才具有实际意义，只有建立在乡村整体价值基础上并与乡村价值体系相结合的产业才是属于乡村的产业。任何忽视村庄资源禀赋、违背乡村发展诉求、排斥村民主体地位的产业都与乡村振兴的战略要求相背离。

1 乡村，是人民的乡村

1.1 乡村是人类社会发展的基石

很长时间中国是一个小农经济占统治地位、具有悠久农耕文明的农业社会。马克思主义认为，乡村是人类获取生存所需的衣食的来源地。在人类社会产生初期，农业是最基础也是最重要的产业形态，正是由于农业生产效率的提升使得剩余价值产生，才催生出手工业、商业等多种产业业态，部分乡村地区逐渐演进成为城市。在漫长的封建社会中，中国以农业发展为主，以一个农业大国的身份屹立于世界，农业始终是国民经济的基础，也是发展历史最久、业态最为完善的产业形态。不论是在新民主主义革命时期、社会主义革命时期还是改革开放时期，乡村不仅是

自然、社会、经济特征的融合体，也是伴随中华民族生存发展的兼具生产、生活、生态等多重功能的主要空间。从这一角度来看，乡村是人类社会发展的基石。

1.2　乡村是筑牢社会安全的底线

国无粮不稳，民无粮不宁，粮食是国民经济的命脉，是保障人民生存需求最重要的战略物资。中华人民共和国成立以来，党和政府将农业作为国民经济的基础，实施科学种田、严守 18 亿亩耕地红线的策略，逐步解决了中国人穿衣、吃饭的问题，党的十八大以来，我国粮食总产量常年维持在 6500 亿公斤以上，但人均粮食产量仍然只有 470 公斤左右，远低于发达国家的水平，每年还需要进口大量的大豆、玉米等。粮食基础薄弱、耕地质量较差、抛荒撂荒较为严重等现象依然困扰着我国农业生产。在国际社会撕裂的后疫情时代，加之当前我国正处于深化改革转型发展时期，不得不面对国内外一切不稳定的因素，国内城乡社会的稳定与安全至关重要，事实也证明，在面对一系列威胁与挑战时，乡村已然成为筑牢社会安全的底线。

1.3　乡村产业的核心是村民主体性

产业兴旺是实现乡村振兴的前提，实现乡村的全面振兴必须始终坚持以人民为中心的立场，由此可见，人民乡村的核心是坚持村民在乡村产业中的主体性。产业兴旺不是单一的农业发展，而是乡村社会的整体进步，一方面，产业发展与乡村社会整体进步关系紧密，乡村是在适应生产过程中形成的，并衍生出诸多与生产相关的村落形态及其功能，不论是特色、高品质的农产品，还是以良好生态环境为载体的休闲旅游，都必须依托村落才能实现 [1]，村民作为村庄的主人，不应也不能被排除在乡村产业发展的体系之外；另一方面，村民对乡村社会稳定、粮食食品安全、村落秩序、景观创造、文化传承等方面发挥着重要的维护和促进作用 [2]，同时农业的天然"弱质性"与村民多样化需求之间的矛盾等都要求乡村产业的主体只能是村民，只有充分尊重村民主体，将就业机会和收益留给村民，才能带动乡村社会持续发展，实现产业兴旺。

2　乡村产业发展困境及成因

在政策和工商资本的双重推动下，我国广大乡村地区积极展开了乡村产业发展的探索，但由于基层政府对乡村产业发展规律与本质特点缺乏深入的认识，对村庄资源特征、村民劳动力特征摸排不透彻，自上而下的"干预行为"与自下而上的"自主发展"不对称等因素的影响，导致多数乡村地区的产业未能朝着良性的方向发展，面临资源利用忽视村民发展诉求、资本下乡带动乡村发展不足、产业设置匹配村民能力弱等困境。

2.1　乡村产业发展的困境

2.1.1　资源利用忽视村民发展诉求

城市需求是乡村发展的基础和动力，从乡村产业发展到特色乡土历史文化资源挖掘、从农家乐的特色餐饮到民宿经济等，都是伴随着中国城市化的发展而发展的[3]。多数乡村为了迎合城市居民对乡村旅游的需求，在建设过程中忽视生态环境承载力、不注重生态环境的保护，而多数村民受自身能力的限制，难以及时准确把握市场需求，不仅无法实现经济收入的增长和自身诉求，还得承担因乡村旅游带来的资源、环境、文化等方面的负面后果，甚至造成村民与村民之间、村民与村干部之间矛盾的激化，破坏乡村和谐。

2.1.2　资本下乡带动乡村发展不足

我国资本下乡始于 20 世纪 80 年代，2013 年后开始大规模增长，大型工商资本因其组织化程度较高，在要素关系优化与外部规模变动、农业技术进步与人力资本提升、合作组织培育与村庄发展等方面发挥着积极效应。近年来，一些社会资本占用了乡村的优质资源、享受着政策补贴的红利，但却不能为村民提供就业机会，更不能带动乡村社会发展，甚至可能引发严重的社会、生态、环境等问题。据相关部门调查显示，在一些地区工商企业租地种粮的只有 6%，另外一些企业流转土地后"圈而不用"，导致大量土地抛荒闲置浪费。此外，工商资本凭借自身优势控制产业链，容易对小农生产形成挤出效应，导致部分农户不得不退出生产。作为农业基本面的农户与现代农业发展的有机衔接成为空谈，村民收入得不到明显提升，从而进一步拉大了贫富差距。

2.1.3　产业设置匹配村民能力弱

相比于城市居民，村民普遍生存能力差、竞争能力不足，缺乏对风险的抵抗能力，加之社会、政治资本的欠缺，导致在社会和政治生活中不具备充分的话语权，难以有效表达和追求自身权益。当前，多数乡村产业的设置存在对村庄本底资源特征和市场需求理解不足的问题，也缺乏对村民能力及就业意愿的考量，产业设置更多是考虑政府及社会资本意志，作为产业发展的实践主体村民，往往只是在各级干部的带领下按部就班地执行上级政府的行政命令，村民的创新热情和能力特征难以得到发挥。一些村民由于长期依靠政府的财政补助，甚至形成了"等、靠、要"的依赖思想，完全丧失参与村庄产业发展的意识与能力。

2.2　我国乡村产业发展困境的成因

反思近年来地方乡村产业实践，多数的休闲度假旅游，专业化运营管理使得农民几无本地就业的机会 [4]。乡村产业粗犷、低效、分散发展，不仅难以实现城乡社会总体福利水平的"帕累托效率"最优，也难以推动乡村现代化发展目标的实现。

2.2.1　社会各界对乡村产业发展未能达成统一共识

首先，基层政府对乡村振兴的目标——推动乡村现代化发展认识不到位，认为乡村振兴就是让所有乡村地区实现产业兴旺，将产业兴旺简单地理解为发展休闲农业、乡村旅游业等，采取"拿来主义"方式跟风模仿成功案例的经验，缺少对乡村产业发展规律与本质特点的深入认识，也难以准确把握乡村产业发展关键性要素的内在关联；其次，学界未能对未来城乡发展共同目标进行深入研究及系统构建，对实现乡村振兴的路径与机制、乡村产业发展与布局等的探讨主要停留在理念和观点层面，距离指导实践支撑乡村振兴战略目标的实现尚有较大差距。尽管近年来全国涌现出一批产业兴旺示范村，但其终究离不开强大政策支持、持续财政投入及突出资源禀赋等加持，面对量大面广的政府关注不足、发展基础薄弱、资源禀赋不突出的普通乡村，乡村产业发展依然面临较多困难。

2.2.2　乡村人力资源薄弱，村民参与能力不足

近年来，在脱贫攻坚、精准扶贫等政策的支持下，多数农村地区基础设施不断完善，人居环境品质快速提升，但城乡发展不平衡、不协调的矛盾依然存在，农村在基础设施、公共服务、资源要素等方面与城市仍存在较大差距，尤其在人力资源等软实力方面更是薄弱。而现代农业、非农产业等的发展需要大量有技术、懂经营、会管理的人才，随着农村青壮年劳动力的外流，留村劳动力大多年龄大、受教育程度低、身体条件差，难以参与乡村产业的发展与运营，逐渐被排除在乡村产业发展的体系之外。乡村内部劳动力外流与外部人才引进困难使得农村人才极度匮乏，难以支撑乡村产业的发展。

2.2.3　缺乏针对性制度设计

在乡村产业发展过程中，政府为了方便管理和追求行政绩效，往往采取项目制的方式来推动乡村产业的落地，社会资本成为政府重点倚仗的对象，为引进社会资本，基层政府给予土地、资金、税收等优惠政策，但由于涉农机制体制的不健全，缺乏相应的资本下乡审核准入制度，导致社会资本进入门槛偏低，不仅涉及农村土地的承包、流转等问题，还涉及农村土地开发利用、村民宅基地、闲置宅院等多个层面，资本的逐利性及部分社会资本对农业农村不熟悉，大量社会资本下乡

涉农项目没有相应的投入，粗放经营，甚至出现"烂尾"工程。不仅导致农民权益受损，还加大了地方政府的负担。

3 乡村产业的村民主体性思辨

乡村产业发展不同于城市产业，不应理解为追求乡村经济的快速增长和对国民经济增长贡献的提升[5]，而应是体现村民主体性，是尊重村民意愿与能力特征，是为带动村民就业，激活乡村地区生产生活活力的"为村产业"，也是一种与乡村社会、村民相互渗透、融合、发展的状态。

3.1 基于村庄本体的产业发展影响要素

影响乡村产业发展的内部要素主要包括村庄固有的产业资源和劳动力。产业资源决定了乡村产业的发展方向和类型，而劳动力的受教育程度、技能水平、身体健康状况等直接影响乡村产业的运营管理，也决定了其对产业发展、市场需求等的理解程度。

3.1.1 产业资源

经济学家赫克歇尔 – 俄林的资源禀赋理论指出，地区资源禀赋并不仅仅局限于自然资源，还包括技术、管理、劳动力和资本等非自然要素。随着林毅夫将资源禀赋理论引入乡村治理后，学术界就村庄资源禀赋展开了较多的研究。有学者将村庄资源禀赋分为自然资源禀赋和社会资源禀赋两个方面，具体包括经济禀赋、政治禀赋、文化禀赋、社会禀赋和生态禀赋[6]。经济禀赋是指村庄的经济发展基础、农业发展条件、区位比较优势等；政治禀赋是指村庄基于红色基因的特种政治资源以及所获得的各类荣誉奖励，如革命老区村落、乡村振兴示范村等；文化禀赋是指村庄拥有的历史文化资源及现代生活文明；社会禀赋是指村庄通过乡贤、能人等获取社会资源、提升社会影响力的能力；生态禀赋是指村庄所具备的空气、水体、土地等质量的抽象概况，如良好的生态环境、适度规模的种养殖用地等（表 1）。

对于村庄本体的产业资源来说，主要包括农业用地、生态绿地、自然景观资源、文化景观资源等。农业用地是直接或间接为农业生产所利用的土地，其中基本农田是为保障国家粮食安全，不得随意占用，一般农田在不破坏耕地耕作层且不改变土地性质的前提下，为满足市场和村庄需求，可以进行农业生产；生态绿地主要是为了保障城乡生态安全，在国土空间规划体系中对生态绿地主要采取管控的措施，可适度依托山体、水体等生态资源发展农业副业；自然、文化景观资源当前主要用于支撑乡村休闲、旅游业的发展。

村庄资源禀赋类型划分　　　　　　　表 1

资源禀赋	判断条件示例
经济禀赋	是否具有较好的发展基础；是否交通便利；是否靠近消费市场；是否靠近原材料产地等
政治禀赋	是否是革命老区村落；是否获取乡村振兴各类荣誉等
文化禀赋	是否被收录各类名录；是否有知名非物质文化遗产；是否具有现代乡风文明等
社会禀赋	是否有乡贤等
生态禀赋	是否具有良好的生态景观、是否具有适度规模用地等

资料来源：作者自绘

3.1.2　劳动力

乡村产业发展与劳动力有着最为直接、密切的关系。随着城乡社会各类要素流动的增加、就业多样化、社会经济分化、农民的异质性大大增加，这些都表明乡村正经历从"熟人社会"向"半熟人社会"的转变，乡村劳动力的构成也逐渐多元，主要包括村民和企业人员，村民可分为乡村能人与一般村民。

20 世纪 80 年代以来，随着农村经济的发展、农村社会的变迁与农民的分化，乡村能人这一群体逐步在乡村社会中显现，形成带动乡村经济发展、影响乡村治理的重要力量。从构成上看，主要包括技术能人、创业能人、管理能人等，这类群体在产业发展、资源获取、营销、技术等方面具有优势。实践也证明，乡村建设发展中威望高、口碑好且具有参与乡村公共事务意愿的乡村能人必不可少。而一般村民普遍具有知识结构偏狭，劳动技能有限，对土地流转、流转补偿、土地整治、综合开发、农业现代化、集约经营和土地盘活等缺乏基本的认知与践行能力的特征 [7]。在乡村产业发展中，需要充分发挥乡村能人尤其是产业能人的示范带动作用，引导一般村民就地就近就业，通过就业指导、劳动力培训等方式使其具有现代意识、市场意识。

3.2　基于外部环境的产业发展影响要素

影响乡村产业发展的外部要素主要包括发展需求和政府的政策支持等。乡村产业发展具有经济属性，其与市场关系紧密，发展需求尤其是市场需求的变化会带动或制约乡村产业的发展。政策对乡村产业发展具有很强的导向性，政策配套的资金对乡村产业发展也有着较大的影响。

3.2.1　发展需求

从国家需求角度来说，确保国家粮食和生态安全、维护乡村社会稳定是乡村产业的首要职责。2022 年中央一号文件（《中共中央 国务院关于做好 2022 年全面推进乡村振兴重点工作意见》) 5 次提到粮食安全, 并强调牢牢守住保障国家粮食安全是国家底线。对于保障国家粮食安全的主粮三大品种、菜篮子产品等, 作为国家公共产品, 主要由国家来调控或支持, 这类农业可以与乡村发生关系, 也可以不与乡村发生关系, 如国有农产、农业产业园区等规模化农业。

从市场需求角度来说, 市场需求是实现产业资源向产品过渡进而产生交易价值的关键。发展经济学认为市场具有调节的灵活性和自动性、激励创新, 促进增长、对非均衡的自我纠正的功能与优点[8], 这使得市场为适应快速社会经济发展的情况变化的调整而留有更大的余地, 当情况变化时, 市场可以自动提供信号, 主要表现为相对价格的变动调节需求与供给的关系。在乡村产业发展过程中, 消费群体对乡村产品、服务等的需求程度, 直接影响市场的供给行为, 乡村产品、服务的创新与转型也是以消费群体的需求为驱动。因此, 乡村产业的发展需以市场需求为基准, 通过市场影响或引导产业系统中生产者和消费者的行为, 进而调整产业结构, 促进资源的优化配置和有效利用。

从村庄需求角度来说, 乡村产业的发展是村民获取就业机会、增加收入的有效途径。这一类的乡村产业与乡村发生密切关系, 除了满足国家粮食安全的需求外, 还要立足于满足农村及农民自身需要, 促进农民就业增收, 推动乡村社会发展。一方面, 村庄及村集体需要在合理利用资源的基础上, 将资源变为可以产生价值的资产, 以此激活村集体经济, 提升村庄公共服务供给水平; 另一方面, 村民需要获得就近就业的机会, 在就业中提升个人素质, 实现个人价值。

3.2.2 政策支持

政府推动乡村产业发展具有天然的优势, 能在短时间内集中优势资源迅速推进, 并能影响乡村产业的发展方向, 这是市场和社会力量难以比拟的。随着国家和社会各界对乡村的关注度不断提高, 乡村产业发展被提升到前所未有的高度。《国家乡村振兴战略规划 (2018—2022 年)》中明确提出了"产业兴旺"的要求, 强调"产业兴则农村兴", 随后国务院《关于促进乡村产业振兴的指导意见》(国发〔2019〕12 号) 中提出: 在突出乡村优势特色的基础上, 培育乡村现代种养业、乡土特色产业、农产品加工流通业、乡村休闲旅游业、乡村新型服务业、乡村信息产业等六大产业, 要求各级政府加强对乡村产业的引导和扶持, 解决乡村产业门类不全、产业链条短、发展活力不足等问题, 全力推进乡村振兴目标的实现。由此可见, 对于乡村产业发展, 国家已经做好相应的顶层设计 (表 2)。近年来, 在政策的支持与指引下, 工商资本、社会组织等广泛下乡展开乡村产业发展实践, 为部分乡村带来资本、技术、人力资源等, 也逐渐形成了村民纳入村集体, 村集体对接企业, 企业面向市场的产业发展机制。

乡村产业发展部分重点政策梳理　　　　　表 2

政策文件	印发部门	核心内容
《国家乡村振兴战略规划（2018—2022年）》	中共中央、国务院	明确提出产业兴旺的要求
《关于促进乡村产业振兴的指导意见》	国务院	明确重点发展的六大产业类型
《关于拓展农业多种功能　促进乡村产业高质量发展的指导意见》	农业农村部	拓展农业多种功能、提升乡村多元价值
《关于加快农业全产业链培育发展的指导意见》	农业农村部	加快培育发展农业全产业链
《全国乡村重点产业指导目录（2021年版）》	农业农村部	强化乡村产业与财政、金融、人才、土地等相关政策衔接
《关于促进农业产业化龙头企业做大做强的意见》	农业农村部	全力推进农业产业化
《关于保障和规范农村一二三产业融合发展用地的通知》	自然资源部 国家发展和改革委员会 农业农村部	保障和规范农村一二三产业融合发展用地
《关于公布2021年农业产业融合发展项目创建名单的通知》	农业农村部 财政部	搭建农业产业融合发展平台
《农业农村部关于开展全国休闲农业重点县建设的通知》	农业农村部	推进乡村休闲旅游业发展

资料来源：作者自绘

3.3　村民主体性产业的内涵及逻辑构建

当前，乡村产业发展大多只注重经济效益而忽略人的发展，如何维护农民、农村、农业的尊严和主体性，如何定义什么是好的乡村产业发展方式，成为至关重要的问题，理性的乡村产业发展应当回归村民本位。

3.3.1　村民主体性产业的内涵

在乡村产业发展过程中，将农民的活力、创造力作为支撑点，统筹考虑村民就业意愿及能力特征，设置符合村民能力或适度超前于村民能力的产业，为村民提供就业岗位、增加经济收入，通过思想教育、技能培训等方式提升村民个人素养和劳动力技能，实现村民自我身份认同、文化认同、价值认同，维护村民的尊严与价值，是适度外部干预与村社集体理性选择的共同结果。其本质是为村民尤其是弱势群体及就业困难人员提供教育学习、技能培训、就近就业的机会，提升其市场竞争力，最终实现村民安居乐业、乡村社会稳定、城乡现代融合的目标。

3.3.2　村民主体性产业发展的逻辑构建

村庄产业资源禀赋是村庄本身所固有的本底条件，一般情况下是不变或变化非常缓慢的，可以视为一个相对衡量。乡村产业发展需立足于村庄产业资源与村庄发展实际，作为基础推动力的村庄产业资源很大程度影响乡村产业的发展方向和类型。村庄劳动力是一个变量，且在产业发展过程中应为主动变量，村民作为村庄产业发展的主体，其发展需与村民劳动力特征和村民发展意愿相符合，仅靠政府行政力或社会资本驱动力推动而脱离村民主体的乡村产业难以获得持续的内生动力，作为本质推动力的村民是乡村产业发展的关键，当村庄拥有发展某种产业的资源禀赋，但缺少与之匹配的劳动力技能类型，可以通过教育培训、技能培训、引进相关人才的方式实现劳动力技能与资源禀赋的匹配。市场需求也是一个变量，但是一个被动变量，乡村产业所衍生出的产品、服务只有通过市场流通才能产生价值，实现收入的增长，可以说市场需求是乡村产业发展的关键诱因，起着牵引拉动作用，当村庄拥有发展某种产业的资源禀赋，且有着与之匹配的劳动力技能特征，但缺乏市场需求时，可以通过强化包装、宣传、运营管理等方式拓展潜在的市场需求，从而实现乡村产业的发展（图1）。

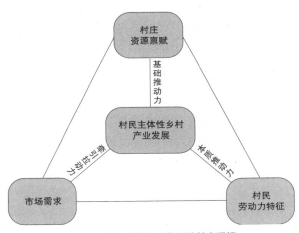

图 1 村民主体性产业发展的基本逻辑
资料来源：作者自绘

4 提升乡村产业村民主体性的相关建议

乡村振兴战略的划时代意义在于强调乡村和村民的主体性，乡村产业发展是乡村振兴的基础，应从体制机制、产业设置、教育培训、弱势群体关怀等方面提升乡村产业的村民主体性。

4.1 针对性体制机制的构建保障农民利益

通常情况下，资本的逐利性决定了资本不会为了全局或乡村的利益而放弃自身的利益，不加以监管及合理引导的自由竞争终将会使村民尤其是弱势群体的利益严重受损。政府应扮演绝对"公正人"的角色，以乡村产业应具有"福利性"

及促进乡村社会利益最大化为目标，积极对下乡资本进行全盘掌握，主动协调相关利益群体的关系，并建立相应的资金监管、利益分配制度。同时，将企业的社会责任与企业经营者满足社会需要的责任联系起来，通过制度建立责任门槛约束企业担负社会责任。一是应加强社会资本下乡的审核监督，明确社会资本下乡的门槛及涉农准入项目，充分尊重村民意愿，提高农民话语权，既给社会资本下乡留足发展空间，又最大程度规避风险，确保村民权益；二是探索乡村内置金融的相关制度设计，建立依托乡村熟人社会的风险防控机制，满足乡村小微金融服务需求，提升村集体公共服务水平；三是建立完整的利益监管、分配、表达机制，明确利益分配标准，确保利益分配公平客观。

4.2　量体裁衣的产业设置确保农民乐业

影响乡村产业发展的因素是多方面的，资源禀赋、市场环境、技术条件、区位交通等均能影响乡村产业的发展水平和方向[9]，其中村庄资源禀赋、村民劳动力特征、市场需求是影响乡村产业发展的三个关键性因素[10]。立足于村庄资源禀赋，以提升村民劳动力技能特征为目标，依托更大区域的市场需求探索乡村产业发展的多种可能，明确不同类型村庄产业的差异化发展路径。在国土空间规划体系中，可从综合管控的视角将村庄划分为综合性管控、发展性管控、维护性管控三类。综合性管控即特色保护类村庄，产业设置应符合管控的要求；发展性管控则可分为专业类村庄和社区类村庄，其中专业类村庄又可以根据其职能及主导产业类型划分为农业型村庄、旅游服务型村庄、商贸服务型村庄、工业型村庄等，社区类村庄可分为城市社区型村庄和农村社区型村庄，发展性管控村庄需基于城乡发展共同目标量体裁衣地设置相应的产业类型；维护性管控则包括其他类村庄和撤并搬迁类村庄，对于这一类村庄应制定相应的管控措施，避免产业分散、无序发展。

4.3　常态化教育培训推动村民成长

乡村产业需以人为核心且具有"福利性"应成为社会各界共识。体现村民主体性的乡村产业有助于村民主体意识的觉醒，引领其追赶时代的步伐，避免太多村民进入"食利阶层"，成为社会附庸。应通过乡村教育、技能培训等方式让村民在就业中增加个人收入、提升个人素养，重点提升村民的经营性收入和工资性收入。具体而言，对于特色保护类村庄，应在传承、延续、创新与共享中培育村民的自觉保护与自主发展意识，以发展促保护；对于专业类村庄，应根据不同专业村庄的产业布局，因地制宜地展开种养殖技能、农产品加工技能、服务技能、电商技能等的培训，丰富村民的劳动力技能；对于社区类村庄，重点提升村民的现代化、市民化、市场化思想意识，增强其市场竞争力，引导其尽早融入城市文明；对于其他类和撤并搬迁类村庄，重点凸显社会主义制度的优越性，应对市场能力严重不足或村庄不适合发展产业的村民对其进行针对性帮扶。

4.4 福利型产业保底关怀弱势群体

乡村产业的作用与价值体现在政治、经济、文化、社会等方方面面，是改善民生、维护乡村社会稳定的关键，也是缩小城乡差距、实现城乡融合发展的现实需求，更是提升村民收入、实现自我身份认同的重要路径。当前，我国农村劳动力数量依然众多，普遍存在受教育程度低、思想意识水平落后、劳动技能单一等问题，在市场竞争中处于绝对的弱势地位，难以跟上现代化发展步伐。因此，乡村产业需明确一个基本面：乡村产业的目的不是为地方政府增加税收，更不是为工商资本创造经济效益，乡村产业应具有"福利型"特征[11]，其政治属性远高于经济属性。以人为核心的"福利型"产业其福利性主要体现在对弱势群体的关注和保护以及为一代村民的"临终关怀"做好保障。

5 结语

乡村是一个复杂且处于快速演变中的巨系统，乡村产业的发展不是简单的乡村产业布局，更不是盲目资本下乡的过程。乡村发展基础薄弱、劳动力数量不足、人力资本能力较差等导致乡村产业的衰退与凋敝，需要在宏观的社会经济发展背景下持续地制定和执行正确的发展策略才能实现村民劳动力技能的提升与乡村产业的健康发展。在国土空间规划体系中，村庄规划是城镇开发边界之外详细规划层面的法定规划，需要通盘考虑土地利用、产业发展、居民点布局、人居环境整治、生态保护和历史文化传承，统筹产业发展空间。针对当前乡村产业发展面临的问题，对村庄规划中的产业规划建议如下：

（1）重视涉农政策的梳理，高度重视粮食安全，明确空间管制规则；应系统梳理与农业、耕地等相关的政策法规，严格落实永久基本农田、生态保护红线、城镇开发边界管控要求。在此之外，积极利用可用资源要素，引导乡村产业发展。

（2）强化可用资源要素梳理，创新利用方式；通过比较优势与竞争优势厘清村庄资源禀赋、劳动力与发展需求之间的关系，在尊重村庄资源禀赋、充分考量市场需求、理解村民意愿与能力特征的基础上，量体裁衣地设置乡村产业，同时创新资源利用方式，去触发低效、闲置利用资源的利用潜力。

（3）增加优质产业空间供给，鼓励业态创新；在遵守政策法规和提升综合效益的前提下，顺应市场需求，创新国土空间的利用方式，探索具有本地优势的农村新产业、新业态。

（4）加强上下联动，配齐专业力量，让专业的人做专业的事；乡村产业发展离不开政府、市场、学界、村民的共同参与，其关键在于运营管理，充分发挥政府的引导作用，尤其是将作为政府、市场、村民的粘合剂的专业运营前置，既让市场的专业性、灵活性得以充分地发挥，也让村民主体地位得以凸显。

参考文献

[1]   朱启臻. 乡村振兴背景下的乡村产业——产业兴旺的一种社会学解释 [J]. 中国农业大学学报（社会科学版），
      2018，35（3）：89–95.DOI：10.13240/j.cnki.caujsse.2018.03.010.

[2]   付会洋，叶敬忠. 论小农存在的价值 [J]. 中国农业大学学报（社会科学版），2017，34（1）：20–28.
      DOI：10.13240/j.cnki.caujsse.20161214.004.

[3]   许伟. 新时代乡村振兴战略实施中"坚持农民主体地位"探研 [J]. 湖北大学学报（哲学社会科学版），
      2019，46（6）：146–153.

[4]   段德罡. 让乡村成为社会稳定的大后方——应对2020新型冠状病毒肺炎突发事件笔谈会 [J/OL]. 城市规
      划：1. [2021-10-31]. http：//kns.cnki.net/kcms/detail/11.2378.TU.20200211.1749.004.html.

[5]   李国祥. 实现乡村产业兴旺必须正确认识和处理的若干重大关系 [J]. 中州学刊，2018（1）：32–38.

[6]   于水，王亚星，杜焱强. 异质性资源禀赋、分类治理与乡村振兴 [J]. 西北农林科技大学学报（社会科学版），
      2019，19（4）：52–60.

[7]   姚华松，邵小文. 中国乡村治理的新视域：基于现代性与认同互动的角度 [J]. 地理科学，2020，40（4）：
      581–589.

[8]   张培刚，张建华. 发展经济学 [M]. 北京：北京大学出版社，2009：126–138.

[9]   周晓娟. 城乡统筹视角下的上海村庄产业发展规划研究 [J]. 上海城市规划，2014（3）：28–34.

[10] 陶亮. 新农村产业发展路径及上海金山区廊下镇的实践 [J]. 上海城市规划，2009（2）：25–28.

[11] 段德罡，陈炼，郭金枚. 乡村"福利型"产业逻辑内涵与发展路径探讨 [J]. 城市规划，2020，44（9）：
      28–34，77.

张京祥，中国城市规划学会常务理事、学术工作委员会委员、城乡治理与政策研究学术委员会主任委员，南京大学建筑与城市规划学院教授

高煜，南京大学建筑与城市规划学院博士研究生

高煜

张京祥

城市更新中的发展联盟重建 *
——基于南京老城南地区城市更新的实证

1 引言

改革开放后，伴随着经济的高速增长，中国的城市也处在快速扩张的通道，被称为"世界最大的工地"。然而，随着内外发展环境的转型、中国人口及城镇化拐点的到来，以及日益严苛的耕地保护与用途管制制度施行，中国许多城市尤其是沿海经济发达地区的城市正快速转向城市更新。这也成为中央政府自上而下推动的"国家意志"（石楠，2021），在国家"十四五"规划中明确指出要实施城市更新行动，如此，"区域协同""城市更新""乡村振兴"构成了完整的国家空间发展战略。近期，住房和城乡建设部、自然资源部等相关部委都在积极推动城市更新相关政策与指导意见的出台，并在全国指定若干城市更新试点工作城市，本文实证地南京市，也是其中试点城市之一。透过"城市更新"，可以发现一个值得关注的变化为：有别于改革开放以来（尤其是 1990 年代中后期深度融入全球化后）单一关注速度与效率的"增长主义"逻辑（张京祥，等，2013），中国城市发展的大环境正快速从"增量"转向"存量"语境。作为城市发展具体主导者的地方政府（Oi，1995；Du，2019）在多重转变与约束下，必须在实践中创造出有别于传统增长主义逻辑的城市运动新模式，由此给中国城市研究带来了新的视角。

总之，中国当前发展价值导向与治理导向的巨大转型正在深刻影响着中国城市的发展逻辑，城市更新是我们透视这种转型的一个重要视角。文章将通过南京

* 本文为国家自然科学基金课题（No.52078245）资助成果。

市老城南地区城市更新历程的检讨剖析，揭示出巨大转型正在瓦解快速发展时期的城市"增长联盟"，并进一步演化更替为符合时代价值、治理现代化诉求的"发展联盟"。

2　多元价值：新时代中国城市发展语境的深刻转变

1949 年中华人民共和国成立后，通过全面而深刻的社会主义改造，中国迅速建立了高度均一化的社会，个人与国家之间、地方与中央之间总体形成了利益高度统一的"发展联盟"。然而 1978 年改革开放以后，中国城市发展的语境发生了重大变化，由之中国城市发展的政策与治理体系也主要经历了两次重要的价值与范式转型：第一次转型是从 1978 年至 2010 年代初，为破解"人民日益增长的物质文化需要同落后的社会生产之间的矛盾"而创建具有中国特色的市场经济的渐进式改革过程，通过不断调整中央—地方、政府—市场—社会的互动关系，以城市为主要载体、以"增长主义"价值导向促进国家快速工业化和城镇化的整体进程；第二阶段转型则发生在 2010 年初以来，聚焦破解"人民日益增长的美好生活需要和不平衡不充分的发展"这一新时代社会主要矛盾，中央政府通过结构性政策变革重塑国家治理体系，极大地改变了城市发展的动力与模式，城市发展目标由单一的经济增长诉求向多元价值导向、高质量发展要求转变。

较长一段时间以来，许多研究中国城市发展的学者引入 Molotch 和 Logan 的"增长联盟"理论或 Stone 的政体理论的视角，来解释和剖析改革开放以来中国城市快速发展的驱动力和治理范式（Molotch，1976；Logan，Molotch，1987；Stone，1993；Zhu，1999；Zhang，Fang，2004；罗小龙，沈建法，2006）。在 2010 年代前整体的增长主义大背景下，运用增长联盟的理论视角研究中国城市发展运动与各级政府的政治语言时，可以表现出高度的互洽（Zhu，1999；Zhang，2002；Shen，Wu，2012；阳建强，陈月，2020）。然而，情况在 2010 年代特别是中共十八大以后发生了巨大的改变，这种改变与重塑"新时代国家治理体系"是直接关联的，若再运用"增长联盟"理论来透视当下中国的城市发展逻辑，显然就表现出有限性甚至不适用性（陈浩，等，2015；Wu，et al.，2019；Du，2019）。

首先，新发展语境限制了构成中国式增长联盟的核心驱动力——土地财政。在经典的增长联盟理论中，城市空间的交换价值是促成地方政府与精英结盟的根本驱动力，在快速发展时期的中国城市中，这一交换价值就是以土地财政为主体构建的政府与市场利益分享体系。但是在新发展语境下，中央对城市政府有关土地的规划、使用、收益权利的限制或上收，大大削弱了原本围绕土地财政所构成的交换价值，限制了城市政府与企业联盟的动机。

其次，新发展语境削弱了城市政府在地方增长中的主导作用。在快速发展时期，中央政府将"城市企业主义"引入地方发展模式（Wu，2018；张京祥，等，2006），鼓励城市之间的竞争和增长，城市政府在构建增长联盟的过程中起到了主导作用。但是在新发展语境下，中央政府则将生态文明、以人民为中心、高质量发展等新价值观植入地方发展体系，严格限制无序竞争、低效增长，极大地削弱了过去城市政府主导的增长主义冲动。

最后，新发展语境强化了人本力量，强调了广大人民参与城市发展的重要性。在传统的中国城市增长联盟中，"人本力量"在与增长联盟的对弈中往往处于对立、弱势的地位。在新发展语境中，"人民城市人民建，人民城市为人民""以人民为中心""满足人民对美好生活的向往"等价值导向被极大强调，彰显了以人为本的新时代城市发展观。

总之，在新的发展语境下，中国许多城市的发展逻辑正在由增长主义的旧发展观转向多元价值融合的新发展观，传统由政府—市场为主体构建的增长联盟纷纷解体，而以人民为中心、强调多元价值观协同、高质量发展的新"发展联盟"正在以不同形式得以重建，深刻影响着城市发展与治理模式的转型。这种转型究竟会给城市更新带来什么样的新影响、新要求？又会催生什么样的城市更新治理模式？

3　新发展语境下的城市更新内涵变化

2010 年代初以来，我国经过十年不断的政策调整与治理体系重构，极大地遏制和改变了城市政府目标单一的增长主义冲动，重建了"以人民为中心"城市发展整体价值观，构建了多元主体和谐共生的新价值体系。在新发展语境下，城市更新行动在其机制、目标和对象上都与以往快速发展时期存在着不同。

3.1　城市更新行动：从"地方裁量"到"国家意志"

城市更新并非一个新事物，在改革开放以后的很长一段时期，为了激励地方经济增长的能动性，中央政府并未对地方的城市更新行动进行统一的指引、规定，各地城市更新的探索多种多样。当年的太平桥（Yang，Chang，2007）、红坊（Wang，2009）、新天地（He，Wu，2005）等更新实践，体现了上海聚焦"全球城市"目标而形成外资驱动的文化商业街区更新模式（Shih，2010）；而深圳、广州等珠三角城市则在"三旧"改造的制度优势下，形成了集体融资主导的城市更新特色（Guo, et al., 2018; Sun, et al., 2017; Zhou, 2014; Li, et al., 2014）。然而，对于一些地段具体是选择原址更新还是拆除重建？哪些地方该拆？哪些地方需要保护？原住民是回迁还是异地安置？等等这些，都缺乏价值认同和判定规则，城市政府巨大的自由裁量时常造成巨大的冲突与争议。在新发展语境下，中央政府正在构建起中央政策统一指导下的城市更新治理体系，提出"严格控制大规模拆除""严格控制大规模增建""严格控制大规模搬迁""保留利用既有建筑""保持老城格局尺度""延续城市特色风貌"等一系列新要求，通过城市试点来探索构建集城市更新谋划机制、可持续模式、配套制度政策为一体的城市更新治理体系，充分体现了城市更新领域的国家意志与底线思维。

3.2　城市更新重点：从"物质再造"到"社会营造"

快速发展时期在土地财政的巨大诱惑下，各地城市增长联盟多是将旧厂房、旧小区、历史街区等更新设计为"综合开发"的商业项目，采取效率较高、产权简单、空间效果明显、收益较多的拆除重建方式。这些旧城区空间被进行彻底的物质空间重建与业态重塑，或是成为绅士化的商业空间、文旅空间，或是成为高档住宅小区，成为资本驱动"城市营销"的重要载体（Shen, Wu, 2012; 张京祥，2011; 吴启焰，曾文，2011; 张京祥，等，2007）。在新发展语境下，确立多元的价值体系成为城市更新政策的明确要求，城市更新不仅注重建成环境，更要注重高质量社会环境营造（阳建强，陈月，2020），通过城市更新为城市提供与创新驱动、高质量发展、生态文明相互促进的社会再生产新方式。

3.3　城市更新主体：从"增长联盟"到"发展联盟"

以往城市更新的推动主体、实施主体与获益主体，主要是由城市政府与市场所组成的增长联盟，以原住民搬迁、拆除重建为主要方式。或将原住民通过异地安置或者货币补偿的方式迁出，通过新规划对更新地块进行彻底改造从而创造更多的增值收益，例如南京老城南的熙南里更新（陈浩，等，2015）；或将一部分原住民原址回迁，但是必须通过高容积率或商业配建比来获取增值收益，从而保障增长联盟中各主体的利益。在新发展语境下，强调在城市更新行动中禁止大拆大建行为，尽量保留更新地块上的建筑风貌、街道肌理、居住人群及社会氛围，如此，原住民就成为城市更新中最重要的主体之一，城市更新也必然从追求利益回报为主转向实现更加多元的价值目标，从而形成主体更加多元、目标更加综合的"发展联盟"。

4　南京老城南城市更新的历程变迁

南京的老城南地区隶属秦淮区，是南京城市的起源地，兴盛于六朝、南唐、明清，是南京历史最为悠久、文化积累最为深厚的老城区，更被视为南京城市的空间与文化的发源地（陈浩，等，2015），总面积约6.9平方千米（图1）。老城南地区的城市更新实践开展较早，其持续的更新覆盖了改革开放后中国城市发展的各个时期，其更新实践项目在不同时期都极具代表性（例如夫子庙、老门东、南捕厅、小西湖等），尤其是20世纪末沸沸扬扬的"老城南事件"更是引起了行业专家与中央政府的高度关注，影响甚至推动了中国城市更新范式的总体转型。总体而言，老城南城市更新历程变迁经历了三个阶段：① 1990年代初期至2005年，在增长主义发展观主导下的更新阶段；② 2006年至2010年代初，更新模式反思调整阶段；③ 2010年代初至今，多元价值观融合下的发展联盟阶段。

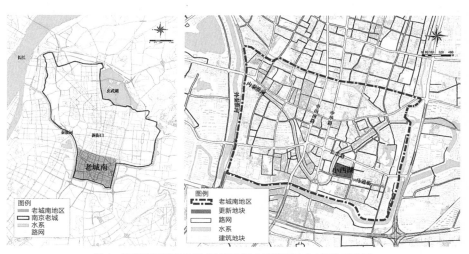

图1　南京市老城南地区（左图）和小西湖项目（右图）区位图

4.1　第一阶段：城市企业家主义驱动的城市更新增长联盟

1980年代末至1990年代初，中国围绕土地进行了一系列具有深远影响的改革，这其中包括城乡二元土地制度、土地有偿使用制度、中央—地方分税制并把土地出让金留给城市政府、取消住房福利分配体制等，到了1990年代末、2000年代初中国城市几乎都建立起了"土地财政体系"，土地出让、房地产及相关收入在地方政府收入中的占比越来越大，"城市企业家主义"在中国成为普遍的现象。随着城市建设规模越来越大，老城南地区优越的区位但破烂不堪的形象使其成为城市更新率先关注的对象。

在大拆大建的改造过程中，市、区政府与开发商组成了增长联盟，相互配合、协同推进，顺利、高效地实现了老城南地区基础设施与"形象"的提档升级。地方政府在南京老城南地区改造更新的增长联盟中占据主导作用，一方面，政府通过颁布有关政策法规，有效保证了老城南地区更新中增长联盟行动的合法性；另一方面，政府通过修编老城南保护规划、更新改造规划为城市更新提供支撑，优化、提高增长联盟项目的整体收益；此外，政府还通过与开发商成立"双拆"（拆除违法建筑和危破房屋）指挥部等机构，加快推进拆除重建事宜。在实际操作中，地方政府与开发商之间也形成了一套利益分成与交换机制（例如将项目土地收入的 17% 由政府补贴给参与老城改造的开发企业，而开发企业则需要提供一些基础设施、公共设施予以回报）。在此期间，老城南地区主干道两侧的传统民居、古树等都遭到不同程度的蚕食，并被拆除重建的现代商业建筑群、现代多层住宅小区所替代，极大地破坏了老城南地区的传统风貌。受到同一时期上海新天地、太平桥地区对历史街区进行商业化改造方式的影响，南京老城南地区围绕三条营、南捕厅历史保护街区更是以地毯式"拆除重建"的方式进行商业空间绅士化改造。

4.2　第二阶段：反增长联盟驱动城市更新的反思与调整

在地方政府主导的增长联盟推动下，老城南"拆除重建"式的城市更新势如破竹，截至 2003 年时 90% 的老城南地区已经被改造，随后颜料坊、钓鱼台、船板巷、门东、安品街等 5 处秦淮河沿岸的历史街区也被列入"旧城改造"项目范围。面对这种状况，2006 年 8 月南京本土的一些知识精英联合吴良镛、谢辰生、侯仁之等知名学者发出《关于保留南京历史旧城区的紧急呼吁》，要求地方政府立即停止对老城南地区的一切拆迁活动，启动省级或市级人大讨论程序，并且增加旧城改造中居民参与和专家论证的环节。2008 年，老城南地区仅存的南捕厅、门东、门西、仓巷 4 处历史地段又被划入旧房改造项目范围，再次引起社会公众的关注。2009 年 4 月，南京本地学者联合有关人士再次以《南京历史文化名城保护告急》上书国务院，指出"金陵古城已到历史的最后关头"。围绕南京老城南的两次上书均引起了中央政府的高度重视并派遣了国务院调查组，老城南城市更新全面暂停、反思整改。随后，《南京市城市总体规划》明确提出"历史文化街区和历史风貌区应采用渐进式的有机更新方式，不得大拆大建"的规划要求，并编制了《南京老城南历史城区保护规划与城市设计》，市政府提出坚持"整体保护、有机更新、政府主导、慎用市场"的方针，以及"小规模""院落式""全谱式"的老城更新思路，得到了地方知识精英、市民代表的认可，"老城南事件"才得以平息。在这个过程中，由知识分子和老城南地区居民所组成的团体以"自下而上"的非正式行动

方式对抗政府—市场联盟的逐利行为（Cook，2018），并且一定意义上重构了老
城南更新的旧共识体系，在老城南城市更新中形成了与政府—市场增长联盟相对
抗的反增长联盟。

　　与西方国家围绕社区居民与社会精英所形成的反增长联盟不同（Molotch，
1976），老城南地区的反增长联盟是由城市知识精英、当地居民与中央政府所构成
的，这其中非常值得关注的是中央政府的角色。以往，城市更新是属于城市的地
方性的事务，中央政府不会去关注和干预，但是面对"老城南事件"，中央政府的
直接介入代表着最有效的干预力量，深刻影响着老城南地区乃至中国后来的城市
更新策略和治理模式转型，事实上，"老城南事件"也推动了中国首部《历史文化
名城名镇名村保护条例（2008）》的出台。中央政府运用行政力量迫使地方政府改
变了老城南地区城市更新的总体方针，由早先鼓励市场资本参与转变为"慎用市
场"，为此，地方成立了政府控股的"历保集团""越城集团""老城南集团"等国
资平台公司，负责老城南地区的城市更新项目。"老城南事件"为南京老城更新的
整体进程按下了暂停键，2010年至2015年，除去之前已经开展项目的补救工程，
老城南地区并无新增的大型更新项目。在此期间，政府不断研究、完善老城南城
市更新的政策体系，探寻城市更新的模式路径。

4.3　第三阶段：多元价值导向下的城市更新发展联盟

　　2012年，《南京历史文化名城保护条例》实施，意味着老城南的保护与更新
正式有了法律依据，正式结束了当初由增长联盟主导的"大拆大建"更新方式。
2015年，老城南地区大油坊巷（小西湖）历史风貌区（图1）作为"老城南事件"
后第一个城市更新项目开始谋划。这一更新项目与以往的最大不同，是政府以充
分尊重居民意愿的态度开展老城有机更新，彻底放弃了"推平式重建"而形成了
"留—改—拆"新模式与具体实施办法。对更新地块内810户原住民进行了深入
的意愿和政策交流，在完全尊重居民意愿选择的前提下，确定了402户原住民选
择保留其住房原址产权，408户原住民选择搬迁的方式兑换其原址产权或使用权。
在此基础上，政府委托专业团队编制小西湖地区更新方案，结合居民不同的意愿、
居住类社区设计标准和历史街区保护要求，探索以"院落和幢"为单位的小尺度
渐进式更新模式。充分尊重产权，创新权益交换与空间使用方式，创造了"共享
院""共生院""平移安置""就近安置""外围安置"等多种多样的微更新策略，
不仅很好地解决了历史保护与居民生活条件改善的矛盾，而且有效提升了街区公
共空间品质并激发了传统街区活力，受到了各方的肯定与赞誉，也引起了媒体的
广泛关注。

　　小西湖地段更新从根本上改变了以往增长联盟推动下的城市更新模式，尊重原住民的意愿选择，实现多元价值而非单一经济价值成为城市更新的主体性诉求，并由此引发了老城南更新中利益核心与利益相关者的重构。在中央政府有关"以人为本"的城市更新原则要求下，地方政府对城市更新的价值目标取向和实施方式进行了重大调整，政府并不关注通过地块更新实现直接的经济回报，而是以更为多元的视角（诸如社会的视角、文化的视角甚至整治的视角）构建更新地块未来发展的新价值导向。老城南地区正在形成由原住民、知识精英、地方政府、国有开发企业、新闻媒体等构成的多元价值导向型的城市更新发展联盟（图2），取代了以往基于经济价值导向的政府—市场增长联盟。

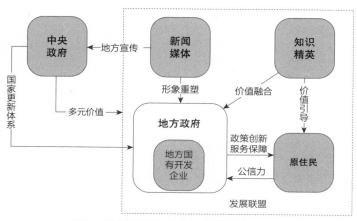

图2　老城南地区城市更新发展联盟的总体结构

5　中国城市更新中的发展联盟及其治理转型

　　中共十八大以来，中央对以往增长主义导向下的经济、城市发展模式进行了政策性反思与调整，从而推动城市由高速增长向高质量发展转型。以多元价值目标为导向、以多元主体协同、以多种方式为实施路径的发展联盟，正在推动新发展语境下中国城市更新的治理转型。

　　在以往城市更新中，地方增长联盟的顺利构建主要是得益于经济快速增长导向的宽松政策环境，2010年代初以来，中央政府对城市发展提出了新的时代要求，超越单一经济增长目标，将全面协调可持续的新价值观引入中国城市发展之中。中央政府通过制定城市更新指导意见等形式来引导、规制地方城市更新行为，地方政府则改变其在增长联盟的角色与行为，在新发展语境下追求多元主体与多元价值的协同，为此必须凝聚城市更新相关主体重建新发展联盟。

在以往城市更新中，更新地块的运作价值是构成增长联盟和推动城市更新的首要驱动力，但是，随着中央政府对城市发展多元价值体系的明确要求、居民意愿与社会监督力量的崛起，经济增长已不是城市更新尤其是居住类更新中的首要目的，更不是唯一目的。地方政府能否交出一份体现"人民城市人民建，人民城市为人民"要求的城市更新答案，能否通过城市更新统筹实现保护和延续城市文化、营造和谐社会、维持社会公平、提升空间品质与配套等多元目标，成为实施城市更新行动的重要目的。

在以往增长联盟主导下的城市更新行动中，居民总体上处于弱势被动的地位，往往被迫做出选择，于是居民会与知识精英、媒体等其他社会力量联合结成反增长联盟，从而对抗增长联盟的逐利行为。十八大以后，促进以人为本、社会公平、保护传统文化、保护生态等新价值观在城市更新中不断得到重视，原住民的意愿在城市更新中越来越得到尊重，城市政府也主动将人民满意作为创新城市更新政策、完善城市更新实践的出发点与归宿，知识精英、社会媒体等也在城市更新行动中发挥起积极支持与促进的作用。

6　结论与讨论

2010年以来，中国城市的总体发展语境发生了巨大转变，多元价值融合导向的城市更新正在推动着中国城市的运动范式与治理模式转型。国家启动"城市更新行动"，开启了中国城市发展、建设由"增量时代"向"存量时代"的全面、深刻转变，不同于改革开放后相当长时期城市更新属于地方自由实践的境况，如今中央政府在城市更新中发挥了强有力的作用，在国家层面构建了明确的城市更新目标、要求与方式指引体系，划定底线、规制地方城市更新行为。以往高增长、唯经济目标导向的城市更新增长联盟正在迅速瓦解，政府、市场、社会等各利益主体正在重新归位，并在新发展语境下形成城市更新的新发展联盟，有关城市更新的治理体系因此也发生了重大的重构。

中国城市更新治理模式由增长联盟向发展联盟的转型过程，也再次实证了中国特色的国家政策驱动型城市发展与治理模式（He，Wu，2005；Zhai，Ng，2013；Wu，2018），这与西方资本主义国家由市场资本驱动的城市更新具有本质上区别。但是，值得进一步观察与思考的是，中国现阶段由中央政府政策导向驱动的城市更新转型，是否真正形成了可持续的城市更新动力机制？事实上，地方政府在当前的城市更新转型中面临着很多新挑战。诸如城市更新项目资金可持续性，随着经济增长下行、土地财政收缩、"产权人"逐利意识高涨等，地方政府在城市更新中投入巨大的资金，但是并未在发展联盟中形成良性、可持续的投入—回报机制，这一发展联盟往往是"叫好不叫座"的。再例如，许多原住民的意愿诉求都是从自身获益最大化的角度出发，难以促成社区形成共识性的目标和行动，在城市更新中多表现为"等靠要"的思想，居民在城市更新发展联盟的主动性如何激活依然任重道远。此外，城市更新涉及诸多部门、规章的调整乃至集成创新，这也考验着中国政府传统条块分割的行政管理体系，如果不能破解政府部门之间各自为政、管理碎片化的问题，城市更新实践也是举步维艰。等等这些，都还需要我们进一步的研究与探索。

主要参考文献

[1] 陈浩，张京祥，林存松.城市空间开发中的"反增长政治"研究——基于南京"老城南事件"的实证 [J].
    城市规划，2015，39（4）：19-26.

[2] 石楠.更新 [J].城市规划，2021，45（3）：1.

[3] 罗小龙，沈建法.中国城市化进程中的增长联盟和反增长联盟——以江阴经济开发区靖江园区为例 [J].城
    市规划，2006（3）：48-52.

[4] 田莉，陶然，梁印龙.城市更新困局下的实施模式转型：基于空间治理的视角 [J].城市规划学刊，2020
    （3）：41-47.

[5] 王世福，易智康.以制度创新引领城市更新 [J].城市规划，2021，45（4）：41-47，83.

[6] 吴启焰，曾文.基于组织与机制的"地王"现象政治经济解析 [J].地理研究，2011，30（10）：1847-
    1860.

[7] 阳建强，陈月.1949—2019 年中国城市更新的发展与回顾 [J].城市规划，2020，44（2）：9-19，31.

[8] 张京祥，殷洁，罗小龙.地方政府企业化主导下的城市空间发展与演化研究 [J].人文地理，2006（4）：1-6.

[9] 张京祥，殷洁，罗震东.地域大事件营销效应的城市增长机器分析——以南京奥体新城为例 [J].经济地理，
    2007（3）：452-457.

[10] 张京祥，陆枭麟，罗震东等.城市大事件营销：从流动空间到场所提升——北京奥运的实证研究 [J].国际
    城市规划，2011，26（6）：110-115.

[11] 张京祥，赵丹，陈浩.增长主义的终结与中国城市规划的转型 [J].城市规划，2013，37（1）：45-50，
    55.

[12] Chang C, Wang YJ. THE NATURE OF THE TOWNSHIP VILLAGE ENTERPRISE[J]. Journal of
     Comparative Economics, 1994, 19（3）：434-452.

[13] Cook N. More-than-human planning：the agency of buildings and bodies in the post-political city[J].
     Geographical Research, 2018, 56（4）：368-381.

[14] Du Y. Urbanizing the periphery：infrastructure funding and local growth coalition in China's peasant
     relocation programs[J]. Urban Geography, 2019, 40（9）：1231-1250.

[15] Guo Y, Zhang C, Wang YP, et al.（De-）Activating the growth machine for redevelopment：The
     case of Liede urban village in Guangzhou[J]. Urban Studies, 2018, 55（7）：1420-1438.

[16] He SJ, Wu FL. Property-led redevelopment in post-reform China：A case study of Xintiandi
     redevelopment project in Shanghai[J]. Journal of Urban Affairs, 2005, 27（1）：1-23.

[17] Jiang Y, Waley P, Gonzalez S. Shifting land-based coalitions in Shanghai's second hub[J]. Cities,
     2016, 52：30-38.

[18] Kulcsar LJ, Domokos T. The post-socialist growth machine：The case of Hungary[J]. International
     Journal of Urban and Regional Research, 2005, 29（3）：550-563.

[19] Li LC. CENTRAL-LOCAL RELATIONS IN THE PEOPLE'S REPUBLIC OF CHINA：TRENDS,
     PROCESSES AND IMPACTS FOR POLICY IMPLEMENTATION[J]. Public Administration and
     Development, 2010, 30（3）：177-190.

[20] Li LH, Lin J, Li X, et al. Redevelopment of urban village in China-A step towards an effective urban policy? A case study of Liede village in Guangzhou[J]. Habitat International, 2014, 43: 299-308.

[21] Logan JR. Growth, Politics, and the Stratification of Places[J]. American Journal of Sociology, 1978, 84 (2): 404-416.

[22] Logan JR and Molotch HL.Urban fortunes: The political economy of place[M]. Berkeley, CA: University of California Press, 1987.

[23] Luo X. Growth Politics in Urban China: A Case Study of Jiangsu's Jiangyin-Jingjiang Industrial Park[J]. China Review-an Interdisciplinary Journal on Greater China, 2010, 10 (1): 39-62.

[24] Molotch H. CITY AS A GROWTH MACHINE-TOWARD A POLITICAL-ECONOMY OF PLACE[J]. American Journal of Sociology, 1976, 82 (2): 309-332.

[25] Niu J. Eighty Percent Neighborhoods in Beijing Experienced Changes of Planning[J]. China Economic Weekly, 2007, 27: 38-39.

[26] Oi JC. The role of the local state in China's transitional economy[J]. China Quarterly, 1995 (144): 1132-1149.

[27] Oi JC. The role of the local state in China's transitional economy[M]//Walder AG. China's transitional economy. Oxford: Oxford University Press, 1996.

[28] Qian Z. Institutions and local growth coalitions in China's urban land reform: The case of Hangzhou High-Technology Zone[J]. Asia Pacific Viewpoint, 2007, 48 (2): 219-233.

[29] Shen J, Wu F. RESTLESS URBAN LANDSCAPES IN CHINA: A CASE STUDY OF THREE PROJECTS IN SHANGHAI[J]. Journal of Urban Affairs, 2012, 34 (3): 255-277.

[30] Shih M. The Evolving Law of Disputed Relocation: Constructing Inner-City Renewal Practices in Shanghai, 1990-2005[J]. International Journal of Urban and Regional Research, 2010, 34 (2): 350-364.

[31] Stone CN. URBAN REGIMES AND THE CAPACITY TO GOVERN-A POLITICAL-ECONOMY APPROACH[J]. Journal of Urban Affairs, 1993, 15 (1): 1-28.

[32] Sun X, Huang R. Extension of State-Led Growth Coalition and Grassroots Management: A Case Study of Shanghai[J]. Urban Affairs Review, 2016, 52 (6): 917-943.

[33] Sun Y, Lin J, Chan RCK. Pseudo use value and output legitimacy of local growth coalitions in China: A case study of the Liede redevelopment project in Guangzhou[J]. Cities, 2017, 61: 9-16.

[34] Swyngedouw E. The Antinomies of the Postpolitical City: In Search of a Democratic Politics of Environmental Production[J]. International Journal of Urban and Regional Research, 2009, 33 (3): 601-620.

[35] Vogel RK, Swanson BE. The Growth Machine versus the Antigrowth Coalition: The Battle for our Communities[J]. Urban Affairs Quarterly, 1989, 25 (1): 63-85.

[36] Wang CC, Gereffi G, Liu Z. Beyond technological relatedness: An evolutionary pro-growth coalition and industrial transformation in Kunshan, China[J]. Growth and Change, 2021 (52): 2318-2341. DOI: 10.1111/grow.12566.

[37] Wang J. 'Art in capital'：Shaping distinctiveness in a culture-led urban regeneration project in Red Town，Shanghai[J]. Cities，2009，26（6）：318-330.

[38] Wang L. Local state entrepreneurialism in China：Its urban representations，institutional foundations，and policy implications[M]//Hasmath JHR. The Chinese corporatist state：Adaption，survival and resistance. Abingdon：Routledge，2013：83-101.

[39] Weinstein L，Ren X. The Changing Right to the City：Urban Renewal and Housing Rights in Globalizing Shanghai and Mumbai[J]. City & Community，2009，8（4）：407-432.

[40] Wu F. State Dominance in Urban Redevelopment：Beyond Gentrification in Urban China[J]. Urban Affairs Review，2016，52（5）：631-658.

[41] Wu F. Planning centrality，market instruments：Governing Chinese urban transformation under state entrepreneurialism[J]. Urban Studies，2018，55（7）：1383-1399.

[42] Wu F，Ma LJC. Transforming China's globalizing cities[J]. Habitat International，2006，30（2）：191-198.

[43] Wu FL. The global and local dimensions of place-making：Remaking Shanghai as a world city[J]. Urban Studies，2000，37（8）：1359-1377.

[44] Wu J，Wu Y，Yu W, et al. Residential landscapes in suburban China from the perspective of growth coalitions：Evidence from Beijing[J]. Journal of Cleaner Production，2019，223：620-630.

[45] Yang Y-R，Chang C-H. An urban regeneration regime in China：A case study of urban redevelopment in Shanghai's Taipingqiao area[J]. Urban Studies，2007，44（9）：1809-1826.

[46] Zhai B，Ng MK. Urban regeneration and social capital in China：A case study of the Drum Tower Muslim District in Xi'an[J]. Cities，2013，35：14-25.

[47] Zhang J，Yin J，Luo X. Research of Urban Spatial Development under the Circumstances of Local Government's Enterpreneuralization[J]. Human Geography，2006，4：1-6.

[48] Zhang S. Land-centered urban politics in transitional China-Can they be explained by Growth Machine Theory?[J] Cities，2014，41：179-186.

[49] Zhang TW. Urban development and a socialist pro-growth coalition in Shanghai[J]. Urban Affairs Review，2002，37（4）：475-499.

[50] Zhang Y，Fang K. Is history repeating itself？From urban renewal in the United States to inner-city redevelopment in China[J]. Journal of Planning Education and Research，2004，23（3）：286-298.

[51] Zhou Z. Towards collaborative approach？Investigating the regeneration of urban village in Guangzhou，China[J]. Habitat International，2014，44：297-305.

[52] Zhu JM. Local growth coalition：The context and implications of China's gradualist urban land reforms[J]. International Journal of Urban and Regional Research，1999，23（3）：534-548.

王富海
曾祥坤
张宸

王富海，中国城市规划
学会常务理事、学术工
作委员会副主任委员，
深圳市蕾奥规划设计咨
询股份有限公司董事长
兼首席规划师，教授级
高级规划师

曾祥坤，深圳市蕾奥规
划设计咨询股份有限公
司高级研发主管，高级
规划师

张宸，深圳市蕾奥规划
设计咨询股份有限公司
研发助理

"人民城市"需要规划理念的革命

1 引言

"人民城市人民建，人民城市为人民"的重要理念是以人民为中心的发展思想在城市工作领域的具体体现 [1]，也是我们做好城市工作的出发点和落脚点 [2]。自 2015 年中央城市工作会议首次提出"人民城市"概念，到 2020 年中央在浦东开发开放 30 周年庆祝大会上再次提出"提高城市治理现代化水平，开创人民城市建设新局面" [3]，相关领域专家围绕人民城市先后形成了许多创见。有的系统阐述了"人民城市论"的理论逻辑、历史逻辑和实践逻辑 [4]，有的探讨了城市超越资本逻辑实现人民逻辑的依据和未来走向 [5]，有的从治理角度总结了人民城市的经验成效和实践路径 [6]，有的从建筑、空间等角度探讨了人民城市的建设模式和技术途径 [7, 8]，有的结合北京、上海等地经验讨论了人民城市理念下的空间建设和更新方法 [9-12]，为我们更好地理解和践行人民城市理念提供了很好的启发和镜鉴。

近年来，中国的城镇化发展已经步入历史性的转折期，一是从"乡土中国"进化到"城市中国"的千年未有之变局，二是从快速增量扩张阶段转入了以存量优化为主的"2.0"阶段，城市规划沿用多年的现行理念和做法已不能适应新时代城市发展的需要。甚至可以说，过去 40 年在如何理解城市高质量发展的问题上，我们已有十分深刻的历史教训，产生了城市发展的一些偏差与失误。在新的历史阶段，不仅要弥补过去留下的大量欠账，还要面对新的发展环境、发展目标和各种挑战，需要我们汲取教训、更新观念，避免用产生问题的方式去解决问题。在这个意义上，人民城市绝非温和的政治宣言并在现有规划中增补"背景"和相应内容，不妨放到对城市规划理念进行"革命"的高度来加以认识。

2　人民城市的规划理念变革

莎士比亚说："城市即人"，这也是人民城市的概念本质。循此理解，亟须我们在城市规划的对象、视角、内容、形式和方法上加快转变、除旧布新。

2.1　规划对象：从人口到人民

在过去的城市规划中，"人"被抽象化，在规划中被降格为匡算用地和设施规模的技术参数，被简化为若干功能标签描绘下的人口分组，被处理成点缀精致建筑场景的过客行人。一个个鲜活生动的人变成了人"口"的人，而不是人"类"的人。

于是，见物不见人成了传统城市规划的一大通病。特别是在城镇化初期的快速增长阶段，强调人口的数量特征来衡量需求指标，进而计算物质建设数量，而基本不考虑不同人的不同需求。如今进入城镇化的新阶段，物质增量需求已明显放缓，城市之间围绕包括人口在内的要素竞争日趋激烈，规划又被当作"抢人"的工具。这类规划明面上有所创新，不再使用人口数据做趋势外推预测，转而大谈产业导入、功能升级、能级提升……话术虽然装点一新，但最终还是收束到人口数量增长上，仍是为了与新增建设容量相挂钩。也即是说，规划的实际对象发生了本末倒置——用地、建筑和设施建设从城市发展的手段变成目的，人的发展则从目的沦为了手段。显然，这与人民城市的理念是颠倒的。

另一个症状是，规划即使的确"见了人"，也并不是具体的人，大抵都经过抽象化的处理，成为一个个规划技术概念。例如，通常只是将人按年龄和就业状态划分为就业人口和被抚养人口，相应地按照总量比例配置设施。常见的养老服务设施就是这样简单配置的，但具体的空间布局、项目部署的轻重缓急以及老龄群体的更多详细需求等因素则几无涉及。近年来，尽管"儿童友好城市""老龄友好城市""青年友好城市"等概念成为热点，但它们更多只是在规划要点和城市建设侧重方面的分野，而站在人民城市这一根本理念之上看待城市，城市本就应当对身处其中的所有人都友好。关注各类人群的实际具体需求，并在规划中统筹协调切实回应，是规划实现从人口到人民之转变的必要前提，也是人民城市理念的应有之义。

2.2　规划视角：从英雄主义到平民主义

地方的规划建设决策大多出自本地的主政官员，因而规划的视角常常是"居高临下"的"俯瞰式"，易使人产生一种距离感。事实上，在城市规划建设领域，但凡是自上而下的单方向决策机制，追求形式、崇尚形象的英雄主义情结必大行其道，古今中外几莫能外。过去 40 年中国的大规模高速度城市建设中，英雄主义决策发挥了主导性的作用。英雄主义的表现背后是领导的政绩观、发展观和价值观，尤其在城市建设的价值观上，地方领导的"美观"倾向在一段时期内曾十分严重，甚至可形容为达到了"洁癖"的程度[13]，幸而近年来随着新发展理念的贯彻，这一"洁癖"已经大有好转。

英雄主义追求的是气派和伟大，早年从大城市兴起、正在向中小城市蔓延的"高楼就是现代化"，是对英雄主义的集中概括。英雄主义的主要表现可概括为四个方面：一是公共空间和公建盲目高配，大轴线、宽道路、大广场、大体量公建、超高层建筑、超大综合体等成为众多大中城市甚至小城市的必选；二是痴迷于照搬大概念，诸如城市门户、城市客厅、城市阳台、标志性建筑不一而足；三是偏爱整洁街面，穿衣戴帽、统一招牌、亮化美化等表面文章层出不穷；此外，功能分区集中气派，大城市搞大学城、中城市搞职教城、小城市搞中学城等现象，形式上的大尺度和形象上的大气派成为公共建设的标配。然而，在追求"高大上"形式的表面掩盖之下，难免隐含着对功能的损害、对尺度的扭曲和对市井的挤压。城市的正常功能和生活尺度为英雄主义的"大展拳脚"而让路，从另一面来看可谓是城市规划对平民利益的忽视。

陷入英雄主义泥潭的城市规划，往往言必强调项目外观的高质量，要么名贵材料，要么空间浪费，即便是运营费用或服务收费过高以至于维护不起，也少见因此而放弃原有方案的例子，似乎这是规划建设普适的、理应达到的终极标准，要不惜一切代价地达到。英雄主义见不得城市存量的低、小、差，城中村必拆，老房子必拆，矮房子必拆，临街铺必拆，一味地打造高标准、大气派，是牺牲多数普通民众的利益而迎合少数精英群体的做法，对前者是极不公平的。政府不仅不能歧视弱势群体，相反，关心帮扶弱势、困难群体是政府的重要职责，尤其在当前仍有大量农民进城成为低收入市民的阶段，善待这些人群的地方政府才有可能获得维持城市持续发展的人口红利。

实际上，真正伟大的城市，通常并不是体现在空间尺度的巨大有型，更多的是因为社会包容而支撑了强大城市功能的伟大。只有力争为每一位市民的个人发展提供充分条件、不以牺牲平民利益为代价换取短期发展的平民主义城市，才是人民意义上的伟大城市。

2.3 规划内容：从物质主义到综合运营

形象地说，如果城市发展是"搭台唱戏"，那么"搭台"是规划建设，"唱戏叫座"是城市经营，"叫座又叫好"才是城市运营。本是链条式的系统工作，但城市规划只顾"搭台"不管"唱戏"的问题却由来已久。最突出的症状就是物质主义规划，管建不管用。尤其是在快速扩张时期，城市建设规模大、速度快但效果未必好，"空间中的生产"变成了"空间生产"，忽视空间的"使用价值"过分追求空间的"商业价值"，要求"唱戏"的人和企业们想方设法地调整自己来适应打造"舞台"效果的宗旨。

规划的注意力放在"搭台"上，自然对怎么唱好"戏"就漫不经心了。譬如从过去的大学城、高新园、保税区一直到如今的低碳园、科学城、未来城，规划上往往是案例借鉴开道，学同类而框定用地比例布局，按标准配好建筑设施容量，响应了最新最全的理念原则，得出了蔚为大观的理想方案。而在这片不那么"理想"的现实空间里，人是如何生活的，产业是如何运作的，开发是如何组织的，收支是如何维持的，却易被规划师习惯性地遗漏。这样不遵循运行规律和特征，不针对生产生活的具体需求，所做出的模板式规划往往流于"形而上"。如果将这种规划"法定化"，醉心于打造理想场景，运营成效好是偶然，不好则属必然。

人民城市并不能脱离空间而存在，但人民对城市空间的需求已经经历了从"够不够"到"好不好"再到"对不对"的认知演变。近年来备受全国关注的郑州涝灾、上海疫情等焦点，都进一步凸显了城市不仅要建设好，更要做好风险防范和应急管理等方面的运行机制。要坚定贯彻落实人民城市理念，建设的高质量是相对的，城市运营的高质量则有一定程度的绝对性。也即如何以行政和市场的机制为手段，对各类软硬资源要素进行盘整、激活、调度和优化利用，以保障城市整体可持续高效运行。应该说，围绕各种人的需要的城市综合运营是新时代下城市发展的重要命题，也是未来规划的内容主体，相应地说，城市建设只是城市运营的手段之一。

2.4　规划形式：从精英主义到共同缔造

过去以扩张型的新城新区建设为主的城市建设模式，使得中国城市建设机制简单且统一；规划建设的话语圈小而局限，多是由精英参与并全盘负责，规划的工作形式也趋于单一。政府征地拆迁，规划打格子分功能，政府再以多种形式拆分配置土地，规划再一管到底并在制度上保持建筑使用功能不得变动。如此这般，使城市按照精英规划、精英决策和精英管理而成就了良好的秩序。可是，将新城新区的建设效果与老城老区相对照，就可以直接感知精英主义规划建设的特色与弊端。前者自上而下、井然有序、分区相隔、整齐划一，与自下而上为主生长起来的老区相比，少了市井烟火气、不期而遇的意外感，以及多样性、混合性、连续性，总体来讲是少了"城市味儿"。这种精英主义所建立的严格秩序，因制度上没有给精英之外的人在城市建设中创造或再创造的机会，在多数时候只能成为新城新区生长发展的桎梏。

　　精英之外的城市居民缺乏便捷有效的参与渠道，城市的规划建设缺少了公众的创意和意见，必将在实施层面产生很多问题，使得城市不够亲民，甚至欠缺活力与生气。在实际规划编制工作中，这类例子颇多。譬如控规的公示环节，涉及的直接利益相关方往往没有得到专门的解释说明，或者单纯因不知情而没有及时参与反馈，导致落地实施出现矛盾冲突，这是精英主义规划缺乏针对性、即时性的表现。另一类情况是拆建式的城市更新中，开发商为了加快项目推进而提高赔偿标准，转头再向政府要求更高的容积率补偿，最终是原产权人和开发商获利，而社会公众却可能要因此承受更高的租金、交通和经营成本。这样因间接利益人的规划参与不足而导致社会整体利益被损害的例子已不鲜见但仍易被忽视。

　　除公众参与外，行业的参与也是十分重要的一环。如交通方面的规划，针对道路系统、仓储设施等都有相应的管控内容，但对于物流则没有专门规划，同时也没有让最有发言权的相关行业企业参与进来，使设施规划和实际运营脱节，这在疫情等应急情况下则是致命的。要想实现城市的高质量运营，行业的参与是必不可少的。

　　发动公众和行业广泛参与，是规划形式从精英主义向共同缔造转型的关键。按照"共谋、共建、共管、共评、共享"的原则，凝聚社区和行业共识，发扬共同缔造的精神，才能共建美好家园和活力市场。典型而又特殊的例子是深圳的城中村，它自下而上的"自组织模式"赋予其内生的创造力，使其得以在深圳的快速发展变迁中表现出强大的适应能力，为深圳发展作出重大贡献，也成为这座城市最有特色、最有"城市味儿"的区域。让城市中的人拥有发挥创造和再创造能力的空间，是人民城市的精神所在。

2.5　规划方法：从经验主义到精准治理

　　城市规划是一个严重依赖经验判断的行业。经验本身脱胎于对城市运行特征的观察、研究和思考，总结归纳为普适性规律（例如类型城市或地区人流、物流、信息流的特有组织模式）和标准后，再触类旁通地解决类似规划中的问题。不过在很多时候，经验主义极度简化了规划编制过程，似乎只要依靠一张区位图、几个统计数据，就足以对城市特征做出简单的判断和匹配，然后套用相似的规范或先例，成为类似中医问诊开方的"黑箱式"做法。

　　在日益复杂的规划实施环境下，经验主义规划方法已经面临诸多挑战。首先是方法的科学性。例如，因为涉及实实在在的开发利益，总体规划的关注点被集中到用地规模，控制性详细规划的关注点被集中到容积率，而这两个量化指标的确定，恰恰缺乏公认而准确的方法，导致规划的权威性受到挑战，规划调整的诉求频繁出现。其次是经验的有效性。随着新兴技术的应用和社会结构的变化，城市中的新经济、新业态、新空间层出不穷，旧经验解决不了新问题。即使看起来相似、可套用经验，也很可能因此忽略了关键的变化和差异。例如在商业综合体加速迭代发展的今天，新增商业场所的业态定位、千人指标、经营方式等必须与时俱进地作出调整，而这些调整又必须以对具体城市主体消费人群的调查为基础。

最后一大挑战来源于城市规划的本身属性。城市规划作为社会思潮影响下公共价值观的体现，必然随着经济环境、社会文化甚至政治导向而呈现出阶段性的变化。在规划的重心逐渐转到实施效果的当下，过去偏重理性主义的规划方法亦不得不渐渐让位于行动主义的规划范式。如深圳的城市更新规划已经变成庞杂政策体系下以规划实施结果为导向的空间利益博弈过程，传统蓝图式的规划方法已不可能为政府和市场所接受，规划工作者与其说是理想空间的"设计师"，不如说是熟稔政策为业主争取最优利益的"则师"。

因此，在方法层面上，人民城市规划必须回归到对人的活动行为特征和需求的研究上去。大数据、智慧城市等新型技术和平台的深化应用既能提高我们对人和城市的认知，也会转变我们解决规划问题的方式。如更好地实现从"人口"到"人类"的精准画像，从人的生活、工作、休闲、交通等各种行为特征中更为细致生动地分析城市各方面系统及设施的运行状态，准确把握人们的日常需求和面临的问题。这种全方位科学分析的能力越强，围绕人的规划才能更具针对性和有效性，从而推动城市规划从蓝图到行动、从管制到治理的彻底转变，使之成为人民城市建设的有力支撑。

3   结语

人民城市需要规划理念的革命，更准确地说，城市规划的理念革命已经酝酿了很多年。2013年底的中央城镇化工作会议就已经发出了"用科学态度、先进理念、专业知识建设和管理城市"的要求，甚至早就提到"要融入让群众生活更舒适的理念"。这次会议距今已近十年了，但遗憾的是本文前述的种种"旧相"却未有根本性的改变，"旧瓶旧酒贴新签"的惯性依然存在。所以，人民城市更需要的是酝酿已久的规划理念革命的发生。要真正践行人民城市，必须有革命的自觉，首先是理念的更新，才能引发技术、路径、模式、制度的更新。扬·盖尔在其著作《人性化的城市》中提出，"生活、空间、建筑——以此次序规划"[14]。这或许是对人民城市理念革命最精辟的注解。

参考文献

[1] 习近平.人民城市人民建，人民城市为人民 [EB/OL].（2019-11-03）[2021-04-19]. http：//www.xin huanet.com/politics/2019-11/03/c_1125186430.htm.

[2] 中央城市工作会议在北京举行 [N]. 人民日报，2015-12-23（1）.

[3] 习近平.浦东开发开放 30 周年庆祝大会上的讲话 [N]. 人民日报，2020-11-13（1）.

[4] 奚建武."人民城市论"的逻辑生成与意义呈现——习近平关于城市建设和发展的重要论述研究 [J]. 上海城市管理，2022，31（1）：81-89.

[5] 龚晓莺，严宇珺.从资本逻辑到人民逻辑：谱写新时代人民城市新篇章 [J]. 城市问题，2021（9）：5-12, 27. DOI：10.13239/j.bjsshkxy.cswt.210901.

[6] 魏崇辉.习近平人民城市重要理念的基本内涵与中国实践 [J]. 湖湘论坛，2022，35（1）：22-31. DOI：10.16479/j.cnki.cn43-1160/d.2022.01.004.

[7] 伍江.城市空间的人民性 [J]. 建筑实践，2021（10）：6-13.

[8] 田利.基于建筑学理论的人民城市建设探讨 [J]. 上海城市管理，2020，29（5）：10-17.

[9] 吴志强.探索"五大空间"精细化治理新路径 打造人民城市"上海样本"[J]. 未来城市设计与运营，2022（1）：45-46.

[10] 陈水生，甫昕芮.人民城市的公共空间再造——以上海"一江一河"滨水空间更新为例 [J]. 广西师范大学学报（哲学社会科学版），2022，58（1）：36-48. DOI：10.16088/j.issn.1001-6597.2022.01.004.

[11] 葛岩，骆悰.人民城市，人民街道——可漫步、有温度的上海街道更新探索 [J]. 人类居住，2021（2）：12-15.

[12] 侯晓蕾，苏春婷.基于人民城市理念的老旧社区公共空间景观微更新——以北京市常营小微绿地参与式设计为例 [J]. 园林，2021，38（5）：17-22.

[13] 王富海.决策的洁癖——城市病的一种"中国特色"诱因 [J]. 城乡规划，2012（2）：84-86.

[14] 扬·盖尔.人性化的城市 [M]. 欧阳文，徐哲文，译.北京：中国建筑工业出版社，2010：193.

周岚，中国城市规划学会副理事长，江苏省住房和城乡建设厅厅长

丁志刚，中国城市规划学会理事、城乡治理与政策研究学术委员会委员、城市更新学术委员会委员，江苏省城镇化和城乡规划研究中心主任

周岚 丁志刚

面向真实社会需求的城市更新行动规划思考

1 引言

过去四十多年间，中国城乡规划学实现了跨越式发展：据 2021 年和 2022 年泰晤士高等教育（THE）发布的全球高等教育学科评级结果，中国城乡规划学的评级（A）优于英国、美国、加拿大、澳大利亚和德国。支撑这一成绩的，是中国快速城镇化的成就以及由此带来的丰富多彩的城市规划实践[1]。从发展动力角度分析，是改革开放以来的政府力量和市场力量的联动，成就了中国城市发展的日新月异：政府通过绘制美好城市规划蓝图、引导社会各方参与讨论、形成城市发展愿景共识，在此基础上依托城市土地一级开发和土地出让等制度[2]，推动城市新区建设，改善城市基础设施，加强招商引资，不断努力提升城市竞争力，有效发挥政府的引导力；多元的市场力量则通过投资办厂、房地产开发等多种方式积极参与到这一进程之中[3]，在实现赢利的同时客观上提升了城市的经济活力和全社会的总体居住水平。

如果说过去四十多年的中国城乡规划学科的进步，得益于深度契合了中国快速城镇化的发展需求，那么面向 2050 年的中国城乡规划学科发展，必然取决于对未来城乡高质量发展的有效参与和塑造，必须根植于中国以人民为中心的社会主义全面现代化进程。中华民族伟大复兴，绝不是轻轻松松、敲锣打鼓就能实现的。在前进道路上我们面临的风险考验只会越来越复杂。在百年变局和世纪疫情的综合影响下，中国经济发展面临需求收缩、供给冲击、预期转弱三重压力，以习近平同志为核心的党中央审时度势，把党的意志、人民对美好生活的向往与时代发展脉络相统一，在党的十九届五中全会上明确提出实施"城市更新行动"和"乡村建设行动"，这为未来中国城乡规划学科的发展方向指明了立足根基。

　　围绕"城市更新行动"国家战略的实施,规划学界展开了热烈讨论。这些讨论,有益于城市更新行动的深入推进,也有利于城乡规划学科的发展进步,但也应同时看到:由于我国城市更新行动的实施尚在起步阶段,目前的讨论多集中在理论、理念和价值观的层面[4],真正触及城市更新实践面临的现实问题的研究较少。由于中国实施城市更新行动的背景情况,有别于西方衰败地区的城市复兴和更新改造[5],也不同于国内以往城市建设和改造,当下特别需要契合并响应真实社会需求的城市更新行动的系统解决方案。针对于此,本文展开了深入讨论,虽未有系统答案,但仍想抛砖引玉,推动规划同行共同探讨。

2　真实世界的城市发展现实问题

　　改革开放以来的中国城镇化成就巨大,从 1978 年到 2021 年,我国城镇化率从 17.9% 迅速增长到 64.7%,四十多年间,城镇人口增加超 7.4 亿人,相当于欧洲的总人口规模。在这史无前例的快速城镇化进程中,我们不仅没有产生拉美、南亚等地区城镇化普遍面临的贫民窟问题,相反抓住了城镇化的机遇极大地提高了全社会总体居住水平,从 1980 年至 2020 年,我国城镇居民人均住房建筑面积从 6.7 平方米跃升至 39.8 平方米,人均道路面积从 2.8 平方米增长到 18 平方米,人均公园绿地面积从 1.5 平方米增长到 14.8 平方米,城市污水处理率从接近零提升至 97.5%❶。

　　但正如一个硬币的两面,我们应同时看到,正是由于我国城镇化进程的"过快",导致了"城市病"问题的累积发生。当下,我们既要努力化解快速城镇化累积的安全风险问题,又要实现高发展基数上的经济持续增长,还要满足新发展阶段人民群众日益提高的美好生活需求,而这些目标的实现,都需要通过城市空间的更新改善予以支撑。

2.1　快速城镇化累积的安全风险问题

　　经过快速城镇化"暴风骤雨式"地大量建造,以江苏为例,全省不动产登记的建筑面积已经超过了 70 亿平方米❷。由于我国普通民用建筑物和构筑物的设计使用年限为 50 年,大量改革开放初期建造的房屋已进入了全生命周期的"中老年"。2021 年,江苏全省排查出存在安全隐患的建筑 23982 栋,涉及居民 16 万多户❸。

---

❶　数据源自住房和城乡建设部《2020 年城乡建设统计年鉴》。
❷　根据 2021 年江苏省既有建筑安全隐患排查整治专项行动开展的相关数据统计。
❸　根据 2021 年江苏省既有建筑安全隐患排查整治专项行动开展的相关数据统计。

除地上建筑外，常年"重地上、轻地下"的建设发展，让人对城市地下管网的安全更难以乐观。2021 年湖北十堰市"6·13 燃气爆炸事故"和河南郑州市"7·20 特大暴雨灾害事件"是中国城镇化累积的"灰犀牛风险"的典型呈现。由于地下管线属隐蔽工程，快速城镇化时期对其建设的监管并不到位，加上各类市政管线面广量大，以江苏为例，全省共有 11.7 万千米城镇燃气管线、12.98 万千米市政供水管线、9.75 万千米市政雨污排水管线[6]，其中一部分管线已出现了不同程度的老化问题，亟待更新解决。

2.2 高基数上的经济可持续增长问题

经过改革开放以来的快速增长，2021 年江苏经济规模总量已超 11 万亿，相当于俄罗斯全国的 GDP。我们经常这样自豪地介绍江苏：以占全国 1% 的陆域面积创造了超过 10% 的经济总量，所有设区市都跻身全国"百强市"。

根据《江苏省国民经济和社会发展第十四个五年规划和二〇三五年远景目标纲要》："十四五"时期"地区生产总值年均增长 5.5% 左右，到 2025 年人均地区生产总值超过 15 万元"，到 2035 年"人均地区生产总值在 2020 年基础上实现翻一番，居民人均收入实现翻一番以上"。江苏是全国人口密度最高的省份，如何在有限的国土空间上、在高发展基数上实现经济的持续增长，尚未有十分清晰的实现路径，但其中两个无疑的选择是新经济的发展和生产空间的提质增效，这些都与城市更新行动密切相关。

据统计，江苏全省共有各类工业企业用地 472 万亩（约 31.47 万公顷），涉及工业企业近 22 万家[7]。随着国际国内经济发展环境的变化和产业的转型需要，相当比例的低效工业用地需要再开发。同时，互联网经济带来传统办公空间、商贸空间过剩，也需要进行功能转换和更新改造升级。此外，我国已建成 5G 基站超 160 万座，终端连接数超 1.5 亿。数字经济的发展和未来社会的数字化转型，一方面需要城市空间和基础设施的支撑，另一方面线上线下空间的互动以及数字化智慧化的精准管理将推动城市发展的升级和空间理论的创新。

2.3 高质量发展的百姓需求提升问题

经过改革开放以来的人民生活持续改善，百姓对于美好生活的需求不断提升：宜居品质要提高，生态环境要改善，文化特色要增强、社会治理水平要提升……百姓这些需求的实现，都需要通过更新提供更高质量的空间。

以江苏为例，2000 年前建成的老旧小区数量超过 1.3 万个，在近年加大力度推动老旧小区改造的情况下，全省仍有 4200 多个老旧小区有待改善更新，同时随着时间的推移，老旧小区还将持续滚动增加 ❶。这些建成年代早、建设标准不高的老旧小区，普遍面临基础设施不齐、功能配套不够、公共空间缺少、停车难等老百姓的"急难愁盼"问题；在生态环境改善方面，江苏是水乡，河湖众多，在上一轮城市建成区黑臭水体整治中，591 条主要河道基本消除了黑臭水体 ❷，但不时返黑返臭，根治城市水环境需要地下雨污管网的系统联动更新治理；在文化特色彰显方面，快速城镇化阶段江苏难能可贵地保下了全国最多的国家历史文化名城和中国历史文化名镇，但这些保下来的珍贵历史文化遗产，要转化为当代发展的文化资源，还有大量的工作和难题有待破解；在社会治理方面，疫情防控背景下的人生百态和高下立现的社会治理，留下许多需要讨论并不断完善的空间，其中也折射出高流动性的城市"陌生人社会"的问题和风险。实际上，城市更新行动提供了一种可能，即通过推动居民深度参与所在地区的更新改善，建立起与社区的密切联系，通过家园的共同缔造培养邻里感和场所精神，逐步改变城市"陌生人社会"的现状，并在此过程中积极引导培育城市文化的发展壮大。

3　城市更新实践的复杂社会需求

上述城市发展现实问题的系统解决，需要城市更新行动的积极有效实施，这也为城乡规划学科在新发展阶段的转型发展提供了综合场景。但高度凝练、集中于城市特定地区的现实问题，与多元主体的复杂诉求相互交织，形成多维度的矛盾问题，难以延用原有增量时期以"谋篇布局"为方法手段的规划建设路径，必须适应存量时期"精细织补"的时代变化要求，从习惯城市尺度的宏大叙事，到适应小微空间的精细营造，俯下身来深度参与社区更新改造，在深入了解城市更新实践中复杂的社会需求基础上，积极推动真实世界的现实改善。

3.1　居民深度参与的现实需求

以城市为尺度的总体规划，其综合性和专业性使得普通民众难以深度参与，加上宏观城市格局问题并非百姓身边事，公众参与热情往往不高 [8]。但面向特定区域的建成环境改善，百姓相比于规划师，更了解所在的小区和街道等存在的现实问题，他／她们对生活环境改善的愿望和诉求，十分迫切、真切、生动、具体。此时公众参与的人，不再是公众概念的抽象集合，而是一个个具有现实个性化需

---

❶ 根据江苏省住房和城乡建设厅对全省城镇老旧小区改造工作的统计。
❷ 根据江苏省住房和城乡建设厅对全省城市黑臭水体治理工作的统计，截至 2021 年底纳入国家整治计划的 591 条黑臭水体基本消除，其中设区市 429 条，县级城市 162 条。

求的生动的人、具体的人[9]。

3.2　多元诉求和有限空间的矛盾

城市更新实践，涉及对土地、房屋等有限空间资源利益的调整，必然伴随涉及个体、集体和公共利益的矛盾和冲突[10]。如在老旧小区改造过程中，加装电梯时，普遍存在不同楼层居民的共同意愿达成难；增加车位时，有车住户和无车住户对于停车空间和绿化空间的诉求也往往各不相同[11]。在历史地段的保护更新过程中，混居大杂院的私房主和租房人的更新需求也各不相同。多元的诉求叠加在有限的空间，往往需要长时间、多方式的反复沟通和协商调整，方能达成城市更新的实施方案共识。

3.3　行动实施的资金平衡困难

城市更新实践的推动，无论是物质空间更新改造，还是产权主体利益补偿，都需要相应的资金投入。理论上更新改善后的空间增值，应该为投资者所分享，因而投入资金具有获得回报的潜在可能性。以老旧小区改造为例，由于大多老旧小区区位较好，老旧小区改造带来的房屋增值，往往超过改造的投入，南京的实践表明，老旧小区改造的投入多在 500 元 / 平方米以下，而改造后的房屋增值普遍超过了 1000 元 / 平方米❶。老百姓改造的愿望十分强烈，但不愿自我投入，对政府存在"等靠要"的想法。现实中的绝大多数城市老旧小区更新改善，是靠政府投入。这种政府输血式的更新改造方式，一方面会增加地方政府的债务负担，长期不可持续；另一方面，也不利于带动社会投资，提高产权人自主更新的主观能动性。当然，客观上城市更新行动实施项目的资金平衡难度[12]，远远大于房地产开发项目，也正因如此，需要更精细的谋划、策划、规划、设计、建设和运营管理。

4　城市更新行动的现实实践路径

满足上述复杂社会需求的城市更新行动，需要响应公众深度参与的现实需求，需要在有限空间内实现资源的合理配置，还需要着力破解资金难以平衡的现实难题。这要求规划师下沉到具体项目中，一方面，加强事前调查、摸清群众意愿，通过和居民以及利益相关人的讨论沟通，推动共识达成；另一方面，加强和实施者、投资人的共商共谋，在维护公共利益的前提下尽可能通过精细的规划设计为空间

---

❶　数据源自江苏省住房和城乡建设厅 2019 年组织的全省老旧小区改造走访调研、宜居住区建设项目评价、城镇老旧小区改造三年计划（2020—2022 年）研究。

增值赋能，注重资金和运营的可持续性，推动探索具有可复制可推广经验的现实实践路径。

4.1　细致详实的深入调查

城市更新行动中的调查研究，首先应立足人本，摸透民情民意，找到群众的关切焦点。要覆盖多元主体及利益相关方，多方听取居民，包括产权人、租户、和利益相关人等不同群体的更新意愿，尤其是老人、伤残人士、低收入者等弱势群体的改善诉求。其次，要展开详实的建筑、设施和空间分析，高度关注既有建筑安全，以及基础设施、公共设施补短板，还要关注历史资源、集体记忆场所等要素。要系统研究、分析比对居民的多元诉求和空间改善的匹配可能，除了调查走访，还应充分利用大数据等技术手段，深入分析社区人群的空间和设施使用规律，从而为精准高效匹配空间和设施提供详实的分析基础。

4.2　尊重意愿的实效沟通

要因地制宜构建沟通协商机制，引导居民、企业等产权业主以及相关利益方，完全准确表达真实诉求，并对多元诉求的优先度排序，努力避免无效争执，力争多赢格局，以保障公共利益为前提，以多情景的空间设计方案、可讨论的权益分配规则，将各方意愿务实融入拟解决方案中，供多方共同协商，促进共识达成。围绕矛盾冲突，除了空间解决方案，还要多谋系统解决之策，如既有住宅电梯加装，可以通过住房公积金提取、政府资金补贴、不同楼层差异化出资、电梯企业以长期运营收入折抵建设费用等多种工具，化解邻里矛盾，推动项目落地。再如在南京小西湖历史地段的保护利用中，经过有效深入的沟通，根据和居民达成共识的事先约定，政府帮助居民开展传统民居院落的修缮更新，居民则将修缮后的私宅花园开放共享，实现了双赢和整体利益最优 [13, 14]。

4.3　资金共担的务实合作

可持续的城市更新行动，必须建立起多方参与、权责匹配的资金共担、利益分配机制 [15]，推动引导"居民出一点、市场投入一点、财政补助一点、政策支持一点"。这样机制的建立，需要调动居民的自主更新意识，也需要改变政府的项目管理方式，由自上而下的责任目标落实，调整为自下而上的居民自愿申请，即根据不同地区选择"申请参加更新改造"的居民比例等遴选决定实施项目。居民申请内容可包括：①志愿积极参与更新改造规划，支持实施必要的公益改建或增建；②愿意使用一定比例的住房维修基金用于更新改善；③愿意支付一定改善成本（可在测算评估改造后房屋增值的基础上合理确定，相当于居民愿意分享一定比例的房屋增值）；④愿意支付更新后一定年限的物业管理费用；⑤愿意同步进行室内改造装修，或承诺一定年限内不改造装修，以支持更新改造成果的维护。

在推动上述"四个一点"的同时，还应通过"规建管一体化"的改革形成城市更新实施机制。要推动成立市场力量参与的城市更新公司，负责组织推动城市更新项目的策划、规划、实施和后期维护管理，其收入来源可包括：①政府专项资金和专项债；②一定比例的住房维修基金；③参与住户支付的改造成本；④长期的物业管理经营收入；⑤规划允许增建的房屋（含地下空间利用），以及存量物业资源的资产盘活收益等[16]。

4.4 长期在地的持续运营

上述的"规建管一体化"改革，不仅有益于可持续的资金平衡，也有利于改变房地产开发基于一次性销售获利的"生产"逻辑[17]，转为面向本地化的长期活力运营管理模式，通过专业化团队的全过程推动，实现地区品质的提升以及业态和功能的适配，通过与地区、居民共同成长实现可持续的活力运营。因此，在前期策划、空间设计阶段，要考虑后期运营的需求，预留空间变化可能，适应后期业态调整，促进空间设计与功能、业态策划和后期运营充分结合。鼓励更新实施主体提高物业持有比例和期限，推动实施主体长期的在地化运营，融入地区转型、更新的发展全过程，统筹考虑多样化的公益活动，持续推动业态优化，建立与社区、居民的信任关系，嵌入当地社会网络，与所在地区形成良性互动、共同成长的有机整体。

5　响应真实社会需求的规划转型

上述具体而微的城市更新行动实践的有效展开，需要规划理念的变革、规划工具方法的调整、规划建设管理流程的优化，更呼唤新时代的中国规划理论的创新发展。

时代是思想之母，实践是理论之源。当代中国正经历着我国历史上最为广泛而深刻的社会变革，也正在进行着人类历史上最为宏大而独特的实践创新。快速城镇化阶段建设的房屋、住区、街道，以及人口快速集聚形成的"陌生人社会"，有望通过城市更新行动提升品质、通过居民深度参与共同缔造成为"家园"。未来是中国城市社会逐渐成熟的时期，也将是中国城市文化蓬勃发展的时期，而数字技术的发展则为城市空间的社会治理创新提供了新的可能。规划师需要积极融入这一进程，从习惯推动"谋篇布局"的"物的城镇化"，转为推动"以人为本"的"人的城镇化"，与居民、社区、在地化的运营公司等共同推动空间和文化、技术的交互融合塑造，共同编织品质空间与和谐社会、创新技术等共同缔造的美好故事，共同推动中华民族伟大复兴美好背景下的中国城市现代文明的发展壮大。

5.1　规划空间尺度的调整

随着国家关于国土空间规划改革方案的出台，以及城市更新行动策略的实施，规划师过去习惯工作的中观城市尺度的规划发生变化[18]：一头走向更为广阔的国土空间，服务于新发展理念下的国土空间格局优化、生态文明建设、国家粮食安全的土地支撑以及推动"以国内大循环为主体、国内国际双循环相互促进"经济发展的空间要素保障等宏观战略，成为推动国家发展整体有序和实现中华民族复兴的政策性工具；另一头，规划治理对象从城市尺度下沉到中微观的地区尺度，更加强调通过城市更新实践解决老百姓人居环境改善的真实需要，以及中国城镇化下半程中的城市实现高品质、精细化发展的提质增效要求。

5.2　规划工具方法的变化

规划空间尺度的调整伴随着对规划工具方法变革的要求。在宏观的国土空间尺度，规划工具和国土政策有机融合，规划师过去熟悉的城市空间结构和功能分区，进一步高度凝练为"城镇开发边界"以及相应的"城镇空间"管控策略。同时大大增强了关于生态基底保护、基本农田保护的政策性内容，相应要求国土空间规划师加强与生态环境、农林、水利、地理等专业学科的深度融合[18, 19]。

面对中微观尺度的城市更新行动实践，传统的两维平面规划和相对简单的控制性详细规划指标管控要求，难以落实中央关于"加强对城市的空间立体性、平面协调性、风貌整体性、文脉延续性等方面的规划和管控，留住城市特有的地域环境、文化特色、建筑风格等'基因'"的重要指示精神。面对地上建筑和地下管线动态更新的现实需要，面对化解历史遗留问题、满足当下现实需求、实现未来可持续发展的综合命题，亟待创新发展形成适应地区尺度城市更新行动要求的规划政策、工具和方法。也许，这正是未来中国城镇化下半程的规划创新重要空间，在城市尺度的规划以及建筑单体的设计之间，培育形成地区尺度的、刚柔相济的系列规划设计方法和政策工具箱。

5.3　规划建设管理流程的整合

在以速度为导向的快速城镇化时期，就事论事解决问题的方法，导致条线之间、条块之间、地上建筑和地下管网之间等相互不衔接。因此，亟需通过集成的城市更新行动实践，推动以系统方法实现空间治理的目标综合、资源整合、项目集成和一体化实施。

城市更新行动的有效集成实施，要求规划建设管理流程的整合重构。首先，要从以规模为导向的串联式开发建设，转向以品质取胜的一体化更新谋划[20]。面向宜居环境和活力空间营造，一体化联动构建"策划—规划—设计—建设—运营"的全生命周期流程；其次，要从蓝图式规划实施的物质空间导向，转到以人为本、社会和谐的治理结果导向，推动使城市更新行动成为居民及相关利益方共建共治共享家园的实践过程；第三，要从控制性详细规划相对简单的土地用途和强度开发规则管控，转向面对丰富多元的城市更新地区，强调更新方案的在地性和针对性，高度重视设计创新的空间赋能力量[18, 21]，通过城市设计、建筑设计、景观设计、艺术设计等的交叉融合[18, 22]，因地制宜推动城市更新实践实现人民生活场所更加宜居、空间资源保值增值的综合发展目标。

5.4 规划理论创新的可能方向

虽然中国快速城镇化时期城乡规划学科的发展取得了骄人成绩，但应冷静思考的是中国规划理论发展的相对滞后。应该说改革开放后中国城市规划的活跃实践，总体上是在广泛借鉴西方现代规划思想和理论基础上，与中国城镇化快速发展和丰富实践相结合的产物[23]。

城市规划作为一门主要由实践驱动、并通过实践不断发展完善理论的科学，外部经济社会发展的驱动力远远大于学科内部自身完善的动力需求。因此有必要"穷理以致其知，反躬以践其实"，以理论的创新切实回应真实世界的现实需求。当下中国城市更新行动实施的背景，有别于西方衰败地区的城市复兴和更新改造，也不同于国内以往城市建设和改造，这为探索形成适应中国现代化发展要求、具有"中国特色、中国风格、中国气派"的规划理论创新提供了最好的土壤。未来中国规划理论创新体系的形成尚有待长期努力，但当下有几个可以明晰的努力方向。

一是注重数字技术支撑下的城市治理与文化创新。随着信息基础设施的不断完善，中国网民数量已超 10 亿人，"线下"的商品交易、社会服务、社群互动发展迅速，数字经济发育的深度与广度远超西方。网络化、数字化的发展，显著改变了原有的时空关系和空间联接[24]，使得"酒香不怕巷子深"的区位论产生变化，大量涌现的电商镇村是扁平化"线上世界"的现实呈现。线下活动和线上社区的互动，重构着人们的空间联结和社会联系，基于虚拟世界的"元宇宙"文化也在悄然发育，数字技术下的城市文化雏形日益呈现。如果说数字经济推动中国实现了发展弯道超车，那么数字技术支撑下的城市治理与文化创新则为中国城市发展和规划创新提供了新的可能。

二是注重高度流动性下的陌生人社会的治理创新。进入城市中国，乡土中国以"宗族—血缘"为特征的熟人社会逐步解体。高度流动的城市社会中，原住民被打散，新市民缺乏归属感，人们对于新社区的认同，停留在地理空间上的邻近和房产价值的关联层面。在这样迅速集聚形成的"陌生人"社会中，人与人情感疏离，缺乏彼此关怀，人际间的信任、道德感也面临解体的危机风险。城市因集聚而产生效应和美好，人们通过城市获得社会关系联系和支撑的内在需求没有改变，因此，未来规划有机会通过民众身边的小区、街区、公共空间更新等公共事务的治理促进社会公约、法制规章与制度规范的形成，以空间治理推动社会治理的发展创新。

三是注重疫情常态化防控下的空间治理创新。新冠疫情的防控，反映出我国广泛存在的应急医疗设施、基层组织动员能力、社区生活保障不足等社会治理问题。这些问题，同样需要空间治理策略的优化调整和创新应对，包括城市的聚与散，以及城与乡的二元互补。城市是聚集的产物，城市因聚集带来高效，但城市的过密化又会产生环境和健康问题，疫情推动我们重新思考城市适宜的规模和结构、密度和强度、开放空间体系和建设用地的图底关系，以及公共服务体系的科学配置和基层社区生活圈的合理组织等规划最基本问题的时代答案。而关于城市和乡村，是两种不同的生产和生活方式选择，原本在工业文明的视角下，城市是发展进步的理性选择，而疫情促使人们重新思考城乡关系，从人的全面发展和身心健康看，乡村舒缓的生活节奏、开敞的自然空间、熟人社会的亲切感，是拥挤、紧张、高效城市生活方式的极好平衡。如果说1898年霍华德提出结合城市和乡村的优点构建"田园城市"，推动了现代城市规划学科的形成和发展，那么在当下，在国家明确实施"城市更新行动"和"乡村建设行动"的时代背景下，我们能否通过规划理论的创新和多元实践的推动，实现生态文明背景下的城乡"各美其美、美美与共"，是留给每位规划建设工作者持续深思的开放命题。

参考文献

[1] 吴良镛.七十年城市规划的回眸与展望[J].城市规划,2019,43(9):9-10,68.

[2] 林坚,赵冰,刘诗毅.土地管理制度视角下现代中国城乡土地利用的规划演进[J].国际城市规划,2019,34(4):23-30.

[3] 葛天任,李强.从"增长联盟"到"公平治理"——城市空间治理转型的国家视角[J].城市规划学刊,2022(1):81-88.

[4] 王富海,阳建强,王世福,等.如何理解推进城市更新行动[J].城市规划,2022,46(2):20-24.

[5] 王一名,伍江,周鸣浩.城市更新与地方经济:全球化危机背景下的争论、反思与启示[J].国际城市规划,2020,35(3):1-8.

[6] 王璇,陈国伟,尤雨婷.依托坚实基础,持续"更新"再发力[N].中国建设报,2022-05-30(004).

[7] 江苏省国土资源厅.江苏省工业企业用地调查分析报告(2016)[EB/OL].[2017-12-29].http://zrzy.jiangsu.gov.cn/gggs/2017/12/2910581035086.html.

[8] 孙施文,朱婷文.推进公众参与城市规划的制度建设[J].现代城市研究,2010,25(5):17-20.

[9] 吴志强,王凯,陈韦,等."社区空间精细化治理的创新思考"学术笔谈[J].城市规划学刊,2020(3):1-14.

[10] 赵万民,李震,李云燕.当代中国城市更新研究评述与展望——暨制度供给与产权挑战的协同思考[J].城市规划学刊,2021(5):92-100.

[11] 吴志强,伍江,张佳丽,等."城镇老旧小区更新改造的实施机制"学术笔谈[J].城市规划学刊,2021(3):1-10.

[12] 赵燕菁,宋涛.城市更新的财务平衡分析——模式与实践[J].城市规划,2021,45(9):53-61.

[13] 韩冬青.显隐互鉴,包容共进——南京小西湖街区保护与再生实践[J].建筑学报,2022(1):1-8.

[14] 南京市规划和自然资源局,南京市城市规划编制研究中心.南京城市更新规划建设实践探索[M].北京:中国建筑工业出版社,2022.

[15] 唐燕.我国城市更新制度建设的关键维度与策略解析[J].国际城市规划,2022,37(1):1-8.

[16] 南京市规划和自然资源局,南京市住房保障和房产局,南京市城乡建设委员会.市规划资源局、房产局、建委关于印发《居住类地段城市更新规划土地实施细则》的通知[EB/OL].[2021-11-24].http://ghj.nanjing.gov.cn/njsgtzyj/202111/t20211124_3206731.html.

[17] 邹兵.增量规划向存量规划转型:理论解析与实践应对[J].城市规划学刊,2015(5):12-19.

[18] 周岚,丁志刚.新发展阶段中国城市空间治理的策略思考——兼议城市规划设计行业的变革[J].城市规划,2021,45(11):9-14.

[19] 石楠.城乡规划学学科研究与规划知识体系[J].城市规划,2021,45(2):9-22.

[20] 李锦生,石晓冬,阳建强,等.城市更新策略与实施工具[J].城市规划,2022,46(3):22-28.

[21] 王世福,张晓阳,费彦.广州城市更新与空间创新实践及策略[J].规划师,2019,35(20):46-52.

[22] 王建国,戴春.从建筑学的角度思考城市设计——王建国院士访谈[J].时代建筑,2021(1):6-8.

[23] 张京祥,罗震东.中国当代城乡规划思潮[M].南京:东南大学出版社,2013.

[24] 夏铸九.都市中国的经济发展、网络都市化、以及区域空间结构——都会区域形构、新都市问题、及都会治理[C]//中国地理学会经济地理学专业委员会.2016第六届海峡两岸经济地理学研讨会摘要集.福建:2016第六届海峡两岸经济地理学研讨会,2016:1.

袁奇峰，华南理工大学建筑学院、亚热带建筑科学国家重点实验室，教授、博士生导师

薛燕府，华南理工大学建筑学院硕士研究生

袁奇峰
薛燕府

珠江三角洲的土地发展权及其空间效应研究
——以佛山市南海区狮山镇为例 *

1 引言

改革开放以来，"先行一步"的广东取得了举世瞩目的增长成就。1980 至 2020 年，广东常住人口城镇化率由 16.3% 提升至 74.2%❶，建设用地规模扩张了 2.16 倍❷，是典型的"快速城市化地区（Rapid Urbanization Area）"（闫小培，等，2004），体现出了土地利用效率低下（梁印龙，2014），农田、厂房和居住空间混杂、环境品质低下（田莉，梁印龙，2013）等问题，揭示这类地区空间问题的根源对推动未来可持续发展具有重要意义。

对城市空间的实证研究经历了由形态研究到机制研究的过程（Pacione，2001）。20 世纪 70 年代以来，以 Harvey 的《社会公正与城市》、Castells 的《城市问题》等为代表的新马克思主义，Rex 和 Moore 对住房阶级的讨论、以 Saunders 的《社会理论与城市问题》等为代表的新韦伯主义逐渐为城市空间研究提供了新的思路（殷洁，等，2005）。而在国内，城市空间研究既有与西方相似的特征，但也体现出制度环境不同带来的研究重心差异，以制度变迁（胡军，孙莉，2005）、政府企业化（张京祥，等，2006）、城市增长机器与法团主义（张京祥，等，2008）、权利关系变迁（冯艳，等，2013）等为代表的地方政府行为与特征往往被认为是城市空间形态与问题的重要形成机制，其中，通过土地制

---

* 本文得到国家社科基金重大项目（20&ZD107）、国家自然科学基金（51878284）资助。

❶ 1980 年为《广东省统计年鉴 1980》中的户籍人口城镇化率，2020 年为广东省第七次人口普查中的常住人口城镇化率。考虑改革开放早期尚未完全放开人口流动限制，且缺少 1980 年常住人口城镇化率数据，因此将两者对比尚有意义。

❷ 广东省用地解译数据。

度安排实现城市快速发展又被认为是一系列地方政府行为的核心逻辑（曹正汉，史晋川，2009）。

在已有研究的基础上，本文关注到，地方政府行为的核心逻辑并不仅仅是土地制度本身，而在于通过集体土地流转、征地留用地、"三旧"改造等土地制度变迁，推动土地发展权（Land Development Rights）形式及其配置格局的演化，这一过程中动态演化的土地发展权展现出了差异化的空间效应，并成功推动了农村工业化与园区工业化。本文选取了佛山市南海区狮山镇作为研究对象，试图搭建解释框架，探究快速城市化过程中，地方政府制度变迁引发的土地发展权的演化及其空间效应，揭示快速城市化地区空间问题的来源，为存量时代优化空间布局提供政策建议。

2　快速城市化地区土地发展权演化及其空间效应的分析框架

2.1　土地发展权的理论基础与制度实践

19世纪工业革命初期，随着土地的不断增值，贫富差距逐渐扩大，约翰·穆勒（1991）、亨利·乔治（2010）等人开始探讨土地增值中土地所有权人的暴利（Wind-Fall）和暴损（Wipe-Out）问题。20世纪40年代，英国政府将土地发展权的合理分配列入正式制度，20世纪60年代，美国政府开始探索土地发展权转移（Transferable Development Rights）与征购（Purchase of Development Rights）制度，在制度化探索的过程中，学界也开始了对土地发展权的理论探讨。目前被广泛接受的定义为：土地发展权指改变土地用途或者提高土地利用程度以提升单位面积价值产出效率的权利（胡兰玲，2002；林坚，许超诣，2014）。

我国对土地发展权的理论探讨经历了多元化的发展过程。土地发展权的引入始于农业经济领域，张安录（1996）、沈守愚（1998）等提出在耕地保护时通过土地发展权转移来平衡地区差异，但由于我国尚未正式出台相关法令，因而理论大多集中于土地发展权的法理溯源（陈柏峰，2012；程雪阳，2014）、土地增值收益分配（朱一中，等，2013）、规划管制中的土地发展权受损（陈世栋，袁奇峰，2015）等方向。

依照我国土地制度的二元化特征，土地发展权也存在国有与集体两种形式。其中，国有土地发展权的配置与实现 ❶ 与征地制度密切相关。地方政府往往通过非公益性的低价征地实现对集体土地发展权的转化，再将国有土地发展权以公开出

---

❶ 为便于论述，认为土地发展权是一种用益物权，"配置"为土地发展权权利主体变换的过程，"实现"为改变土地用途或者提高土地利用程度的过程。

让等方式配置给用地企业，用地企业则通过建设开发实现土地发展权，在这一过程中，农民的集体土地发展权被地方政府与开发商攫取（黄祖辉，汪晖，2002）。与国有土地发展权不同，集体土地发展权的配置与实现在 2019 年《土地管理法》提出"集体经营性建设用地与国有建设用地同权同价"以前，一直处于合法的边缘。中央政府还通过基本农田保护、生态红线管控等方式对集体土地发展权进行了限制（陈世栋，袁奇峰，2015）。

2.2 快速城市化地区中的土地发展权

快速城市化地区的空间问题存在多方面的影响机制。区域发展视角认为外国资本与本地资本的结合（黄靖，蔡建明，2007）、大城市制造业、住宅、大学等功能重新布局催生了快速城市化地区（张安录，1996）；经济扩张视角认为早期乡镇企业的发展构成了空间基础（郑艳婷，等，2003），以地生财模式形成了低端产业空间锁定（Lock-in），推动这类地区走向"村村点火，户户冒烟"的无序蔓延（田莉，梁印龙，2013）；产权制度视角认为土地制度的薄弱性与集体所有权的模糊性造成了灰色区域的存在，违法成本较低，导致了空间的蔓延与低效利用（贾若祥，刘毅，2002；田莉，梁印龙，2013）；行政体制视角认为企业型的地方政府大规模圈地、建设新城，默许农村集体建设用地的流转（黄颖敏，等，2017），"村自为政、组自为政"的现象造成产业空间难以有效集聚，留用地等特殊政策也进一步固化了这一地区空间破碎化的问题（谢涤湘，等，2017）。

然而，相比于以上因素，地方政府对于土地发展权的制度安排同样具有不可忽视的核心作用，直接影响着土地发展权的配置与实现，进而影响空间问题的形成（曹正汉，史晋川，2009）。在分权化与分税制改革的背景下，地方政府往往具有"政府企业化（Entrepreneurial City）"特征，从自身利益出发进行城市经营（殷洁，等，2006）。由于工业企业具有持续性税收，容易成为地方政府重要的财政保障，因而引发了其对于快速工业化的倾向。而快速工业化对土地要素本身提出了大量需求，如何以土地发展权为核心构筑一套能够吸引要素从而推动快速工业化的制度安排，也就成了快速发展时期地方政府治理的核心逻辑。

当现行制度受到外部要素背景转变的冲击时，制度由均衡转变为非均衡状态，原有制度下的隐性利润不断积聚，行为主体便会产生制度变迁的需求（诺斯，1994）。相比于既有研究对土地发展权的静态定义，研究认为在资本、劳动力等要素需求转变或中央制度转变的背景下，地方政府通过制度变迁形成新的正式与非正式制度安排，实现了对土地发展权形式与配置格局的动态调整，并引发了园区工业化与农村工业化（图 1）。

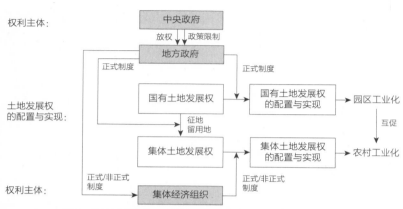

图 1　快速城市化地区土地发展权演化及其空间效应的分析框架
资料来源：作者绘制

　　值得注意的是，地方政府并不总是占据主导性地位，除正式的制度安排外，也会默许与引导部分非正规的制度安排，例如集体经济受到利益驱使与刺激，在政府"默许（黄靖，蔡建明，2007）"甚至"共同推动（魏开，等，2012）"下参与到制度安排中，以分享快速工业化中的土地增值收益（图 1）。即便在正式制度中，地方政府的行为也受限于多方面的条件，例如为解决城市化进程中财政紧缺与失地农民高额补偿的矛盾，部分地方政府构建了征地留用制度，但逐渐演变为了地方政府持续低价征地以及农民权利意识觉醒下的路径依赖，因此也需要关注集体土地权利主体对制度安排的重要影响。

3　狮山镇土地发展权的演化及其空间效应

　　狮山镇位于佛山市南海区，自 1995 年建立狮山街道以来经历了两次区划调整（图 2），目前，狮山镇面积为 330.6 平方千米，2020 年 GDP 达 1118.6 亿元，常住人口 95.53 万人 [1]，连续多年位列全国千强镇第二位。

　　狮山的发展具有典型的快速城市化特征。改革开放以来建设用地增长率远超周边地区 [2]（图 3），以狮山为研究对象探究快速城市化地区土地发展权的演化与空间效应具有较好的代表性。实际上，与珠三角典型的自下而上农村工业化模式不同（蒋省三，刘守英，2003），作为南海区主动构建的重要产业空间（张践祚，等，2016），狮山还具有典型的自上而下园区工业化特征，地方政府在这两种过程中均扮演了重要角色，通过数轮制度变迁推动了土地发展权的演化，进而引发了狮山镇的快速工业化与快速城市化。

---

[1] 狮山镇第七次人口普查。
[2] 广东省用地解译数据。

图2　1995年、2005年、2013年狮山镇行政边界调整
资料来源：作者绘制

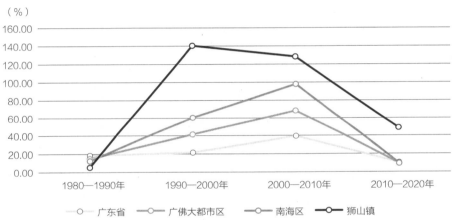

图3　1980—2020年广东省、广佛大都市区、南海区、狮山镇
（按照2013年行政边界计算）建设用地解译面积增长率
资料来源：作者绘制

3.1　20世纪80年代初—1992年：集体土地发展权的配置与实现

3.1.1　农村工业化中集体土地发展权的扩张

在第一阶段，狮山的空间演化背后是农地集中投包背景下集体土地发展权的配置与实现。十一届三中全会以来，中央政府希望通过家庭联产承包责任制对集体土地的所有权、使用权、经营权进行细分。但由于"桑基鱼塘"不可分割，南海等地区的农民开始尝试鱼塘的集中投包，逐渐获得了省政府与地方政府的肯定（刘宪法，2010），并逐渐扩展到了所有农地。投包是对使用权、经营权的集中再分配过程，其本质是将集体土地发展权集中到了自然村，为此后"集体土地上建城市"提供了产权基础。面对农地改革释放的巨量劳动力，中央于1979年开始对"乡镇企业"进行引导 ❶，"八五"期间，全国GNP的30%和工业增加值的50%都

---

❶　1979年国务院《关于发展社队企业若干问题的规定（试行草案）》；1984年农牧渔业部《关于开创社队企业新局面的报告》。

来自乡镇企业。相比之下，南海则更早进行了制度安排，1979 年提出公社、大队和生产队作为"三驾马车"，20 世纪 80 年代初进一步提出"六个轮子一起转❶"，实现了快速的农村工业化。

快速农村工业化对土地产生了需求，与城市紧密联系的农村地区土地非农化收益大大增加，土地发展权的资产价值开始显现，农民通过自治的方式将集中在自然村❷的集体土地发展权配置到用地企业（图 4）。早期自然村往往采取建设物业后自营或联营的方式，但很快农民意识到可以直接出租物业甚至土地（蒋省三，刘守英，2003），进而规避经营风险，按照"廉价土地—吸引资本—收取租金—再开发土地—继续收租"的方式滚动开发（魏立华，袁奇峰，2007），集体土地发展权进入了初步的资本循环。

面对集体土地发展权交易与转移这一农民自发形成的制度安排，地方政府通过"默许"的非正式制度变相加速了这一过程（图 4）。1987 年《土地管理法》颁布前，中央政府对农转用并没有严格限制。由于集体土地发展权的实现对经济增长、化解剩余劳动力、促进农民增收等方面的重要意义，地方政府顺理成章地采取了"默许"态度（黄靖，蔡建明，2007）。在 1987 年《土地管理法》颁布后，由于还存在农转用的机会❸，地方政府依然采取了宽松的管理方式。这种持续的非正式制度减弱了中央政府土地制度的传导效力，加速了非正规集体土地发展权的配置与实现。

3.1.2　20 世纪 80 年代初—1992 年土地发展权的空间效应

非正规集体土地发展权的泛滥也引发了空间的剧烈变动，这一阶段的空间演化具有分散化、低水平特征。由于集体土地发展权分散在村集体，村集体又没有资金建设高水平物业与基础设施，难以吸引大企业入驻，因而呈现出低水平特征。每个村庄单元都形成了以旧村为核心，村庄边缘及区位条件较好的区域建设低水平工业厂房的组合模式。由于缺乏村庄间的统筹，各个独立单元组合后便产生了"合成谬误"，引发了空间的无序、分散特征（杨廉，袁奇峰，2012）。

---

❶　县、公社、大队、生产队、个体和联合体企业。

❷　1989 年，广东省实行管理区制度，行政村转为管理区，自然村转为村委会；1998 年，广东省取消管理区政策，管理区变回行政村，村委会变回自然村。为便于阐述，本文始终以行政村—自然村的基层治理体系进行叙述。

❸　一是只要符合乡（镇）村建设规划，得到县级人民政府审批，就可以从事"农村居民住宅建设、乡（镇）村企业建设，乡（镇）村公共设施、公益事业建设等乡（镇）村建设"。二是全民所有制企业、城市集体所有制企业同农业集体经济组织共同投资举办联营企业，需要使用集体所有土地时，"可以按照国家建设征用土地的规定实行征用，也可以由农业集体经济组织按照协议将土地的使用权作为联营条件"。三是城镇非农业户口居民经县级人民政府批准后，可以使用集体所有的土地建住宅。

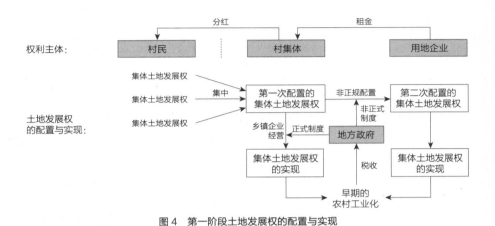

图 4　第一阶段土地发展权的配置与实现

资料来源：作者绘制

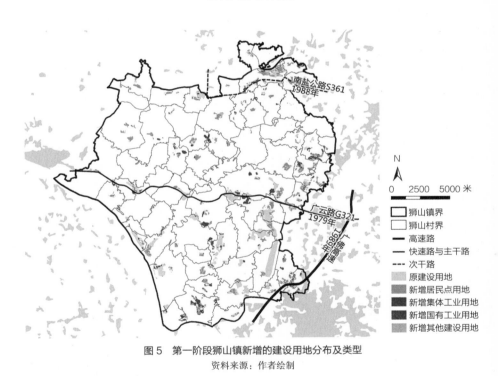

图 5　第一阶段狮山镇新增的建设用地分布及类型

资料来源：作者绘制

在这一阶段，由于狮山处于广佛都市区的边缘，交通区位条件较差，同时又存在多处山岗地，因而并未得到较好的发展。从用地解译来看，仅存在小规模集体土地发展权的配置与实现，集体土地沿道路扩张，呈现低水平的村园粘合（图 5）。

3.2　1993—2011 年：国有与集体土地发展权的配置与实现并存

狮山具有自上而下与自下而上的两条发展主线，其背后是地方政府制度变迁中，国有与集体土地发展权的共同驱动。

3.2.1　园区工业化中国有与集体土地发展权的联动

狮山于 20 世纪 90 年代初开始步入园区工业化。在中央"以分权促竞争、以竞争促发展"的理念下，南海于 1992 年撤县设市，1994 年开始的分税制改革也加快了财政分权与行政分权的统一，地方政府开始展现出企业化特征。面对要素流动限制逐步放开，市场化与全球化发展迅速的背景，地方政府开始通过建设园区的方式以国有土地发展权构筑自上而下的产业空间（图 6a）。20 世纪 90 年代初，南海提出了"工业入园"，松夏工业园 ❶ 的成功使得南海政府有信心建立更大规模的工业园（袁奇峰，等，2009）。1993 年狮山开发区成立，1995 年狮山街道成立，新城镇在南海政府的扶持下拔地而起。1997 年启动了 38 平方千米的狮山科技工业园，1998 年创立了 22 平方千米的南海科技软件园，2003 年南海完成撤市设区，同年扩建"南海科技工业园"、启动"狮山科技园（北园）"等多个园区。作为南海政府为掌握工业化主动权而构造的产业核心，狮山具有典型的超自主体制特征。

园区工业化需要进行大规模征地，然而狮山集体土地的资本价值已经显现，低价征地将大幅度损害农民的收益，在集体土地发展权集中于自然村的背景下，传统的宗族体制又有对抗政府的资本，具有地方适宜性的留用地制度便逐渐形成，即按一定比例返还征地面积（曹正汉，2011）。留用地是地方政府为减少货币补偿、尊重农民权利而配置给集体经济组织的正规集体土地发展权，通过"一事一议"的浮动比例与国有土地发展权形成了联动，使得集体经济组织可以分享快速工业化中的土地增值收益（图 6a）。

在园区工业化的过程中，留用地逐渐演化为了政府征地时的路径依赖。1992 年南海留用地比例约为 15%，1998 年约为 20%，2003 年约为 30%，2005 年后超过了 30%，部分项目超过 40%（曹正汉，2011），狮山大沥片区甚至出现 58% 的比例 ❷，土地征收的阻碍越来越大。虽然佛山市政府曾要求控制留用地比例在 10% ❸，但由于农民对留用地比例的期望不断攀升，佛山强县（区）弱市的管理体制无法有效束缚基层，因此比例依然居高不下。2010 年，狮山启动了一汽大众以及红纱工业园扩建项目，征地面积超过 3000 亩（2 平方千米），留用地比例达 30%，是狮山几乎最后一块规模连片的白地。自此，狮山逐渐步入存量发展时代，如何构建新的制度安排成为地方政府的重要挑战。

---

❶ 1993 年松岗镇（后合并至狮山镇）建设了第一个镇级工业园——松夏工业园。
❷ 作者访谈。
❸ 2004 年《佛山市深化征地制度改革的意见》。

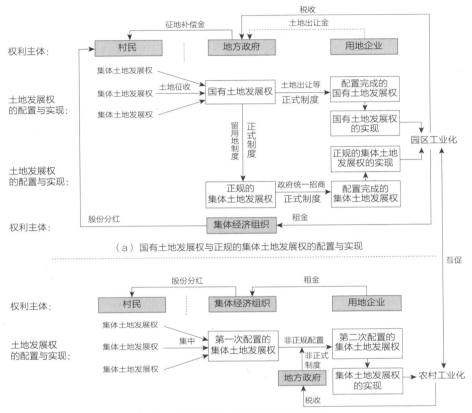

图 6　第二阶段土地发展权的配置与实现

资料来源：作者绘制

3.2.2　股份合作制下非正规集体土地发展权再扩张

除了留用地外，为应对快速工业化中土地供不应求的问题，南海政府还积极引导股份合作制改革的开展。1992 年广东取消了粮食订购任务，至 1993 年农产品的市场价格也基本放开，标志着集体土地与生产任务基本脱钩（刘宪法，2010）。同时产权问题以及一系列外部因素引发了乡镇企业的破产潮，集体土地权利束重归自然村（袁奇峰，等，2009）。在农地投包与乡镇企业经营经验的基础上，南海顺理成章地产生了土地集中经营的股份合作制。1992 年下柏村 ❶ 率先组建了股份合作社，将土地承包权折价入股，农民转变为股民，享有投票权、收益权（蒋省三，刘守英，2003），集体经济组织将集中后的土地发展权通过非正规途径配置给用地企业（图 6b）。1993 年，南海政府将试点经验推广到了全域 ❷。

---

❶ 现狮山境内。

❷ 1993 年《南海关于推行农村股份合作制的意见》。

　　虽然集体土地发展权上的制度安排受到中央的约束，但仍然体现着强烈的地方发展意愿。在中央正式制度中，集体土地发展权的实现一直处于违法边缘，1992年规定集体土地国有出让才能转为建设用地❶，1998年《土地管理法》进一步收紧了农转用的口子❷。即便如此，狮山的农转用依然如火如荼，这是土地价值显化后，农民的农转用意愿与地方政府的工业化意愿相契合，二者利用中央政府土地制度"软约束"，构建非正式制度安排的结果（图6b）（丛艳国，魏立华，2007）。但由于与中央政策相悖，集体土地发展权的实现中产生了一系列法律纠纷。2002—2005年，顺德、广东、佛山政府先后颁布了集体建设用地使用权流转的管理办法，试图建立正式的制度安排。2007年开始，南海出于"三旧"改造的目的对集体土地进行确权，以往的违规转用可以通过缴纳罚款获得使用权证❸，集体土地发展权开始具备完整的权利束，打破了国有土地垄断。

　　需要指出的是，如火如荼的农转用也与集体经济组织密切相关。一方面，在园区工业化过程中，狮山的区位条件不断变好、基础设施的福利溢出、低端产业外溢等因素（袁奇峰，等，2009）提升了国有园区周边土地的地价，集体土地发展权配置与实现的动力越来越强。另一方面，股份合作制改革时，农民凭借集体组织成员权才能将土地承包经营权转变为股权，导致这种股权是一种封闭性的资格权，本身就具有福利属性，不能转让、继承、赠送、抵押（蒋省三，刘守英，2003），经联社与经济社的领导也会为自身竞选与连任而承诺更高比例分红❹。最终才在地方政府的非正式与正式制度安排下引发了层出不穷的集体土地农转用现象。

3.2.3　1993—2011年土地发展权的空间效应

　　从空间结果来看，国有与集体土地发展权呈现出了用地斑块、空间特征等方面的差别。广三高速、佛一环等重要干道的开通加强了狮山与周边区域的有效联系，自上而下构筑的国有园区大多布局在重要道路周边以及原有镇区内部，形成了数个分散组团（图7）。园区的空间模式随着产业政策的转变也在不断变化：第一代以早期的镇级工业园为主，包含小塘工业园（2001年，镇级）、狮山工业园南园区（1997年，镇级）等，通过低廉的土地价格吸引低成本运营的中小企业，园区空间低质量、低强度特征明显；第二代以标准厂房园区为主，如长虹岭工业园（1998年，镇级）承接南海东部铝型材等产业的集聚与倍增，又如2003年左右南海提出"东西板块"战略后，通过更大力度的招商引资设立的狮山工业园北园区

---

❶　1992年《关于发展房地产业若干问题的通知》。
❷　1998年《土地管理法》。
❸　2008年《南海区关于理顺历史遗留建设用地使用权确权问题的意见》。
❹　南海区规定分红比例不超过60%（2011年《农村集体经济组织财务管理办法》），实际超过66%（2011年《农村集体经济统计》）。

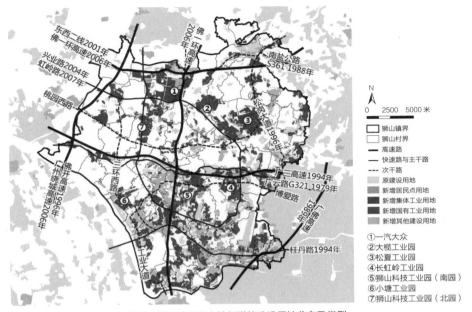

图7　第二阶段狮山镇新增的建设用地分布及类型
资料来源：作者绘制

（a）中小企业为主的一代园区
（狮山工业园南园区）

（b）标准厂房为主的二代园区
（狮山工业园北园区）

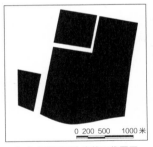

（c）大型园区为主的三代园区
（一汽大众园区）

图8　三代工业园区的空间特征
资料来源：作者绘制

（2002年，省级）等，园区空间仍然具有低强度特征；第三代则以坚美铝业（2004年）、一汽大众（2010年）等大型企业建设的规模更大的园区为主，往往将生产与服务配套功能内化到园区内部，形成较为完善的独立系统（图8）。

　　在集体土地发展权层面，由于留用地与国有土地发展权之间存在空间与数量的关联，因此其大多以小规模分散形式依附在国有园区周边（图7）。相较而言，非正规集体土地发展权则具有显著的小规模分散特征，大多布局在村庄边缘、靠近桂城大沥的区域以及重要交通干道周边，构成了无序蔓延的"合成谬误"（图7）。除此以外，集体土地发展权也存在少数集中连片情况，如大榄工业园，由于1992年宏宇陶瓷、佛陶等公司一次性租用70年集体土地，形成了超过2000亩（约1.33

平方千米）的连片集体工业用地。除了用地斑块特征，由于非正规集体土地发展权的担保物权得不到法律支持，用地企业往往是高污染低效率的小工厂，引发了集体建设空间的粗放低效，与国有园区具有鲜明差异。

除了经营性建设用地外，非正规宅基地也开始大量出现。工业化浪潮为狮山带来了巨量产业人口，低成本运转的工业企业难以提供充足服务，镇区财力又无法支撑公共服务需求的快速增长。农村居民点开始取代政府，成为外来劳动力的服务来源，未经审批的非正规宅基地层出不穷，大多布局在园区周边以及靠近道路的地区（图7）。

3.3　2012年以来：土地发展权固化后依托"三旧"改造再配置与再实现

一汽大众项目后，狮山的土地紧缺问题逐渐显现，存量发展时代来临（图9）。2012年狮山建设用地比例超过40%[1]，剩余的土地中超过2/3是基本农田、生态管控区或坡度大于10%的地区[2]，适宜建设用地较为稀缺。同时，中央对新增建设用地指标的严格管控也迫使狮山需要寻找一条新的发展道路，"三旧"改造逐渐成为地方政府在土地发展权固化后进行再配置与再实现的核心途径。

需要指出的是，即便狮山作为南海主动构建的产业核心，落实了南三合作区、狮山北站、博爱新城等重点项目（图9）[3]，但由于产生了规模巨大的指标缺口，在未来，土地发展权制度安排的核心还是"三旧"改造，增量时代已经进入尾声。

3.3.1　"三旧"改造中的土地发展权

前两个阶段的发展给以狮山为代表的快速城市化地区带来了明显的空间问题，用地功能呈现马赛克式的拼贴状态（贾若祥，刘毅，2002），环境污染与生态问题突出，服务设施滞后（田莉，梁印龙，2013）。然而建设用地的蔓延也并未带来等价的经济发展，土地利用效率较为低下（梁印龙，2014）。2007年，广东省政府提出"双转移"发展战略[4]，标志着低端、高能耗、低效率产业推动用地蔓延的增长模式已经不能继续。同年佛山市出台《关于加快推进旧城镇旧厂房旧村居改造的决定》，2009年广东省在总结佛山市"三旧"改造经验的基础上出台《关于推进"三旧"改造促进集约节约用地的若干意见》。"三旧"改造是对既有建设用地格局的"破旧立新"式的改革（杨廉，袁奇峰，2012），实质是在土地发展权固化后进

---

[1]　狮山用地解译数据。

[2]　基本农田图斑、生态管控区图斑（一级、二级管控）、狮山地形数据。

[3]　南三合作区、狮山北站、博爱新城等重点项目处于规划、征地或初步建设阶段，因此没有在图9中体现。

[4]　珠三角劳动密集型产业向东西两翼、粤北山区转移；东西两翼、粤北山区的劳动力，一方面向当地二、三产业转移，另一方面其中的一些较高素质劳动力，向发达的珠三角地区转移。

图 9　第三阶段狮山镇新增的建设用地分布及类型
资料来源：作者绘制

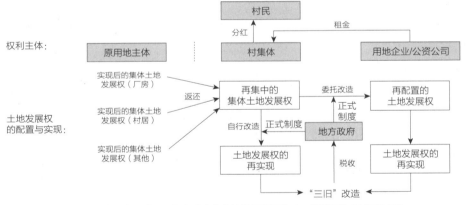

图 10　第三阶段"三旧"改造中的土地发展权再集中、再配置与再实现过程
资料来源：作者绘制

行再配置与再实现的过程，涉及既有发展权格局的重塑，以及发展权再实现过程
中的收益在主体间的分配。因此，正确把握土地发展权在"三旧"改造过程中的
再分配与再实现过程是理解狮山第三阶段空间演化的关键（图 10）。

　　增量时代中土地发展权的实现标志着土地发展权在宗地上的固化与资本化，
造成了"三旧"改造统筹尺度的下沉与利益导向强烈的特征。一方面，2009 年以
来南海政府对"两违用地"的确权为产权模糊问题提供了解决途径，在"三旧"
改造中确权与否具有高额的收益差距，激发了集体经济组织的确权意愿，非正规
的集体土地发展权得以正规化，然而却引发了"三旧"改造囿于宗地边界（往往

是自然村），难以统筹的问题。另一方面，对于福利化的集体经济组织与其委托的市场化用地企业而言，"三旧"改造的前提是土地发展权的再实现过程可以获得超额的增值收益（图10），然而由于改造局限在小规模地块范围，往往会形成高强度的开发模式，公益政策几乎难以实现（田莉，2018）。即便南海区为了保护产业发展空间，提出了对"工改工"的激励❶，但在实际情况中，只有"工改居""工改商"等土地发展权的再实现存在超额增值收益的改造模式才会被市场青睐，"工改工"一类增值收益较低的改造模式几乎只能由地方政府成立的公资公司托底，致使土地发展权再实现中的增值收益大部分被社会资本攫取，风险则由政府承担。

3.3.2　2012年以来土地发展权的空间效应

从空间结果来看，第三阶段未建设完成的重大项目尚未反映在新增建设用地中，新增建设空间较少（图9）。空间演化以既有空间改造为主，体现出缺乏整体统筹的特征，所谓的成片改造囿于宗地边界，实际上被分割为了若干个单独改造项目。2008—2020年南海区的"三旧"改造项目中，最小地块仅为0.44亩（约293平方米），平均仅为40.7亩（约2.7公顷）。这种小尺度统筹需要在规模较小的面积内实现财务平衡，以"工改居""工改商"等模式为主（图11），开发强度被抬高、公益性项目难以落地，开发成本被转嫁到地方政府，城市的整体提升并不明显。

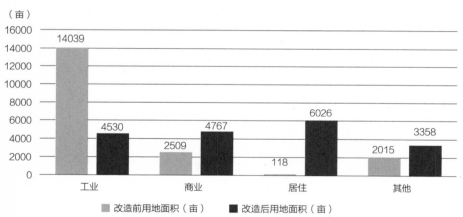

图11　2008—2020年南海区已完成旧改用地类型变动

资料来源：《佛山市南海区国土空间总体规划2020—2035年》

以小塘五星工业园为例，改造面积达到3036亩（202.4公顷），本应整体规划、统筹布局、提升效益，却在市场的裹挟下被分割为了公开出让"工改工"[300亩（20公顷）]、自行改造[120亩（8公顷）]、公资公司"工改工"[380亩（约25.3公顷）、200亩（约13.3公顷）]、委托社会资本"混合改造"[300亩（20公顷）]五个单独进行财务平衡的子项目，之间缺乏统筹协调，公服设施配套不足，难以提升整体品质。

---

❶　2019年《佛山市南海区城市更新（"三旧"改造）实施办法》。

4 狮山镇土地发展权演化的未来

4.1 快速城市化无法过渡为快速"三旧"改造

改革开放以来，地方政府通过土地制度变迁激发了集体与国有土地发展权的快速演化，推动了狮山镇的快速城市化。第一阶段中，在地方政府的"默许"下，农民得以尝试通过非正规集体土地流转的方式逐步实现集体土地发展权，集体土地发展权的资产价值逐渐显现，空间效应表现为厂—村粘合的低效蔓延（图12a）。

在第二阶段，一方面，在集体土地发展权显化的基础上，地方政府需要通过留用地制度才能快速低成本征地，从而自上而下构建国有土地发展权为基础的各级工业园区，成功推动了园区工业化的快速发展。另一方面，在投包制与乡镇企业经营经验的基础上，地方政府引导村集体进行了股份合作制改革，继续以非正式的制度安排"默许"集体土地发展权的配置与实现过程，并逐渐通过确权与建立正式交易市场等方式，将集体土地发展权的配置与实现制度化与合规化，成功推动了农村工业化的快速发展。在园区工业化与农村工业化形成产业协作、服务共享的快速发展过程中，狮山由若干传统村庄迅速成长为了GDP超千亿、工业总产值超3800亿的巨型工业镇。在土地发展权的空间效应上具体表现为集体工业用地进一步无序蔓延，国有工业用地嵌入原有农地，留用地依附在国有园区周边，带来了"厂中村，厂中城，厂中田"的空间问题（图12b）。

然而第三阶段，随着"三旧"改造中集体土地发展权的确权，权利主体更加明晰，发展权本身也由违法边缘变为合规合法，交易成本直线上升，改造过度囿于宗地边界。同时土地发展权的权利主体对"三旧"改造的谈判要求不断攀升，社会资本"只吃肉、不啃骨头"式的改造也使得宗地边界内的小规模改造需要自我平衡，不可避免地陷入统筹尺度下沉、改造破碎化的困境，以"工改工"为代表的

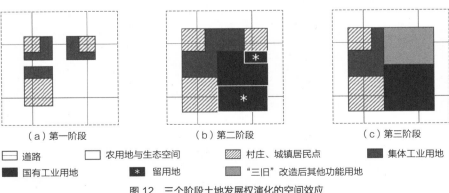

（a）第一阶段	（b）第二阶段	（c）第三阶段

□ 道路　　□ 农用地与生态空间　　▨ 村庄、城镇居民点　　■ 集体工业用地
■ 国有工业用地　　* 留用地　　▨ "三旧"改造后其他功能用地

图12　三个阶段土地发展权演化的空间效应

资料来源：作者绘制

一系列政府政策也难以实现（图12c）。总而言之，快速城市化并不能过渡为快速"三旧"改造，在未来的发展中，"三旧"改造势必是艰难又缓慢的过程。

4.2　存量时代下需要构建土地发展权的交易与转移制度

在增量时代，土地发展权的实现是叠加的过程，当土地发展权的实现带来的收益高于原有状态时，权利主体就具有实现土地发展权的动力，因此无论是农转用还是提升开发强度的行为，都标志着土地发展权实现后在宗地上的固化与叠加。而"三旧"改造实质上是在改造范围内对土地发展权的再配置过程，可能同时有土地发展权的受益或受损，但改造范围内土地发展权的实现带来的收益总量是提升的。因此在存量时代下，搭建改造项目间的统筹协调机制就是需要剥离固化在宗地上的土地发展权，建立土地发展权交易与转移制度。

首先，需要进行"三旧"改造的片区统筹规划，建立战略共识（袁奇峰，等，2021）。其次，划定合理的改造单元规模，以片区统筹规划推导各个改造单元范围内的土地发展权变化，以及由于片区整体提升各改造单元应当享有的土地发展权受益。接着，由地方政府搭建片区内部以及片区间的土地发展权交易平台，一方面形成对利他行为的激励，即具有更多保护任务而导致土地发展权受限的单元可以将这部分发展权转移给其他地区，另一方面将土地发展权集中到更有价值的地区，提升土地发展权的整体运作效率。

5　结论与讨论

在国土空间规划存量时代，快速城市化地区面临一系列严峻的空间挑战，研究证实了地方政府制度变迁尤其是土地制度变迁对空间问题形成的影响机制，同时区别于以往研究对土地发展权的静态定义，研究认为地方政府土地制度变迁的核心就在于对土地发展权的明晰化以及对土地发展权配置格局的重构，这种土地发展权的动态演化进一步影响了快速城市化地区的空间演化及空间问题的形成。

在理论分析基础上，研究揭示了地方政府在狮山这一快速城市化地区通过"默许"集体土地流转、征地留用地、土地股份合作制改革等方式，使得农民手中的土地发展权逐渐由资源转为资产，成功推动了农村工业化与园区工业化的耦合发展，但也遗留了空间低效蔓延、生态环境被破坏等一系列空间问题。在"三旧"改造中，确权后合规化的土地发展权成为农民与政府谈判的资本，导致"三旧"改造难以突破产权边界，需要在小范围内通过土地发展权再实现获取超额增值收益，进而引发了"三旧"改造过度囿于宗地边界，城市环境难以通过统筹整体提升等问题。对此，研究提出需要建立改造项目间土地发展权交易与转移的机制。

快速城市化地区在我国快速增长时期具有重要意义，但也因此遗留了大量问题，土地发展权不仅是理解快速城市化地区的关键要素，也是破解其问题的核心。如何借助土地发展权，推动快速城市化地区走向可持续的存量提升将是未来研究的重点。

参考文献

[1] 曹正汉，史晋川. 中国地方政府应对市场化改革的策略：抓住经济发展的主动权——理论假说与案例研究 [J]. 社会学研究，2009（4）：1-27.

[2] 曹正汉. 中国上下分治的治理体制及其稳定机制 [J]. 社会学研究，2011（1）：1-40.

[3] 陈柏峰. 土地发展权的理论基础与制度前景 [J]. 法学研究，2012（4）：99-114.

[4] 陈世栋，袁奇峰. 都市边缘区空间管制效果的产权差异及其影响因素——基于基本农田保护区政策视角 [J]. 地理科学，2015（7）：852-859.

[5] 程雪阳. 土地发展权与土地增值收益的分配 [J]. 法学研究，2014（5）：76-97.

[6] 丛艳国，魏立华. 珠江三角洲农村工业化的土地问题——以佛山市南海区为例 [J]. 城市问题，2007（11）：35-39，56.

[7] 冯艳，叶建伟，黄亚平. 权力关系变迁中武汉都市区簇群式空间的形成机理 [J]. 城市规划，2013（1）：24-30.

[8] （美）亨利·乔治. 进步与贫困 [M]. 吴良健，等译. 北京：商务印书馆，2012.

[9] 胡军，孙莉. 制度变迁与中国城市的发展及空间结构的历史演变 [J]. 人文地理，2005（1）：19-23.

[10] 胡兰玲. 土地发展权论 [J]. 河北法学，2022（2）：143-146.

[11] 黄靖，蔡建明. 东莞半城市化地区发展透视 [J]. 地理与地理信息科学，2007（2）：65-69.

[12] 黄颖敏，薛德升，黄耿志. 改革开放以来珠江三角洲基层非正规土地利用实践与制度创新——以东莞市长安镇为例 [J]. 地理科学，2017（12）：1831-1840.

[13] 黄祖辉，汪晖. 非公共利益性质的征地行为与土地发展权补偿 [J]. 经济研究，2002（5）：66-71.

[14] 贾若祥，刘毅. 中国半城市化问题初探 [J]. 城市发展研究，2002（2）：19-23.

[15] 蒋省三，刘守英. 土地资本化与农村工业化——广东省佛山市南海经济发展调查 [J]. 管理世界，2003（11）：87-97.

[16] 梁印龙. 半城市化地区土地利用困境及其破解之道——以江阴、顺德为例 [J]. 城市规划，2014（1）：85-90.

[17] 林坚，许超诣.土地发展权、空间管制与规划协同 [J].城市规划，2014（1）：26-34.

[18] 刘宪法."南海模式"的形成、演变与结局 [J].中国制度变迁的案例研究，2010（1）：77-141.

[19] （美）诺斯.财产权利与制度变迁：产权学派与新制度学派译文集 [M].刘守英，等译.上海：上海三联书店，1994.

[20] 沈守愚.论设立农地发展权的理论基础和重要意义 [J].中国土地科学，1998（1）：18-20.

[21] 田莉，梁印龙.半城市化地区的工业化与土地利用：基于我国三大区域三个百强县/区的分析 [J].城市规划学刊，2013（5）：30-37.

[22] 田莉.摇摆之间：三旧改造中个体、集体与公众利益平衡 [J].城市规划，2018（2）：78-84.

[23] 魏开，许学强，魏立华.乡村空间转换中的土地利用变化研究——以滘中村为例 [J].经济地理，2012（6）：114-119，131.

[24] 魏立华，袁奇峰.基于土地产权视角的城市发展分析——以佛山市南海区为例 [J].城市规划学刊，2007（3）：61-65.

[25] 谢涤湘，牛通，范建红.新型城镇化背景下留用地制度的创新——以典型地区留用地政策为例 [J].城市问题，2017（9）：19-25.

[26] 闫小培，魏立华，周锐波.快速城市化地区城乡关系协调研究——以广州市"城中村"改造为例 [J].城市规划，2004（3）：30-38.

[27] 杨廉，袁奇峰.基于村庄集体土地开发的农村城市化模式研究——佛山市南海区为例 [J].城市规划学刊，2012（6）：34-41.

[28] 殷洁，张京祥，罗小龙.基于制度转型的中国城市空间结构研究初探 [J].人文地理，2005（3）：59-62.

[29] 殷洁，张京祥，罗小龙.转型期的中国城市发展与地方政府企业化 [J].城市问题，2006（4）：36-41.

[30] 袁奇峰，杨廉，邱加盛，等.城乡统筹中的集体建设用地问题研究——以佛山市南海区为例 [J].规划师，2009（4）：5-13.

[31] 袁奇峰，赵杨，陈嘉悦，等.国土空间规划背景下城市更新落地的探索——以佛山市南海区夏北村"三旧"改造为例 [J].西部人居环境学刊，2021（3）：11-18.

[32] （英）约翰·穆勒.政治经济学原理及其在社会哲学上的若干应用 [M].朱泱，等译.北京：商务印书馆，1991.

[33] 张安录.论生态经济交错区的土地持续利用 [J].中国农业资源与区划，1996（4）：37-40.

[34] 张践祚，刘世定，李贵才.行政区划调整中上下级间的协商博弈及策略特征——以 SS 镇为例 [J].社会学研究，2016（3）：73-99，243-244.

[35] 张京祥，殷洁，罗小龙.地方政府企业化主导下的城市空间发展与演化研究 [J].人文地理，2006（4）：1-6.

[36] 张京祥，吴缚龙，马润潮.体制转型与中国城市空间重构——建立一种空间演化的制度分析框架 [J].城市规划，2008（6）：55-60.

[37] 郑艳婷，刘盛和，陈田.试论半城市化现象及其特征——以广东省东莞市为例 [J].地理研究，2003（6）：760-768.

[38] 朱一中，曹裕，严诗露.基于土地租税费的土地增值收益分配研究 [J].经济地理，2013（11）：142-148.

[39] Pacione, M. Urban Geography：A Global Perspective[M]. London and New York：Routledge, 2001.

袁奇峰，华南理工大学建筑学院、亚热带建筑科学国家重点实验室，教授、博士生导师

陈嘉悦，华南理工大学建筑学院硕士研究生

邱理榕，雅克设计有限公司，国家注册城市规划师

袁奇峰
陈嘉悦
邱理榕

大都市区近郊乡村发展权的不均衡及共同富裕研究

——以南海区里水镇为例 *

在改革开放先行先试的政策背景下，1980 年代珠江三角洲地区广大乡村通过将农用地转为集体建设用地来吸引"三来一补"等外资企业，或创办乡镇企业，在集体土地上开启了"农村社区工业化"和城市化。根据佛山市南海区"第三次全国土地资源调查"（下文简称"三调"），2019 年全区 555 平方千米建设用地中，集体建设用地占建设用地总面积高达 53%；而在住宅用地中，农村宅基地占比达67%。农业时代发展相对均质的农业乡村被工业化、城市化进程裹挟进都市区[1]，成为经济发展差异很大的都市区村庄。

随着 1998 年《中华人民共和国土地管理法》修订案颁布，国家实施土地用途管制，采用了严控增量建设用地规模、指标的计划供给体制。在基础设施普遍改善的情况下，都市区村庄农地转用的路径受阻，存量集体建设用地规模的差异加剧了都市区村庄经济发展的不均衡。而国土空间规划"三区三线"的空间分区管制，将进一步在法律层面固化都市区村庄既有的不均衡发展格局。本文将从南海的城市化发展历程切入，以广佛都市区郊区的里水镇为例，研究都市区村庄在城市化发展过程中不同村庄发展权不均衡的格局以及其形成机制。探讨国土空间规划体制改革背景下，不同村庄土地发展权在镇域尺度适度平衡的策略。

1 都市区村庄与土地发展权

都市区村庄处于都市核心区和远郊农业农村地区之间的过渡地带[2]，在工业

---

* 基金项目：国家社科基金重大项目（20&ZD107）；国家自然科学基金面上项目（51878284）。

化和城市化发展的推动下，村庄土地出现不同程度的非农化发展，不同程度地实现了土地发展权。都市区村庄土地发展权的差异由转变用途或改变利用强度的土地的量和价两个方面共同构成，显化在集体经济差异上。都市区村庄土地发展权在增量发展的时代主要通过集体自发农转用、国家征地后留地获取；在存量发展的当下则以"三旧"改造的方式直接进入土地一级市场。国土空间规划中土地发展权的初始状态是建立在既有的土地利益格局之上的，因为在土地确权后村庄间集体建设用地的量差已经被锁定 [3]。

所谓土地发展权是指改变土地现有用途或利用强度并因此获得利益的权利 [4,5]，主要体现在两个方面：一是农地转为建设用地；二是集体建设用地直接进入土地一级市场 [6]。

国内既有的关于土地发展权不均衡的研究多基于城乡二元的视角，认为集体土地发展权相比于国有土地发展权存在不公平，体现在集体土地发展权受到限制 [7]，主要表现在三个方面：一是在现行土地制度下农民将农地非农化的权利受限 [4, 8]；二是国家主导下农地非农化的利益分配不均衡 [8]；三是集体建设用地市场化的机制不完善 [8]。然而土地发展权的不均衡不仅体现在城乡之间权利的差异，还体现在不同村庄之间土地发展权实现程度的不同，主要表现为"村—村"之间土地非农化利用的程度不同，因而都市区村庄之间的土地发展权差异尤为明显。

在现有制度框架下，国家是土地发展权的配置主体，通过国土空间规划进行指标和空间的配置，主要有两个管理手段：一是通过各种刚弹性指标的管理分解从中央到地方的开发规模和保护规模；二是通过"三区三线"的划定来管控永久基本农田和生态保护红线内的土地发展权 [7, 9, 10]。

我国土地发展权的规划配置主要有两个层级的内容：一是从中央到地方政府的增量建设用地的许可和红线的控制；二是地方政府对建设项目、用地的规划许可 [7]。规划对土地发展权的配置一方面可以有效引导城市发展建设，另一方面也存在导致土地利益"暴利—暴损"的问题 [11]。

针对区域发展不均衡、土地发展权配置不均衡的问题，国内一些地区已经开展了土地发展权转移的实践。如浙江省在省域层面进行了折抵指标、基本农田异地代保、异地有偿补充耕地等的土地发展权转移尝试，通过指标的转移解除土地在空间上的锁定，优化土地布局的同时均衡保护地与开发地之间的发展 [12, 13]。广州市增城区在县域层面构建生态补偿机制，以南部工业区的发展收入支持北部生态区的发展，以弥补北部生态区在空间上承担市域生态保护责任而损失的土地发展权，促进市域范围内的均衡发展。但是已有土地发展权转移的尝试多在省、市层面，还鲜有镇域尺度上土地发展权均衡的对策研究。

2 南海"农村社区工业化"中土地发展权的演变

改革开放以来,南海通过资本、土地、劳动力等生产要素的高强度投入赢得工业化和城市化的迅速发展。土地发展权在个人、村集体和政府之间的关系被不断界定和明晰。

2.1 发展阶段一:计划经济

珠江三角洲是珠江在珠江口河口湾内堆积而成的复合型三角洲,土地平整肥沃,水资源和动植物资源丰富,自古农业发展条件较好[14]。受广州一口通商带来的国际市场影响,南海形成了著名的"桑基鱼塘"农业生产模式,农业和手工业发达,城市为均质化的单一传统农业景观。

中华人民共和国成立后,国家政权逐步纵向地向乡村社会延伸,建立人民公社制度。而这个时候,岭南地区的传统社会组织则显示出了较高的抗压能力。在传统社会中,产权的界定与保护,以及与市场交易有关的种种制度,往往不是由正式的法律规范的,而是由地方性礼俗规范的[15]。实际上这也部分解释了为什么在改革开放后,面对快速的城市化与工业化,珠江三角洲的农村会走上一条土地股份合作制的道路。

岭南地区随处可见的"宗祠"彰显了岭南地区强大的宗族势力,以宗族为代表的社会组织在南海地区拥有广泛的治理权威和强大的资源动员能力。这也为当时农业发展所需的土地整理、手工业和陶瓷业的贸易运输提供了支持。

在改革开放之前,我国实行土地公有制。1982 年版的《中华人民共和国宪法》则从法律层面固化了城市(国有)乡村(集体)"二元"的土地制度。《中华人民共和国土地管理法》明确规定建设用地必须为国有土地,对集体土地的使用有严格的限制,规定宅基地使用权不能转让、抵押和租赁。

以上政策规定实际上界定了计划经济体制下我国建设用地的初始产权,即国有和集体土地都是公有的。土地权利仅限于自用,不可分割与转让。开发权在法律上属于国家,集体土地的开发权、收益权、转让权都取决于"国家权力"的强制性界定。国家将乡村的剩余转移到了城市地区,支持城市工业化发展,农村地区沦为城市发展所需土地和劳动力的提供者,而村庄的土地只是没有发展权的生产资料。

2.2 发展阶段二:农村社区工业化

1978 年国家实施改革开放等一系列顶层政策设计改革。一方面,家庭联产承包责任制明确"包产到户",将土地使用权明晰到个人,大大提高了劳动生产率,释放了富余劳动力；另一方面，乡镇企业用地权首先获得法律认可，开启了"农地转用"的发展路径。这一系列政策激活了被压制了几十年的市场经济潜能。南海政府抓住机会，对内改革解放思想，推行土地股份制改革；对外开放招商引资，鼓励所有经济主体齐上阵、多种经营形式共发展，培育了大批民营经济发展主体。1978—1998 年，"乡镇企业"占南海工业总产值的比重从不到 15% 增加到了 88%，拉开了南海第一波"农村社区工业化"的帷幕[16]。

1992 年南海推行集体土地股份制改革，创造性地"再集中"分包到户的农地，将土地所有权、农户的承包权、土地的使用权"三权分置"，以户口为依据建立配股和分红机制，实际上承认了集体土体的所有权主体为农村集体经济组织，农村土地产权意识被唤醒。

1997 年亚洲金融危机爆发，标志着国内市场商品稀缺的时代结束，众多乡镇企业纷纷倒闭使得大量企业家出现道德危机，乡镇企业产权不清晰的弊端也逐渐凸显出来，部分村集体欠下了大量的债务。这种背景下，南海的乡镇企业接二连三地转制成为私营企业，但是，转制只拍卖了原集体企业的所有权，土地所有权仍在集体手中，村集体于是又从靠办企业、经营企业、缴税、赚取利润退回到纯粹依靠土地收取地租生存的状态。

在土地产权改变巨大利益的驱动下，农村集体经济组织充分利用其产权主体的作用，借"乡镇企业"的名义将大量农地转为建设用地，地方政府出于发展经济的考虑，也不会过于追究。南海农村工作部的数据显示，在 1997—2004 年间没有得到批准或没有办理使用手续的情况下自行转用的土地面积占同期农转用的 34.9%，多达 7408 公顷[16]。

2.3　发展阶段三：园区工业化

"农村社区工业化"实质上是基层民众广泛、深入参与城镇化的过程，而随着工业化和城市化的深入，"村村点火，户户冒烟"的低水平工业化模式难以支撑经济的持续发展，南海政府开始主导工业园区的建设，主动招商引资，开启征地为主的"园区工业化"模式。

1997 年南海政府启动了狮山科技工业园的建设，园区规划面积 38 平方千米，发展至 2019 年，狮山 GDP 已超 1000 亿元[17]。相比"农村社区工业化"，工业园区由政府统筹规划开发，在企业规模、产业链打造、服务配套、政策优惠等方面都更具有优势。而工业园区开发需要巨额资金和大量设施投入，只有政府才有动员大量资源的能力。

工业园区开发由政府主导，土地一般为政府征地获得。随着土地的资本属性日益凸显和农村集体的土地权利意识逐渐加强，农民对土地价值的预期也越来越高，征地协调的方式也发生了转变。按照 2000 年代的补偿标准，耕地按 3 万元每亩（45 元 / 平方米）补偿，但这 1 亩地（约 666.67 平方米）转为建设用地出租后，每年可收取租金 1.6 万元，两年的租金便能超过征地补偿，另外，留用地还需村集体办理农地转用手续，高达每亩 5 万元（75 元 / 平方米）[16]。对于农民而言，失去了土地资源就是失去了生存与发展的权利。土地股份合作制赋予了集体土地所有权较强的"排他性"，也使得村集体具备了和政府谈判的能力。在不断的冲突和谈判中，集体土地发展权在村集体和政府之间被不断地划分和界定。南海的特别之处正在于此，地方政府始终尊重农村集体对土地的产权。

2.4 小结

南海计划经济时代均质化的农业农村，在"农村社区工业化"和"园区工业化"下逐步形成了破碎化、不均衡的城乡混杂空间。在此过程中伴随着农民土地产权意识的不断觉醒，土地由资源属性向资产、资本属性转变。农民通过主动把握土地发展权来获取更高经济收益，这也推动村庄呈现不同程度的非农化发展，南海不同地区村庄之间的发展差异化逐步扩大。

3 里水镇城市化过程中村庄发展的差异化

里水镇位于南海区东北部，辖 16 个行政村、18 个村改社区和 4 个城市社区，与广州白云区接壤（图 1）。2005 年，由原和顺镇和原里水镇合并而来（图 2），镇域总面积为 148.36 平方千米；根据 2019 年的"三调"数据，其土地开发强度

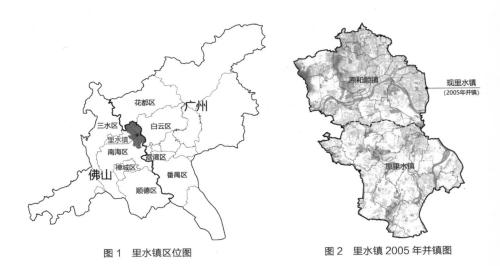

图 1 里水镇区位图   图 2 里水镇 2005 年并镇图

高达 49.61%。据 2020 年的第七次人口普查数据，里水镇共有 48.8 万人，其中外来人口达到 29.7 万人。

里水镇南部（原里水镇）在市场力量推动下自下而上地进行"农村社区工业化"发展，村庄不同程度地非农化发展。里水镇北部（原和顺镇）在政府力量主导下进行自上而下的"园区工业化"发展，工业村庄和农业村庄出现明显的分异。

3.1　2005 年之前：两镇"农村社区工业化"和"园区工业化"不同路径下的村庄发展

改革开放初期，丰富的土地资源、廉价的劳动力以及毗邻广州的区位优势为里水镇南部（原里水镇）的"农村社区工业化"发展带来了机遇。在工业化发展的初期，里水镇的农业村庄缺乏经济基础，工业发展高度依赖于区域性的基础设施（图 3）。

20 世纪 70 年代至 20 世纪 90 年代后期，里广路是里水通往广州的唯一公路，沿线村庄率先启动了"农村社区工业化"。就是这个时期，乡村能人李兴浩——胜利村下属一个合作社的社长在本村开办了广东兴隆制冷工程维修中心（志高空调的前身）。

20 世纪 90 年代初，乡镇企业纷纷改制，民营企业逐渐成为主角，南海经济普遍繁荣。里水镇依托南北向的里水大道、桂和路连接广佛公路，承接向南海黄岐、盐步一带扩散的广州商贸批发业，也迎来了大沥门窗、五金和广州芳村花卉产业转移。农村集体经济组织通过农地转用获得建设用地租金，租金低廉的大规模建设用地也吸引了港澳台和国内外商人进入里水办厂，带来了里水袜业、鞋业的集聚发展。1996 年西线公路建成通车，进一步带动了沿线的沙步工业区、上沙工业区、大步工业区等村级工业园的发展。到 2002 年，里水镇的私营企业达到了4400 多家，年产值 32.28 亿元，占全镇工业总产值 90% 以上。

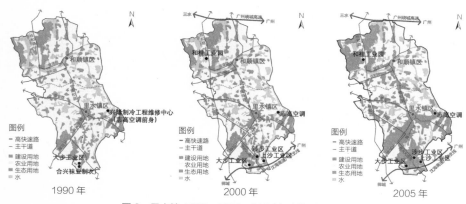

图 3　里水镇 1990、2000、2005 年土地利用情况

而里水镇北部（原和顺镇）在西南涌的地理分割和公路交通不畅的条件下，乡镇工业的发展相对缓慢，至 2002 年，原和顺镇辖区内的乡镇企业仅 26 家。

1992 年南海"工业入园"带来了里水镇北部的发展机会，当时的和顺镇政府提出打造工业园区、农业示范区、高尚住宅区、旅游度假区 4 大板块。1999 年和桂工业园开始建设，政府通过征地的方式将石塘村和逢涌村的部分农地转为建设用地，进行统一开发、统一建设、统一招商。2000 年南海政府牵头在里水镇北部建设万顷洋农业现代化示范区，示范区农民以土地入股，实行以土地为中心的股份合作制，以提高农村地区的农业产业化经营水平。

3.2　2005 年以来：并镇后"城市南海"战略下的村庄发展

在 2003 年南海撤市设区后，政府开始整合归并辖区内的乡镇，2005 年原里水镇和原和顺镇合并为现里水镇，里水在南海"工业向西，城市向东"的发展战略下进一步向城市化发展转型（图 4）。

由于规划缺位，里水镇在大都市区房地产市场的高度繁荣中被动承接了大量居住功能扩散。东南部与广州接壤的洲村和草场，受广州白云区金沙洲居住板块开发影响，吸引了大量房地产投资。南部承接了大沥商贸走廊商住功能的外溢，沿里水大道南开始了大规模的房地产开发。而北部由于跨境广佛的里河大桥建设，风景优美的九龙山也成为郊区高档楼盘建设的"飞地"。虽然获得了一些土地收益，也造成了"门禁社区"、村庄和村级工业园混杂，埋下了社会分异的种子。

2007 年以来，里水镇启动了"三旧"改造，自上而下推动里水镇城市化转型发展。里水镇"三旧"改造项目以"工改居"类型为主，主要分布在邻近广州金沙洲片区的村庄；而少量的"工改工"项目集中在里水镇南部的沙步片区和桂和路、里水大道沿线的村庄。

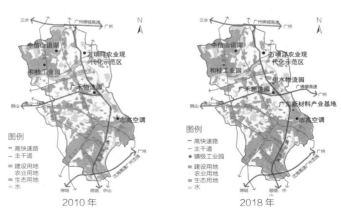

图 4　里水镇 2010、2018 年土地利用情况

3.3 小结

20 世纪 80 年代，在区位优势和可达性优势下，"农村社区工业化"率先在里水镇南部（原里水镇）发生，南部村庄通过非农化发展与北部的农业农村拉开差距。南部村庄以村集体经济组织为组织主体，将农地自发转为非农用地，通过自建厂房兴办乡镇企业或土地出租的方式获得经济收益，收益在村集体内部进行分配，村民按股份分配土地租金收益。在市场力的推动下，公路沿线的村庄凭借高可达性的优势率先以农转用发展乡镇经济的方式获得土地发展权。

20 世纪 90 年代，里水镇南部村庄在土地股份合作制下加速"农村社区工业化"发展，随着工业区位均等化，南部村庄均有不同程度的非农化发展。北部村庄则通过工业园区建设拉动部分村庄由农业向工业转型，通过农地征用的方式实现土地发展权的价值，获得的收益在村集体、政府和企业之间进行分配，村集体获得一次性的征地补偿和可建设的留用地。在用途管制日益严格的情况下，北部农业村庄受基本农田保护的限制无法通过农转用的方式实现土地的发展权，而存量时代的"三旧"改造进一步释放了农村集体建设用地的资本化路径，非农化村庄和农业村庄之间的"村—村"发展差距日益增大、固化。

4 里水镇"村—村"发展不均衡的困局

里水镇各村集体之间的经济收入长期存在较大差异（图 5），2020 年集体经济收入最高的行政村（13084 万元）约是收入最低的行政村（1556 万元）的 8.5 倍，差距达 1.15 亿元；村民人均股份分红最高的村（17726 元）约是最低的村（2237元）的 8 倍，差异达 15000 元（图 5）；以经济社为单位：村民人均股份分红最高的经济社（21989 元）约是最低的经济社（455 元）的 48 倍，差异达 21534 元。

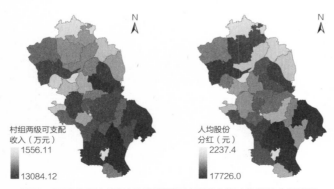

图 5 2020 年里水镇各村村组两级可支配收入和人均股份分红情况

4.1 "村—村"经济发展不均衡

村组两级集体经济可支配收入由集体资产经营收入和公共财政补贴构成，其中集体资产经营收入贡献占比达到 80%。同时，集体资产经营收入也代表着村集体的财政经营能力，也是村民分红的主要来源。2015—2020 年，里水镇内各村集体资产经营净收益的基尼系数始终处于 0.36—0.37 的水平（表 1），说明当前镇内各村经营收入仍存在一定差距且差距基本固化。

2015—2018 年里水镇集体经济收入水平基尼系数　　　表 1

年份	2015	2016	2017	2018	2019	2020
村组两级可支配收入基尼系数	0.5087	0.4513	0.3432	0.3173	0.2971	0.3005
集体资产经营净收益基尼系数	0.3652	0.3462	0.3737	0.3713	0.3668	0.3616

而里水镇村组两级集体经济可支配收入的基尼系数由 0.5087 下降到 0.3005，结合村集体经济收入构成分析，发现镇政府通过加大城乡社区事务和基本农田保护等方面的公共财政补贴投入，对促进"村—村"之间的均衡发展起到了一定积极作用。

根据集体收入水平，村庄可以分为三个发展梯队：第一梯队是里水镇南部邻近白云金沙洲和大沥黄岐的村庄，村组两级年可支配收入在 7000 万元以上，其中有两个村庄的年收入超过 1 亿元；第二梯队是里水镇南部"农村社区工业化"发展的村庄和北部受"园区工业化"发展影响的村庄；第三梯队是位于里水东北部、以第一产业发展为主的农业村庄，年收入在 3000 万元以下，最低的仅有 1556 万元。

进一步分析 2015—2020 年里水镇南北（原两镇范围内）村庄的基尼系数差异发现（表 2），里水镇北部（原和顺镇）村庄人均股份分红收入的基尼系数在 0.4 左右浮动，说明里水镇北部（原和顺镇）"村—村"发展的经济差距固定在较高水平。里水镇南部（原里水镇）村庄的人均股份分红收入的基尼系数由 0.29 提高到了 0.35，意味着南部村庄之间的收入差距仍在扩大。因为集体经济收入的 60%—80% 用于股东的股份分红，集体经济收入的 70% 来源于土地的出租和经营，21 世纪初里水进入存量发展时代，所以当前南部村庄之间收入差距的扩大更大程度上是源于级差地租的变化。

2015—2020 年里水镇人均股份分红基尼系数　　　表 2

年份	2015	2016	2017	2018	2019	2020
里水镇基尼系数	0.3713	0.3794	0.3631	0.3725	0.3826	0.3742
原和顺镇基尼系数	0.4120	0.3771	0.3839	0.3814	0.3695	0.3927
原里水镇基尼系数	0.2990	0.3481	0.3239	0.3361	0.3551	0.3464

村集体收入水平与村域内建设用地面积成正比，与村域内农用地面积关系较
弱，即村集体收入水平与村庄集体土地非农化的程度呈正明显相关（图6）。通
过实地走访调研，作者了解到里水镇集体经营性建设用地租金为2—6元/（平
方米·月），物业出租的租金为10—15元/（平方米·月），农地承包的价格为
1000—3000元/（亩·年）[1.5—4.5元/（平方米·年）]，单位面积物业出租和
集体建设用地出租的收益远高于农地承包收入，即村集体早期通过农地转用方式
实现的土地发展权，至今仍带来较高的经济收益。

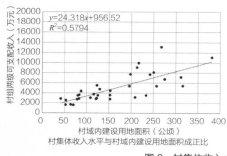

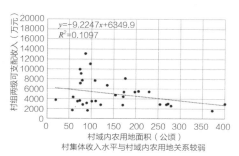

图6　村集体收入水平与集体土地的关系

4.2 "村—村"土地发展权不均衡

本文所讨论的都市区村庄的土地发展权特指改变集体土地用途并从中获得利
益的权利。1980年至今，里水镇有近一半的农业用地转变为建设用地，建设用地
增长了3倍，占镇域总面积的49.6%。

4.2.1 不同村庄土地发展权的演变

以每五年的数据为参照（表3），里水镇在2005年以前建设用地的增长率不
断提高，农地转用的速度不断加快。里水镇以转用的集体土地为载体推动村庄快
速非农化发展；在2015年后农地转用的速度放缓，集体土地的发展权受到抑制，
城市化发展转型由依靠增量空间逐渐转向存量提升。

1980—2018年里水镇用地情况　　　　　　表3

年份	1980	1990	1995	2000	2005	2010	2015	2018
建设用地（平方千米）	21.6	23.7	28.3	32.9	48.6	58.0	60.8	60.8
建设用地增长率（%）	—	9.72	19.41	16.25	47.72	19.34	4.83	0.00
农业用地（平方千米）	92.9	84.4	80.4	77.3	66.2	57.7	56.5	56.5
农业用地增长率（%）	—	−9.15	−4.74	−3.86	−14.36	−12.84	−2.08	0.00

　　以村为单位进一步分析农地转用在空间分布上的特性，1980—1990 年建设用地增加了 2.1 平方千米，93% 的增量用地集中分布在里和路—里水大道沿线的 4 个村庄。1990—2000 年建设用地增加了 9.2 平方千米，其中约 50% 的增量集中在里水镇南部的沙涌村和大步村。2000—2005 年建设用地增长了 15.7 平方千米，66% 的增量建设用地集中在里水镇南部（原里水镇）；里水镇北部（原和顺镇）增量建设用地集中在石塘村和逢涌村。在"农村社区工业化"和"园区工业化"发展阶段，"村—村"之间土地发展权的实现存在明显差距，1980—2005 年间 60% 的增量建设用地集中在 6 个村庄，40% 分散在 28 个村庄内（图 7）。

　　2005—2010 年里水镇的增量建设用地为 9.4 平方千米，其中约 50% 的增量是由房地产开发带来的，集中分布在邻近白云金沙洲和大沥黄岐片区的村庄，以及里水北部受房地产飞地开发影响的建星村。2010—2018 年建设用地增量仅有 1.2 平方千米，里水镇逐步迈入存量发展的时代，以农转用实现发展权的方式迎来变革（图 8）。

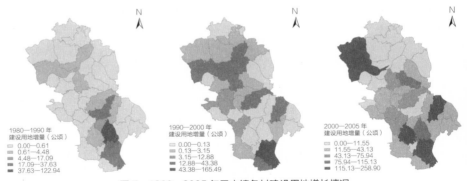

图 7　1980—2005 年里水镇各村建设用地增长情况

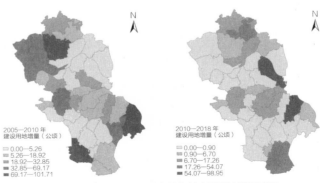

图 8　2005—2018 年里水镇各村建设用地增长情况

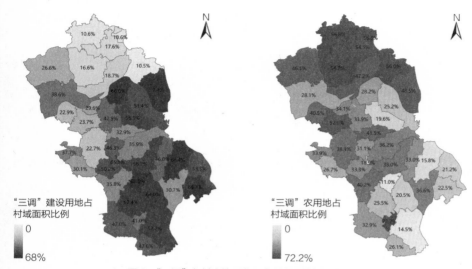

图 9 "三调"各村土地开发强度和农用地保护情况

4.2.2 国土空间规划背景下，"村—村"发展权差异格局的锁定

根据"三调"数据，里水各村土地开发强度和农地空间分布存在较大差异，邻近白云金沙洲和大沥黄岐第一经济梯队的村庄土地开发强度在 50% 以上，高于里水镇的土地开发强度；第二经济梯队的村庄土地开发强度在 30%—50%，第三经济梯队的农业村庄土地开发强度大多小于 20%（图 9）。

国土空间规划编制基于现状"三调"的底图底数展开，在禁止集体自发农转用的同时承认了早期村集体自发转用的建设用地，锁定了"村—村"发展差异的土地格局。国土空间规划将建立以"三区三线"为核心的空间规划分区，并以此作为用途管制的依据，意味着土地发展权的配置不再仅围绕"指标"进行，还与以"三区三线"为基础的用途管制分区密切相关[9]。

基本农田保护红线和生态保护红线内的土地受到严格管控，"三旧"改造成为村集体实现土地发展权的重要方式，存量建设用地面积代表了村庄潜在可获得的土地发展权。在农业村庄承担基本农田保护责任、土地发展权被限制的同时，非农化程度高的村庄有机会通过"三旧"改造，进一步获得土地资本化的红利，这将导致农业村庄和高度非农化村庄发展的不均衡在规划管制下将进一步扩大。

5　共同富裕，以镇域为单位构筑利益共同体

都市区村庄"村—村"发展不均衡的困局建立在土地发展权不均衡的基础之上。区位、交通、政策、规划等多重外力作用下，促成了都市区村庄不同程度的非农化发展，村庄农转用的规模差异与村庄之间经济发展差异直接关联。

随着规划管控和土地政策收紧，既有土地利用格局锁定，村庄之间的经济发展水平差距日益扩大。在国家国土空间体制改革的当下，"三区三线"落地在空间上锁定了开发与保护区域，"村—村"之间开发与保护权责的不均衡将进一步固化和强化。

在国土空间规划、管理体制改革和现行土地制度背景下，新增城市经营性建设用地数量和生态用地、耕地保护的数量是土地发展权配置的关键指标[11]。为实现镇域高质量融合发展、优化国土空间布局，全域土地综合整治以乡镇为基本实施单元，整体推进农用地整理、建设用地整理和乡村生态保护修复[18]。全域土地综合整治是一种空间治理手段，而土地发展权的公平配置为全域土地综合整治的实施提供支撑。

作者认为应该将相对均质、可控的镇域作为一个基本发展单元，构建城乡利益共同体和镇域发展共同体——在镇域层面统筹好开发与保护的总体格局，兼顾开发建设与保护，建立土地发展权均衡配置的机制。在价值层面构建"农民—村集体—政府"三方互惠互利、相互依存的城乡利益共同体，实现共同富裕的目标。

建议在优化国土空间布局的同时配以相应的土地和空间政策，以"村—村"均衡发展提升全镇的整体价值，促进城乡高质量发展：

（1）将国土空间规划所确定的生态和农田作为全镇应该共同负担的公共产品，保护责任应由全镇共同承担。以拥有农地承包权的农民个体为基本单位，将基本农田保护责任面积按人均数量分配到各行政村。

（2）将"三调"确认的各行政村建设用地面积视为初始土地发展权，在承认既有利益格局的前提下，对统筹改造的部分增量利益进行分配调节。

（3）在镇级政府设立城乡融合发展基金，平衡镇域二三产业发展与生态和农地保护的关系，通过建立生态、农田转移支付和补偿机制等方式，在镇域范围内形成责任共担、利益共享的镇域发展共同体。

以里水为例，镇域范围内的永久基本农田面积为 24.14 平方千米，按户籍农业人口平均分配，人均基本农田保护责任面积为 199 平方米。

对标现状保护任务的空间分配情况，里水镇 21 个村已达标且超额完成基本农田保护任务，13 个村现状承担的农田保护未达到指标（图 10）。所以保护任务未达标的村庄在"三旧"改造收益中应该提留一定的比例进入城乡共荣发展基金，补贴承担基本农田保护任务的村庄，支持美丽乡村重点项目的建设，在镇域内形成"造血型"的可持续发展模式（图 11）。

图例
　　□　现有基本农田保护面积
　　■　需保护的基本农田保护面积
　　▢　村域内基本农田保护面积已达标
　　▨　村域内基本农田保护面积不足

图 10　基本农田保护责任公平化配置及现状配置情况对比

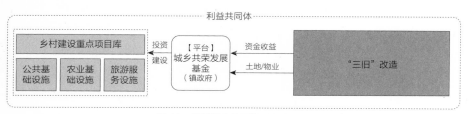

图 11　镇域城乡发展红利共享机制

参考文献

[1] 朱介鸣，郭炎.城乡统筹发展规划中的土地经济租金、"乡乡差别"与社会公平[J].城市规划学刊，2014（1）：33-38.

[2] 薛艳杰.我国都市区乡村振兴战略研究：以上海市为例[J].上海经济，2019（1）：5-13.

[3] 郭炎，李志刚，王国恩，等.集体土地资本化中的"乡乡公平"及其对城市包容性的影响：珠三角南海模式的再认识[J].城市发展研究，2016，23（4）：67-73.

[4] 刘永湘，杨明洪.中国农民集体所有土地发展权的压抑与抗争[J].中国农村经济，2003（6）：16-24.

[5] 孟存鸽.农村集体土地发展权法律制度的构建[J].农业经济，2019（10）：103-104.

[6] 杜业明.现行农村土地发展权制度的不均衡性及其变迁[J].西北农林科技大学学报，2004（1）：4-8.

[7] 林坚，许超诣.土地发展权、空间管制与规划协同[J].城市规划，2014，38（1）：26-34.

[8] 邹艳，张雅茹，谢明霞.城乡融合发展背景下农民土地发展权公平探究[J].山西农经，2021（9）：30-32.

[9] 岳文泽，钟鹏宇，王田雨，等.国土空间规划视域下土地发展权配置的理论思考[J].中国土地科学，2021，35（4）：1-8.

[10] 林坚，吴宇翔，吴佳雨，等.论空间规划体系的构建：兼析空间规划、国土空间用途管制与自然资源监管的关系[J].城市规划，2018，42（5）：9-17.

[11] 张能，陈烨.面向城乡土地发展权公平配置的规划策略[J].规划师，2019，35（8）：38-43.

[12] 施思.中国土地发展权转移与交易的浙江模式与美国比较研究[J].世界农业，2012（10）：133-135.

[13] 谭峻，戴银萍，高伟.浙江省基本农田易地有偿代保制度个案分析[J].管理世界，2004（3）：105-111.

[14] 杨忍，陈燕纯，龚建周.转型视阈下珠三角地区乡村发展过程及地域模式梳理[J].地理研究，2019，38（3）：725-740.

[15] 姚中秋.钱塘江以南中国：儒家式现代秩序——广东模式之文化解读[J].开放时代，2012（4）：37-48.

[16] 袁奇峰，郭炎.城市化转型与土地资本化：珠江三角洲二次城市化中的南海模式[M].北京：科学出版社，2021.

[17] 魏立华，袁奇峰.基于土地产权视角的城市发展分析：以佛山市南海区为例[J].城市规划学刊，2007（3）：61-65.

[18] 李红举.全域土地综合整治的新探索[J].小城镇建设，2020，38（11）：1.

杨宇振

杨宇振，重庆大学建筑城规学院教授，中国城市规划学会学术工作委员会委员

作为感觉的城市：人民之城的空间策略

不断满足人民日益增长的美好生活需要，不断促进社会公平正义，形成有效的社会治理、良好的社会秩序，使人民获得感、幸福感、安全感更加充实、更有保障、更可持续。

——2017 年十九大报告

1　感觉的生产

获得感、幸福感和安全感是经由具体物质和社会实践过程后人的切实感知。感觉是主体对多类客体要素复杂交互作用于主体后的反馈，是过程的结果。它不是某一单一要素的作用❶，而是综合要素共同作用于主体后的结果。因此感觉具有主体性、关系性和时间性。从主体层面，它确切讲只能是个体对于他者的感知，如一个人对于熟悉或者陌生地点经由一段时间后的经验和感知，或者对于一个城市、地区、国家的总体也可能是笼统的感受。但不同个体的人生经历、年龄、职业等形成对于客体感觉的差异性。也就是说，即便是面对同一客体，不同主体的感觉存在巨大差异，比如租客和房东、学生和教员、店员和出租车司机感觉上的上海不是同一个上海。或者即便是同一主体，在人生的不同阶段对于客体（先假设这一客体具有某种稳定性）的感觉也存在不同。年轻时对于自由、对于"动"的需要形成的感觉不同于年老时对于安定、对于"宁静"需要形成的感觉。对于客体经验时间的长短不同也会造成感觉差异，如游客的地方感觉和在地居民日复一日工作、生活的感觉就存在巨大不同，居民熟视无睹的现象在游客眼里可能是一种惊奇。

---

❶ 比如经济发展带来的繁荣或者不公平不正义等，尽管在特定时期某一要素成为支配要素。

　　另外，提出"同一客体"是值得质疑的，对于不同主体，是否存在同一客体？不同主体受其社会角色的作用和限制，能够感觉到的客体已然是主体化的"客体"。从这一角度上讲，并不存在"同一客体"。或者说，以某一城市为例，从主体的感觉层面，不存在单数的城市，而是有着复数的、不同的城市。没有单一的一个重庆、北京、上海、广州，而是有着白领、快递员、出租车司机、超市销售员、机关工作人员、教员、警察、法官等感觉里的各种重庆、北京、上海、广州等。从普遍状况上看，个体感知在越近身的空间尺度内越具体和直接，越大空间范畴则越抽象和受各类传播媒介左右影响。网络端宣传的"魔幻城市""网红打卡点"往往是特定视角的、打扮后的、浓妆艳抹的视觉效果，是各类主体为生产交换价值或利润的运作，和具体的、鲜活或灰暗的日常生活没有太大关系。但这种判断有点绝对，它仍然是生产"感觉"的一种方式，并随手机、电脑等网络终端将个体日常时间吸入网络空间后，越来越起着支配性作用。或者说，在地化的、交往的、触摸到的感觉叠加上网络宣传推广的平面化、抽象的感觉，形成当代人基本感觉方式和状态。"一千个人眼中有一千个哈姆雷特"正在和被控制的"一千个人眼中有一个哈姆雷特"展开激烈博弈和交互作用，感觉就存在于这种博弈的关系和强度之中。

　　事物存在的另外一种方式是关系性存在，连接关系与结构的变化就是事物的变化。近身空间（如从家庭到工作机构）内感知的物质和社会状况，在本身空间内不能自足自决，它受到外部政治、经济、军事等状况变动的作用。典型的比如国际经济危机带来的地方生产出口断崖式减少、疫情带来的社会空间严格管控、大量产业的地方间迁移、国际战争带来的汽油、天然气价格变动都对日常生活的状态和感受有深刻影响。过去的一个世纪内，从全球范围的普遍情况看，作为局部的空间越来越与外部紧密关联，进而受到总体变动的影响越来越频繁，不确定性持续增大了。也就是说，局部空间的发展不再如之前相对稳定，持续不断的变化构成了局部空间生产的普遍状况，进而感觉的状态与结构发生了剧烈变化。过去的普遍状况是，不变是基底加上作为节点或差异点的变化（比如节日的庆典），构成感觉的基本结构。当代的状况是，在网络加密互联和技术加速迭代的情形下，变化和刺激是日常状态加上偶然停顿（或者被迫停顿，如大病），是感觉的结构。两种结构有着本质差别，进而形成人不同的心理状态、观念意识和行为方式。也就是说，当代人民（从个体到群体）的获得感、幸福感和安全感处在一种持续变动的不确定性状态之中。面对这一具体现实，如何生产获得感、幸福感和安全感成为一个问题。

　　感觉也是关系性产物。也就是说，它既是主体的也是关系的。它是客体反作用于主体的结果。因此尽管有各种不同类型的主体，客体在主体的感觉中具有基础性作用。客体中主流或支配性价值观念或意识形态的变化，立刻造成感觉的根本性不同。叶圣陶的《古代英雄的石像》说的就是这一价值理念的变化，导致对曾经的威权象征物感受的根本性转变。历史和现实中某一时期在观念或物质实体树立的"崇高塑像"在另外一个阶段被推翻是常有的现象。从这一点上说，价值判断是感觉的社会基础，因此如何塑造或改变价值判断就成为一个关键性议题。但"客体"是一个多义性多空间尺度的词语。另外的一个人、家庭、社区、街区到城市、省、国家，甚至更大的空间范畴都可以成为客体，进而成为感觉构造的一部分（从这个意义讲，感觉具有空间尺度的复杂叠合性，难点在于如何认识各尺度的叠合、不同时期的不同权重和相互作用的机制。比如在某些时期国家具有绝对威权的作用，而在另外的时期，城市的繁荣可能起到感觉的主导作用）。对于不同人（具有不同的活动范围和活动内容），并不存在一个共同尺度的感觉空间。但在各种尺度的空间中，随着城市化进程加速，城市由于其高密度人口和内在要素的复杂联系性，成为相对特殊的感觉空间载体（也就是说，城市在各种空间尺度中的感觉权重增加了）。城市已经是绝大多数人的生存空间，交互活动的空间，城市的状态和空间领域成为绝大多数人感觉的客体。城市不仅是经济的机器、物质的空间，它也是感觉的城市。在众多相关研究中比较知名的，比如齐美尔的《大都市与精神生活》，对比乡村谈及现代大都市的分工与都市人的感知关系，形成都市人的矜持、计划的时空感和精于计算 [1]。又如凯文·林奇的《城市意象》以城市为对象，探讨人如何感知城市。他的城市意象"五要素"结论具有一定普遍性 [2]，但立刻就受到"个体差异对城市感受不同"观点的批评，认为不能化约多样个体差异。但即便如此，作为感觉的城市仍然是值得探讨的对象。或者结合前述的目标，如何在城市中使人有获得感、幸福感和安全感是值得讨论的问题。

恐惧是各种感觉中强烈的一种。段义孚在《无边的恐惧》中从孩子面对一个陌生世界的恐惧开始谈起，讲对自然、疾病、鬼神、暴力、城市等的恐惧。关于城市，段义孚说："城市展现了人类最大的雄心：想要在城市建筑上及城市里的社会纽带上同时获取完美的秩序与和谐。" [3] 城市是人类为抵抗面对自然的恐惧而规划和建设出来的人工环境，是人类文明积累的空间载体，但人类却同时为自己内在地营造了新恐惧的空间。被各种剥削（在生产、居住、消费等环节）、社会不公不义、大规模疫病、社会暴力是资本主义城市的典型特征。但这样的表述失于偏颇不够客观，城市建造出一个人类的美丽新世界。狄更斯在《双城记》中的开头精妙地揭示了一种辩证的矛盾、关系和感觉："这是一个最好的时代，也是一个最坏的时代；这是智慧的时代，这是愚昧的时代；这是信任的纪元，这是怀疑的纪元；这是光明的季节，这是黑暗的季节；这是希望的春日，这是失望的冬日。"[4]——极度的恐惧感伴随着一种喜洋洋的乐观之情，或者反之。激化的辩证矛盾及其显现是城市的根本特征，如何理解这种辩证矛盾（作为价值判断）取决于所站的位置。段义孚说："当现有社会的领导者感觉到这样有威胁的混乱来自他们不想同化也不可能同化的人群的一分子时，他们会做些什么？从历史上来看，他们会诉诸创造恐惧景观：稍早时候是公开刑讯逼供、酷刑和处决，晚近时候则是更加微妙的做法——禁闭，至于这样做到底是恶魔行为还是文明行为，那就全看你对其持有什么样的看法。"[3] 段义孚的这本书出版于 1979 年。他没有讨论到的是，在当代资本主义社会"娱乐至死"已经成为一种隐蔽、普遍和有效的治理模式 [5]，它唤起的是一种被持续刺激的欢愉感觉，或者称之为麻木的快感、无感觉的感觉；巨大的恐惧、持续的焦虑并没有消失，它们伴生和隐藏在欢愉感觉的晦暗之处，随时准备猛扑出来。他也没有讨论到，在数字时代，人已经被高度化约为一个为平台提供与被推送数据的电子人，数据治理术通过不断释放"热点"（调动网民集体情绪和改变关注方向，如赶羊人大举鞭子加鲜美食草把一群羊赶来赶去）、隐藏问题与矛盾冲突调动电子人的感觉。

2　作为感觉的城市

但作为客体的城市仍然是市民感觉的基础，是市民能够或者不能产生获得感、幸福感和安全感的重要基础。在全球化的进程中，城市能够独善其身，仅在内部经营和治理吗？显然当代城市是一种关系性存在，城市的问题往往不来自于城市本身，而存在于与外部的各种连接之中，外部连接状态的变化引发内部的问题。简·雅各布斯深刻认识到这种关系性存在。为了避免连接关系突变或断裂给城市和人类带来的深刻危机，她提出了城市"进口替代"的基本策略，一种持续发展和动态的发展观，以求得城市的持续发展。雅各布斯肯定自己的这方面探讨和分析，她认为若干年以后如果能够被人们记住，不是因为《美国大城市的死与生》，而是提出这一讨论和观点的《城市与国家财富——经济生活的基本原则》[6]。但"关系性存在"这样的表述偏于笼统。"外部"是一个多空间尺度、层级的客体，从其可能的市场腹地、相邻城市、省会城市、其他地区到海外地点，都是可能的外部。"连接"更是模糊不清，它可以是政治关系、行政关系、市场关系，也可以是社会关系等。因此有必要对城市的各种关系性存在及其形成的城市感觉展开进一步分析。

　　一个基本关系是城市存在于三种直接和现实的连接之中：向上与国家（以上一级行政机构为代表；如市与省、县与地级市、乡镇与县）间关系、水平与同行政等级城市（如省与省、市与市、县与县、乡镇与乡镇；同在高行政等级的辖区内）间关系、向下与行政范围内的乡镇和农村间关系。三种关系共构状态处在变化之中。国际的政治、经济和军事格局变动转换为某种国家压力（危机），向区域与城市转移转嫁，形成某一特定时期城市实践（包括城市规划在内）的方向 [7]。国家对于地方的政治、行政和经济等压力传导、国家意识宣传和动员形成一种当下的国家感。国家层面的文化积淀和强科层制的组织结构是国家感形成的必要条件，它存在于强中心权力逐级扩散传递组织架构总体状态的反馈和感知中。下传的国家压力（政策或导向）转换成同级（特别是相邻）城市之间的政治、经济、文化以及人居环境质量等的竞争，"压力"的构成、指向、强度和频次具有不确定性和短期变动性，但仍然是作为行政空间的城市需要持续实践的内容；也就是说，垂直方向的直接压力与水平方向竞争压力组合共同构成一种城市的现实感。压力持续向辖区内的乡镇传导（如果乡镇强烈反对或抵抗，它同样构成现实感的一部分），迎接上级政府各部门的各种接连不断的检查是乡镇最现实的感觉 [8]。乡镇和农村是权力传导的末端空间，也是城市政策长期实践和动员的空间，进而辖域的长期性形成一种地方感。三种现实性的连接形成国家感、现实感和地方感互动和共构的城市基础性感觉结构和特征，在一定的阶段中三者权重关系不同也就形成总体感觉差异。国家感是形成现实感的基础和前提，当国家威权势弱时（比如清末民初时期），作为文化的国家感仍然存在，但地方感的位置上升（故当时"联省自治"是强烈呼声）。1928 年后，国民政府通过颁布全国性法律和加强科层制的管理重塑了国家感。国家感具有权威性、严肃性、急竣性和无刻不在，但由于它的抽象性在现实中不容易被感知和认识，往往在反对他国的各类行动中才直接凸显出来。现实感是践行下行政策和要求框架下地方城市之间竞争性的结果，处在这一树状框架下的群体有真切感知。地方感是领域感和归属感的转换，它更具体和可近，也是面对全球化、国家感和现实感可能压力下被特意强调或营造出来的状态，它常常处于被挪用、被利用的可能状态中。

　　从更大范畴上看，城市还存在于历史、自然和行动的关系之中，相近的一组关系是时间、空间和社会实践。历史或时间积淀是历时性过程，它的积累形成城市的历史感和记忆感。它的困境在于快速发展过程中，作为整体的历史发生突变，原有生活、工作空间的连续性断裂，新空间快速植入替代旧有空间肌理，旧有生活场景感转变（或被打扮）为片段化的（怀旧）碎片，用于视觉传播、假性体验和空间牟利。普遍的符号化、标本化，甚至是山寨化的历史样片并不能降低历史断裂的焦虑感和无根感。但历史确实存在，解决焦虑的可能性在于更深入认识历史的过程、矛盾冲突和各种细节（以史为鉴不见得可行，但增加了复杂性的感觉），不高度简单化（归纳化历史，比如把某地或某城的历史归纳为几大类）、抽象化历史、售卖化历史。认识地方历史的复杂性和深度才能获得一种在漫长历史时空中的存在感，文化自信是丰富历史认知基础上的结果。地方的自然和空间是共时性状态，它构成依恋感和领域感。它的困境在于现代化过程中对于自然的日渐疏远和人类再造了一个远离自然的"第二自然"。在"第二自然"中与其他地方的无差别状态消减了对城市的依恋感和领域感，城市逐渐成为生产"千篇一律多样性"的无差别地方，网络中的符号化传播加剧了这一程度。重新获得依恋感、领域感的路径在于通过身体的移动，去接触、观察、体验和思辨城市（第二自然）中多样的人和空间、去重新发现自然细微之处和山水之美。这应该是一个主体的主动性、自发性行为而不是被安排的、计划的动作——被异化的无感觉身体在具体的、鲜活的、自然的世界中重新获得真切的感觉。行动和社会实践是即时性的积累，它转换为存在感和认同感。只有经由无数的行动和具体实践，才能将主体社会化，主体在社会化过程中反观自身与他者的关系，才能够产生存在感——能否形成认同感在于其对所处群体关系的价值判断，否定性的判断形成隔离感和孤立感。

　　类似的讨论还以继续，还有一些更一般性的要素关系，比如城市中的生产力、生产关系和日常生活之间的分析。生产力迅猛发展促成时空关系变化，也形成时空感觉巨变，大卫·哈维指出的"时空压缩"感，它加快了日常生活的节奏和紧张感[9]；它也形成总体层面到城市空间内部的不均衡发展，构造了城市内部对比景观的强烈感受（比如一道墙内外的贫富悬殊对比）。生产力促进生产关系的重组和社会关系的重构，也就存在转变过程中的公平正义问题和带来的切身强烈感受。当代社会结构的转变对于人群，特别是底层人群的生活和感受有强烈影响。曼纽尔·卡斯特认为网络社会将形成严重社会极化，产生大量的非正规就业岗位，一般劳动力只能"分时上班""灵活就业"[10]；大卫·格雷伯认为物质丰盛的社会并没有产生大多数人都自由，而是生产了许多不创造社会价值的"狗屁工作"（Bullshit Jobs），绝大多数人认为自己做着无意义的工作[11]。处于不断变动之中的生产力和生产关系冲击着日常生活的状态，最底层和基础的获得感、幸福感和安全感存在于与个人最紧密相关的日常生活整体感受之中。

　　作为感觉基础性客体的城市处在加速变动的时代激流之中。城市建设越来越难于按照计划进行，越来越成为系统受动的一个部分。在这种普遍情况下，如何才能生产获得感、幸福感和安全感？前述谈到，价值认知是感觉的社会基础，从这个角度塑造价值观就成为关键的议题。它的问题在于抽象与具体之间不可避免的矛盾冲突。价值认知本来自于具体的生活世界，形成于琐碎、重复的日常生活中和社会实践当中，转变在社会交往过程和矛盾冲突中。相比较感觉，价值认知具有一种抽象性，因此也就更容易受到规训和各类媒体传播的影响甚至支配。或者说，感觉来自近身空间，而价值认知最开始来自于近身空间的思辨，但因其抽象性多种力量通过各种方式试图改变和形构由具体而来的价值认知。《史记·秦始皇本纪》中的"指鹿为马"是典型例子。鹿为真实感知，但"马"是在压力等作用下灌在真实状况下的词语和假性认知。当提出"马"的那一刻开始，整个事件就已经成为现实的一部分，也就成为感觉和认知的一部分。矛盾就在其中发生。感觉于是分裂成两种状态。一种产生于具体和鲜活的社会实践（"鹿"），一种来自被作用的价值认知（"马"），尽管两者在当代已经不容易析分清楚，进而有可能形成杂交品种，如"马鹿"或"鹿马"。

3　人民之城的空间策略探讨

在不确定性发展中生产地方的确定性是基本策略。这是现实的两难困境，却是必须实践的方向和路径。加入经济全球化、区域化是城市经济繁荣的必须，但全球化、区域化的经济和信息网络化给作为网络节点的城市带来高度不确定性——它越来越受制于外部的变动，像航行在无边暴风骤雨海洋里一只起伏的巨型邮轮，它的产业构成与形态、社会结构与职业状态、生活理念和价值观念都受到剧烈冲击。由于不断的变动（一种持续加速状态），对于未来没有一种可把握感，就如站立在变速弯道运行的公交车上抓不到把手一样，现代生活中的焦虑感就具有普遍性。在这一状态下，在不拒绝外部连接的前提下（封闭意味着死亡），生产地方的确定性，从内生角度、内在需求思考发展策略，是重新认识和实践的方向。或者说，从人的根本需要，从人的整体发展角度，而不是从经济发展与竞争的霸权角度思考发展策略。不忘初心，战略出发点不同就会带来具体战术的差异和结果的不同。"必须坚持以人民为中心的发展思想，把增进人民福祉、促进人的全面发展作为发展的出发点和落脚点，发展人民民主，维护社会公平正义，保障人民平等参与、平等发展权利，充分调动人民积极性、主动性、创造性。"❶

因此，人民之城的空间策略存在于一组组辩证且交互作用的矛盾之中，它的初心和根本目的在于"促进人的全面发展"。但伟大目的的实现需要落实到具体的、

---

❶《中共中央关于制定国民经济和社会发展第十三个五年规划的建议》（2015）。

细小的（空间）实践之中。它需要在生产空间的"大、巨大、超大"的过程中同时关注空间的"微小"，超巨大尺度的空间是某种强力追求某种目的的符号表征和内容装载，它往往对人有强压迫性和失去可感知的尺度；"微小"的（公共）空间容易照理，可以关怀，促进邻里之间、邂逅的人群之间交往交流，也就有可能产生某种安全感或归属感。从符号意义上讲，和日常生活更接近的微小空间内涵并不必然比超巨大空间简单，很可能恰恰相反，超巨大空间往往只是一个样子大的符号而内空无物，而微小公共空间由于鼓励、促发和容纳社会活动的可能性而丰富了城市的感知。微小公共空间不追随空间形式、不追随特定的功能，也不追随被分配的公共财政安排下的计划，它无定形、无固定功能，也不能由上而下地指定和安排（它要解除常规的城市规划的操作模式），它需要追随人群内在的需求——或者说，地方人群的自组织和实践是微小公共空间存在的根本前提。也就是说，生产微小公共空间的社会性工作远大于技术性的工作。另外，人民之城的空间策略需要在采取"大刀阔斧"的另一端实践小的、"精微的雕刻"（在社会性也在技术性方面），因为小的改动和人生的具体活动更加贴近。如面对山地地形如何在规划、建筑设计和建设过程中尽可能少、尽可能小削改地形，让新的地景与原山地地形贴近并彰显自然之美就是快速大规模建设中的空间策略之一，使人可以和之前状态贴近和有更细微的感知。这样的提倡词语上容易，实践上没有对土地的尊重和热爱就难以实行，进而落于空泛口号。空间的精微、细心、小动作处理是保证和保留某类（感觉）多样性的必要。

　　"在大中的小"和"在快中的慢"是一组相近关系，但"快"和"慢"强调时间性。"快"是现实状态，是感觉紧张的基本来源，生产获得感、幸福感和安全感空间策略的一种是生产"慢"。但怎么生产"空间的慢"是个问题。具有敏锐市场嗅觉的资本者已经提出各种"慢城"概念。它的基本空间模式是在一个可以快速接入（与区域、城市交通、信息网络的便捷连接）的圈地内，提供与"慢"相关的想象性消费项目，比如喝茶、划船、步行、禅修、瑜伽等。这种"慢"仍然是"快"的一种构成，本质上并无差别（同一种属性的空间），也不能经由这类的"慢"来获得安定感或满足感。"空间的慢"的基础是空间中保护、包容、鼓励多样性存在，进而使得某一主体可以穿越惯常的空间，在另一种差异属性的空间中停顿、体验、观察和感受，在感觉的对比中重新反观自己、认识自我，以获得认同或产生新的可能。比如一个白领暂时断掉办公室生活，在人声嘈杂的农贸市场里停顿、体验、观察和感受——去发现另外一种生活方式，不仅仅是为了去买鱼买肉。或者一个时间被作业完全占据的孩子可以暂时断掉这个进程，主动去美术馆、博物馆、街头书店里停顿、体验、观察、感受和反思，不是为完成学校的"课外作业"。从这个角度讲，城市对多样性的包容，是"空间的慢"的绝对必要条件。在不同的多样性空间中穿行是"在快中慢"的本义。

有人会反驳，现代社会分工在城市中体现得最明显，分工形成多样的状态！上面谈到的各种社会功能就是现代社会分工的结果。提出这样问题有一定的价值。日渐繁复的分工（包括科层制体系）是现代社会发展的特征之一，但深层困境在于它通过分工将人固定（Located）在特定的时间和空间点上。它根本不是形成多样状态，而是造成一个无比庞大的分割分隔状态，将每一人限制在特定的时空格子里，基层生产出来的信息树状般汇聚到少数人、少数机构，再由某些中枢节点将指令树状般向下传递要求执行。这是治理的根本秘密：使得局部不能认识整体，使得局部只能是局部，只能和相邻关系的局部产生被要求的连接（"效率导向"完成生产），进而失去反抗的力量，失去弗里德克·杰姆逊提出对于社会整体"认知图绘"的能力。[12] 面对这一境地，生产在"隔离中的连接"，促进人与人之间的交往和团结成为一种极重要的空间策略，是生产获得感、幸福感和安全感的"重要抓手"。近代的陈澹然说"不谋万世者不足谋一时，不谋全局者不足谋一域"就是试图突破眼前狭隘时空的限制，有更大视野的检讨和认知后再回到当下。从这个意义上说，首先突破当代知识体系中的学科边界（作为一种僵硬的"隔离"）就成为基本（空间）策略——现代权力的运行建构在现代的知识体系基础上（知识同样是空间的一部分构成）。但它既不可能也不应走极端路线，即提出"学科消解"的主张；而应是学科采取"改革"和"开放"的状态（不为保护学科利益而形成排拒和高筑边墙），主动伸出手去，通过学科之间的互动和连接，生产新的可能。在日常生活中，打断日复一日时空轨迹（打破时空隔离）并促进交往（形成连接）的空间是生产差异感觉的必要[13]。20世纪六七十年代，法国情境主义者曾经提出在城市中的"漂移""异轨"的策略[14]，这是将空间原有被指定的、计划的功能去能指化、去所指化，提倡行事者对空间使用的自主性，但只是"小乘"做法（但仍然具有指导现实的意义和价值）。

除了上述讨论的几重关系外，如"断裂中的重连""单一中的多样""人工中的自然""重新认识历史的复杂性"等都值得进一步讨论，是可能的空间策略指向，也是促进人的全面发展和生产获得感、幸福感和安全感的必要。可能的策略如何实践？面对复杂的外部世界，吴良镛先生提出"以问题为导向、复杂问题的有限求解、融贯的综合研究"的综合求解方法[15]。空间是一个复杂的构成，亨利·列斐伏尔指出，空间不是简单的物质形体，它具有形体属性，但形体只是复杂关系的表征，它存在于各种关系的矛盾冲突和各类博弈之中，存在于具体的社会实践之中[16]。或者说，空间是各种关系总和的表征，既抽象又具体，同时还具有某种能动性（惯性）。因此认识空间中的辩证关系是认识空间的要义和提出可能策略的前提。空间策略的提出基于对（空间）问题的认识，同样，空间感觉的生产是基于对空间问题、矛盾和辩证关系的认识。但感觉最基础的、最根本的仍然来自于身体经验，来自于身体在空间中的移动和感知，它是抵抗抽象霸权的一种必要路径。对于规划者而言，转身发现近距离的价值，阿伦特讲的"爱具体的人"❶，重新获得和恢复感觉的力量，也许是改变的开始。

---

❶　在 1963 年 7 月 20 日，阿伦特给索勒姆的信。

参考文献

[1] 齐美尔 G. 大都市与精神生活 [M]// 涯鸿，宇声，译 . 桥与门——齐美尔随笔集 . 上海：上海三联书店，1991.

[2] 林奇 K . 城市意象 [M]. 方益萍，何晓军，译 . 北京：华夏出版社，2001.

[3] 段义孚 . 无边的恐惧 [M]. 徐文宁，译 . 北京：北京大学出版社，2011：126、152.

[4] 狄更斯 G. 双城记 [M]. 宋兆霖，译 . 北京：作家出版社，2015.

[5] 波兹曼 N . 娱乐至死 [M]. 章艳，译 . 北京：中信出版社，2015.

[6] 雅各布斯 G. 城市与国家财富——经济生活的基本原则 [M]. 金洁，译 . 北京：中信出版社，2018.

[7] 杨宇振 . 危机应对：理解中国城市化与规划的第三种视角 [J]. 国际城市规划，2019, 34（4）：79-85.

[8] 吴毅 . 小镇喧嚣 [M]. 北京：生活·读书·新知三联书店，2018.

[9] 哈维 D. 后现代的状况——对文化变迁之缘起的探究 [M]. 阎嘉，译 . 北京：商务印书馆，2013.

[10] 卡斯特 M. 网络社会的崛起 [M]. 夏铸九，等译 . 北京：社会科学文献出版社，2006.

[11] GRAEBERD. Bullshit Jobs——A Theory[M]. Newyork：Simon & Schuster，2018.

[12] 詹明信 . 晚期资本主义的文化逻辑 [M]. 陈清侨，等译 . 北京：生活·读书·新知三联书店，2013.

[13] 杨宇振 . 空间、日常生活与危机：对中国城市空间四十年变迁的探究 [J]. 新建筑，2020（2）：5-9.

[14] 德波 J. 景观社会 [M]. 张新木，译 . 南京：南京大学出版社，2017.

[15] 吴良镛 . 人居环境科学导论 [M]. 北京：中国建筑工业出版社，2001：103-115.

[16] LEFEBVRE H. The Production of Space[M]. Oxford：Blackwell，1991.

黄建中，中国城市规划学会学术工作委员会副主任委员兼秘书长，同济大学建筑与城市规划学院教授、博士生导师

许燕婷，同济大学建筑与城市规划学院博士研究生

王兰，同济大学建筑与城市规划学院副院长、教授、博士生导师

王兰
许燕婷
黄建中

个体行为视角下建成环境对健康影响的研究进展 *

1 引言

快速工业化、土地无序扩张和经济导向的发展模式使得我国城市的土地利用、环境质量和居民生活方式等发生了巨大改变，引发一系列精神问题、肥胖和心血管疾病、糖尿病等患病率上升等健康问题[1]。为应对不利环境给人类健康带来的挑战，我国提出《"健康中国 2030"规划纲要》，倡导把健康融入城市规划、建设、治理的全过程。相比于传统的医学治疗方式，城市规划能够通过主动式干预建成环境影响健康，具有作用效果的长期性、社会成本的经济性、惠及人群的广泛性等多重优势[2]。因此，对于城市规划师而言，有必要了解土地利用、建筑和交通系统等建成环境要素对健康的作用路径，为规划管理与实施提供理论支撑。

建成环境指人类设计、构建的各种建筑物和功能场所，是与土地利用、交通系统和城市设计相关的一系列要素组合[3]。作为人们生活的空间载体，早期有关建成环境对个体健康影响的理论是基于生态学的"社会生态理论模型"，认为人类能够干预个体的生活方式、社区经济、场所、公园、街道等建成环境和空气、水土等自然环境多个层面因素促进健康[4]，但是该理论没有提出可供观察的具体分析变量，很难为研究者、城市建设者提供切实可行的研究方向和系统的干预手段。为此，Sallis 等提出了个体行为的积极生活（Active Living）生态模型，并提出了可进行测度的、可供观察的建成环境影响行为的空间要素清单，大大推动了建成环境对健康影响的研究[5]；Sarkar 等提出"城市健康位"（Urban Health Niche）

* 本文为国家社会科学基金重大项目（21ZDA107）的部分研究成果。

这一概念[6]，认为人体健康除了受到自身免疫力或遗传的影响，行为习惯、生活方式和城市邻里的自然环境、服务设施可达性和土地混合使用等建成环境因素的影响也是至关重要的；柴彦威等提出了"空间—行为互动理论"[7]，认为物质环境的认知、偏好等会影响人们暴露在多种要素共同构成的建成环境中，并最终影响个体健康。可以发现，已有的研究不仅关注建成环境中的空间要素对健康的直接影响，建成环境通过影响个体的出行偏好、生活模式等行为方式间接作用于健康逐渐受到关注。

　　健康城市系统包括城市系统健康和城市中的"人健康"，前者是将城市作为一个涉及空间、经济、环境和社会的复杂系统，强调城市功能运行的安全性和绿色生态；后者以个体行为和社区尺度为主，关注的是城市中人的绿色、低碳和积极运动的健康生活方式以及身体、精神、社会方面的良好状态[8]。同时，行为背景理论（Behavior Setting）认为行为的类型是由特定环境所提供的，应该根据人的行为表征探寻使用者行为需求与心理需求的人工或自然环境[9]。因此，本文基于个体行为视角，从行为方式和行为暴露两个方面总结当前研究中有关建成环境对身体、精神和社会方面影响的主要研究内容、方法和观点，最后提出未来有待进一步探讨的重点问题。

2　建成环境对行为方式及健康的影响

　　建成环境可通过影响人类的健康行为间接地作用于健康，总结已有文献发现建成环境作用于人们日常行为主要集中在三条路径：一是热量的摄入行为—饮食行为，居住在"食物沙漠"社区的居民容易患肥胖、心血管疾病和其他慢性病；二是热量的消耗行为—体力活动，重点关注居民日常的出行方式、中等强度的体力活动，适当的体力活动可以防治慢性疾病，并缓解焦虑、预防抑郁症等；三是社会适应行为—社会交往，邻里的配套设施、安全性能够激发居民产生更多信任和互惠的社会网络及互动，进而影响居民的心理健康。

2.1　居民饮食行为

　　随着城市生活水平的不断提高，人们在外就餐和购买加工食品日益普遍，已经成为居民能量摄入的重要来源，与饮食、营养相关的肥胖、超重和相关的慢性病逐渐成为公共卫生关注的重点问题之一。截至 2020 年，我国成人超重率达35.0%[9]。健康的饮食行为被视为超重和肥胖预防的基本策略，因此有必要进一步探索影响饮食行为的饮食环境特征进而塑造健康饮食行为。

　　饮食环境指的是与食物相关的人工建成环境,包含超市、快餐店、餐馆、便利店、菜市场等基础设施要素,常用可得性（Availability）、可达性（Accessibility）、可负担性（Affordability）、可接受性（Acceptability）和可适应性（Accommodation）等5个维度评价[10]。其中,超市、便利店数量等的可得性,以及居民食物供应场所是否便利等的可达性2个维度是与建成环境相关、影响人们饮食行为的主要特征,一般采用出行距离、设施密度、消费水平、某一特定类型食品店的人均数量、不健康食物与健康食物的比例、所有种类食物的比例或商铺内食品种类的丰富程度等指标评价。目前饮食环境的测量多采用GIS、手机定位和百度地图等客观测量为主,饮食行为主要是采用调查对象自报或由学校管理人员、学校医生、社区负责人或父母等他人代答的方式,采集数据包括食物的数量、结构和质量、次数和场所、个体的身高体重、腰高比、腰臀比等。绝大多数文献采用的是截面或混合截面设计,运用了逻辑回归、贝叶斯分层回归和泊松回归模型等数理统计分析方法,在控制年龄、性别、家庭收入水平和文化程度等社会人口学变量的影响下,分析建成环境的要素特征和有关疾病（与饮食行为密切相关）之间的关系。目前,相关研究主要关注零售环境与餐馆环境对饮食的影响。1996年,英国提出了评价社区食物零售环境的"食品沙漠"概念,指的是缺乏蔬菜、水果、全谷类食物、低脂食物等健康食品的零售场所,多存在于低收入社区及少数族裔社区等肥胖率较高的区域。西方文献普遍把超市和快餐店视为健康与不健康商铺的代表[11-14]。研究发现,超市的可达性、数量的增加能降低居民超重的风险,在步行范围内能获得种类丰富的食物有助于维持稳定的血糖水平[15-17],而快餐店的数量、快餐店与综合餐厅比值、外出就餐的次数等对超重、高血压、糖尿病等有相关的影响[18-21]。

　　近年来,有关建成环境对饮食行为的研究在国内外均呈现逐年增多的趋势,但因地理位置、研究设计以及测量方法等方面的不同,目前尚无一致结论。由于居民的饮食行为受到较为强烈的个体主观性、饮食偏好、获取饮食的出行方式等因素影响,加之测量方式的局限性,如基于实地距离测量的客观食物环境难以反映个体偏好和习惯、问卷调查饮食行为的做法缺乏效度等容易导致研究结果的混杂偏倚。未来应该增加纵向追踪、对照实验性、主客观相结合的研究方法,使用有信效度检验的量表,减少因主观回忆而产生的偏倚。同时,也可增加对不同类型的饮食环境、不同人群的研究,以减少研究结果的偏差。

2.2　日常体力活动

　　体力活动指由骨骼肌肉产生的需要消耗能量的身体动作,包括工作性、家务性、交通性、休闲性等活动,适当的体力活动被证明对人群身心健康具有促进作用,可以防治慢性疾病，并缓解焦虑、预防抑郁症等 [22, 23]。越来越多的证据表明，当今社会许多慢性病（例如肥胖、心血管疾病、中风和糖尿病等）的增长与日常生活中步行、骑行、体育锻炼等体力活动的减少关系密切 [24-26]。

　　当前有关建成环境对体力活动的文献较为丰富，多数实证研究通常是运用GPS、地理信息系统（GIS）等进行数据收集整理和空间分析，例如以居住地为圆心建立缓冲区（800 米或半英里被认为是研究步行出行的适宜距离），统计分析区域内的各项建成环境指标，并采用线性分析、偏最小二乘模型、结构方程模型、聚类分析、地理加权回归模型、梯度提升决策树等统计模型分析其与人群体力活动的水平、频率与次数之间的联系。研究发现，有关建成环境特征的测度指标逐渐由客观的、单一的向主观的、综合的更加多元化、全面性的转变。早期 Cervero等人提出密度、多样性、设计、目的地可达性和公交换乘距离的"5D"指标体系评价建成环境对人们日常活动的影响 [24]，鲁斐栋等从通达性和设计性两个方面分析建成环境对身体活动的影响 [25]，Pikora 等从功能、安全、美观和目的地四个方面分析环境要素对步行、骑自行车活动的影响 [26]，姜玉培等从空间的组织、格局和功能三个维度概括建成环境对体力活动的影响 [27]，而王兰等人从设施服务可达和空间感知愉悦感两个角度分析建成环境对体力活动的影响 [28]。

　　建成环境对居民日常进行的体力活动的影响可归纳为目的地的可达性和场所感知这两个关键要素。目的地可达性指的是非住宅性土地利用（如商店、公园、公交站等）的邻近程度，主要衡量一个目的地到另一个目的地所花费的时间、距离、金钱等 [20]，目的地的可达性越高意味着人们能够在越短的距离内满足出行目的，有助于居民采取步行、骑行等出行方式，提高体力活动的水平 [29]。研究表明，目的地的可达性与土地利用的密度和混合度、交通通达性等紧密联系。用地密度和功能混合程度越高，意味着人们能够在越短的距离内满足出行目的，有助于居民采取步行、骑行等出行方式，提高体力活动的水平 [29]。但过高的土地开发密度和混合利用程度容易造成车流量大、交通拥堵等问题，反而会抑制居民的体力活动 [31]。交通通达性指的是较高的街道连通性、交通性基础设施临近性，常用道路交叉口数量与密度、路网密度、街道长度、公交覆盖率、到地铁站的距离等指标进行评价。研究指出，邻里街道连通性越好，越靠近公交或地铁站点的居住小区，就越能增加人们选择步行 / 骑行通勤或出行的机会 [32]。另一方面，感知（Perception）作为"获得意识或理解知觉信息的过程"，是建成环境影响体力活动的重要中介 [33, 34]，人群在空间内的活动很大程度上受到空间感知体验的影响。当人们从实际场所中感知到的环境品质（如场地品质、景观绿化、建筑界面、街道家具等要素）而获得便利性、美观性、安全感、舒适感等感觉，会显著影响人们的休闲性体力活动；

而与犯罪、交通相关的安全要素感知会降低居民的交通性和休闲性活动水平。然而，建成环境的特征对邻里环境感知结果如恐惧感、安全感等的影响暂时没有统一的说法。"街道眼"理论认为较高密度、混合利用、紧凑布局的建成环境能够达到自然监控目的，减少犯罪活动，增强居民的安全感[35, 36]。而"防卫空间"理论认为人流集聚会产生更高的犯罪风险和不确定性，具有私密性、低密度、以居住功能为主的封闭空间才能更好激发非正式的监控机制[37]，人口集中、功能混合、道路通达的建成环境与暴力犯罪行为正相关[38, 39]。

目前体力活动已经被认为是联系建成环境与健康结果之间的关键中介要素，但往往忽视其他因素的间接影响，如混乱、缺乏凝聚力的社区可能会提高居民的生存压力，间接影响健康。同时，少量研究指出特定的建成环境特征指标的阈值与体力活动之间存在必然关联，但有些学者认为该指标可能只是代替了某个未被注意的或者不可观测的、潜在的变量。例如，一个拥有较高密度的社区通常可能同时具有土地使用功能混合程度高、小街区以及较为完善的公共交通服务体系等特征，故会激发更多休闲类出行活动。影响居民出行活动究竟是密度本身还是伴随密度而产生的其他变量，增加密度是否就可以促进体力活动，这些问题都还有待探索。

2.3 邻里社会交往

当前我国住房商品化、职住失衡、生活快节奏等多种因素瓦解了原有的以单位空间和业缘关系为基础的熟人社会网络，导致邻里间缺乏开展社会交往的机会，加剧了人们孤独、忧郁、压力等心理问题。研究表明，紧密的社会关系和频繁的社会交往能增加积极的情感体验与稳定感，提高居民生活满意度和社区凝聚力，进而促进居民的心理健康水平。

社会交往是指发生在物质环境中通过面对面地与他人或集体产生互动的社会行为，它是形成社会关系的一种中介，直接影响到居民的身心健康、行为规范、社交网络以及日常活动等[40, 41]。研究表明，从行为产生与环境的联系角度可将社会交往分为必要性、自发性和社会性活动[42]。必要性社会交往活动主要是以上班、上学、购物等为主，紧凑的土地开发、功能混合多样、通达性较高的路网、合理的设施布局能够增加居民之间进行更多非正式接触的机会[43, 44]，邻里绿地、广场等公共空间也发挥着促进人际互动的作用[45]；自发性与社会性交往活动是指散步、驻足、交谈和嬉戏等，具有较强的主观性和随意性特征。建成环境能够提供树木遮阴、遮阳棚、建筑挑檐等必要设施，降低对社交活动不利的环境影响，同时也能营造舒适的、令人愉悦及有意义的空间增加居民相互交往的意愿与契机，如休憩座椅、街道立面、社区角落、绿色景观和铺地材料的颜色、质地等。

　　在当前我国城市发展越来越关注居民健康生活品质的背景下，亟待探讨建成环境是否有助于增强社会交往来修复弱化的社会关系。然而，目前很少有研究试图将建筑环境、社会交往以及与抑郁、压力等心理健康直接联系起来，且三者之间的作用机理相对复杂。通常情况下，高人口密度能够促进居民社会交往的机会，有助于缓解消极情绪；但也有研究表明，人口密度超过一定范围往往意味着居住环境的拥挤，反而会加剧居民的焦虑。

3　建成环境对行为暴露及健康的影响

　　当居民进行日常活动时，不可避免地会暴露在交通事故风险、空气和噪声污染等不利于公众健康的环境中。研究表明，步行指数越高的区域空气污染程度越严重，故人们在进行体力活动的同时，也增加了居民暴露在空气污染物中的范围和强度。因此，有必要进一步考虑居民进行活动时所承受的环境暴露的影响，如空气污染、交通事故和噪声等。

3.1　交通事故的风险

　　随着城镇化与机动交通的快速发展，过度依赖小汽车的发展模式带来了城市交通流量与交通事故的快速增长，交通事故已超过艾滋病、肺结核、疟疾等疾病成为全球第八大致残因素[46]。当前，中国道路交通死亡人数一直高居世界首位，交通事故是导致过早死亡的第三大原因，交通安全形势日益严峻[47]。

　　现有关于交通事故的研究，常以行政单元、交通小区、普查单元等空间单元分析交通事故的空间集聚效应，而忽略了居民出行特征对交通事故的重要影响，导致交通事故驱动机理研究结论的单一性。为此，考虑个体出行所面临的交通速度、流量和冲突，城市道路设计和土地利用特征是影响个体出行活动的关键要素。首先，道路设计，如密度、等级、类型、交叉口形式和质量条件，与交通事故有关，主次干道的密度越高、道路交叉口越复杂、人行道损坏程度越严重均会加剧交通事故的产生[48-50]。其次，土地利用的强度和类型对交通事故有显著的影响。低密度、分散的土地利用引发了更高的交通速度与更多的机动车出行，造成了机动车、行人交通事故发生率增加[51-53]；而用地类型多样、功能混合的区域能够吸引交通流量和行人活动，导致机动车与行人、自行车交通冲突的概率更高。有研究指出，商业和居住用地的混合模式会增加行人交通事故[54]，城市紧凑指数每增加 1%，交通事故减少 1.49%，行人交通事故降低 1.47%[55]。而单一的用地类型对交通事故发生率的影响尚未有一致的结论，有学者认为居住用地具有较低的交通速度，在工作时间内行人流量较少，故发生交通事故的风险较低，但有部分学者认为居住用地的人口密集，增加了通勤时间以外居住区内部的行人流量，提升了行人与自行车交通事故的风险[56, 57]；有学者认为教育用地会带来集中的交通流量和交通事故风险暴露，而其他学者认为教育用地会采取交通限速管理，降低机动车与行人的交通事故风险[58, 59]。

可以发现，现有研究侧重于分析建成环境中土地利用的功能结构特征，如类型、强度、形态和模式等与交通事故的关系，而探讨城市土地利用与交通需求的关系及其所产生的交通流量时空分布对个体出行方式和交通事故的影响的研究相对匮乏。未来有必要从个体出行行为的视角深入解析城市土地利用对交通事故的作用机理，并以此为基础构建一套交通安全导向的城市土地利用模式。

3.2　空气、噪声污染暴露的威胁

空气、噪声污染暴露对人们造成的健康风险具有危害大、难控制和长期性、广泛性等多重特点，已成为影响公众健康不可忽视的重要因素。相关研究表明，长期暴露在 PM10、NO_x 等空气污染物和噪声中易引发心血管疾病、呼吸系统疾病、心理焦虑等[60]。

就空气污染而言，目前有关污染暴露与健康的研究集中在两条路径上：一是将污染暴露与健康直接地联系起来，分析污染的强度和空间分布情况对疾病发病率与死亡率的影响；二是基于剂量—效应关系研究个体所承受的污染暴露对健康的影响。实际上，人类活动影响污染暴露的时间、地点和程度，建成环境作为个体日常行为活动的重要载体，对行为活动模式的影响起着关键作用，却鲜有研究在微观层面上将建成环境与个体污染暴露联系起来。

土地利用和空间形态能够通过减少空气污染物的产生、浓度及空间分布情况的作用来减少居民所承受的污染暴露水平。首先，土地利用的类型、强度和混合度能够影响空气污染的分布与浓度。工业用地、道路交通用地等往往是具有污染风险的用地类型，而绿地和开放空间能够净化空气、固碳释氧、降噪及产生空气负离子等[61, 62]，且绿色空间的数量越多、分布越均衡，效果越显著。有研究指出，道路密度越高、距离主干道越近，空气颗粒物浓度越高[63, 64]，故为了降低人群的污染暴露度可在机动交通繁忙的路段或者工业用地设置分隔绿带。与此同时，适度的土地开发强度和混合度能够让居民在步行和骑行范围内解决交通需求，也有利于降低机动车的污染排放[65]。而建成环境的空间形态特征，如绿地与开放空间的覆盖率、建筑高度、街谷气流的存在等，会改变空气污染物在空间上的分布情况，

这直接导致居民暴露在不同浓度的污染环境中。也有研究发现，街道宽度、长度及两侧建筑高度会产生微气候，改变局部风力，影响污染物扩散、稀释。如王纪武等人发现在街谷近地处接近行人的呼吸高度附近区域的污染浓度最高[66]；久保田哲等人发现街区建筑密度越高，内部风速越小，污染物浓度越高[67]。

尽管噪声与健康之间的联系已经明确，但大部分研究主要聚焦于道路交通噪声对人体听力功能的影响，较少考虑噪声对个体身体、心理健康的影响。当前对噪声与健康的研究是公共卫生相关学科中一个快速增长的领域，未来可能需要结合临床医学的纵向证据推动这一领域的发展。

4　需要进一步关注的重点议题

前文基于个体的行为方式和行为暴露两个方面总结当前研究中有关建成环境对健康影响的主要研究内容。可以发现，建成环境对居民日常行为和环境暴露的作用机理相对复杂，且均受到强烈的个体主观性、行为偏好等因素影响，有关建成环境对健康影响尚未有统一的、标准的分析框架。比如，邻里步行友好能促进居民的体力活动和邻里交流的机会，但也增加了居民选择就近不利于健康的食物可能性。影响居民健康究竟是街道设施布局本身还是伴随街道设施而产生的其他变量，街道设施影响的是体力活动、邻里交往还是居民的饮食行为。与此同时，居民在进行大量体力活动的同时，也可能会暴露在更高浓度的污染之中，增加了其在交通事故、噪声以及污染环境之中的风险，这是否真正促进公众健康等，这些问题有待探索。因此，未来需要重点关注个体层面建成环境对健康的影响，考虑个体的异质性，通过多学科融合创新深入研究建成环境对健康影响的综合效应。

4.1　深入研究建成环境的综合健康效应

由上可知，已有大量研究探索了建成环境与体力活动、社会交往、身心健康等的关系，但目前没有切实的证据和统一的结论支持改善建成环境能够促进健康，这是因为建成环境对个体健康的影响是复杂的，存在多条路径的累积综合效应。首先，建成环境要素本身对健康的影响就可能是多维度且相互矛盾的，建成环境特征对身体、心理等不同维度的健康影响不同，同样的建成环境要素可能有利于心理健康，但有可能不利于身体健康；其次，已有研究大多关注建成环境对健康影响的直接联系，而忽视了建成环境作用于健康的中介路径，尤其是当多重中介作用相互抵消时，无法观测到不显著的总效应，当然这并不意味着建成环境对健康没有影响；再次，建成环境的作用路径仍是一个"黑箱"，无法解释两者间是否存在因果关系以及因果的方向性，如 Gascon 等人在研究绿色空间对居民健康的影响时，尚不明晰绿色空间究竟主要是作用于体力活动，还是降低了污染，或是减少了压力[68]。因此，有必要更全面地检验建成环境到底通过哪些路径作用于健康，对深入理解建成环境与居民健康的关系具有重要意义。

4.2　鼓励多学科融合创新研究技术手段

建成环境是城乡规划、建筑、地理、交通、公共管理与服务等学科普遍关注的对象，然而正是由于切入点的多样化，建成环境的研究视角和理论探索一直具有较为明显的碎片化特征。由前文可知，已有研究多数是基于居住地或行政单元等静态地理背景研究环境暴露带来的健康风险，而对居民日常出行活动过程中所经历的自然环境、建成环境、社会人文环境等多方面环境暴露水平及其对不同维度健康的影响缺乏综合分析。尽管部分研究是通过问卷调研或仪器收集个体行为活动信息的方式，但由于与空间之间的关系非常复杂，容易忽略潜在风险群体和风险因素之间的交互作用而导致研究结论存在片面性。

随着行为地理学、时间地理学和健康地理学的不断发展，未来有必要开展以个体行为的解读为基础，结合活动日志、GPS 轨迹、ICTC、手机信号轨迹等数据手段清晰地刻画个体在微观空间中的环境暴露情况，解决以往研究中忽略潜在风险群体和风险因素导致的健康问题。同时，也可借鉴生态学、社会学等学科知识开展田野调查、自然实验等，如脑电波、VR 虚拟实验、搬迁研究、环境干预评估等来弥补纵向研究的不足，从而提高研究设计的科学性。

4.3　关注个体的异质性提高解释力

有关建成环境对个体行为或环境暴露的测量与结果难以存在一致性，尽管一些学者尝试对建成环境要素变量进行标准化，但仍旧无法避免低估人与空间多样性的弊端，主要有三个原因。首先，我国与西方国家的制度环境、文化背景及行为偏好等的不同造成了城市空间形态、土地利用等的差异，因而建成环境对个体健康影响的路径不完全相同，如在欧美国家高密度的土地利用能够降低体重增加，但在我国提高土地利用密度却增加了超重概率。其次，不同年龄段的社会经历、生活方式和健康状况的差异性造成了个体对建成环境反映效果的不同。陈菲等发现家庭拥有小孩的居民休闲体力活动主要受到家庭事务的影响，而受到建成环境的影响相对较小[69]；林杰等人发现 37 岁以下的人群所居住的社区与公交站点的距离越远，居民主观幸福感越低，而 37 岁以上的人群所居住的社区与公交站点的距离越远，居民主观幸福感却越高[70]。最后，个体的健康态度会显著地影响建成环境与健康之间的关系。比如，重视健康的居民会选择居住在可步行性较高的社区，这导致了研究中观测到的这一类社区居民更健康，但可能并不是或不完全是社区建成环境作用的结果，而是个人重视健康的结果。因此，有必要考虑建成环境影响健康的年龄、人群和个体偏好等方面的异质性。

5　结语

当前我国城市空间正处于功能转型与重构的关键阶段，本文从个体的行为方式和行为暴露两个方面分析了当前研究中有关建成环境对身体、精神和社会方面影响的主要研究内容，认为目前已有多数实证研究仍停留在片段式地分析建成环境对个体行为的影响，较少考虑建成环境对健康影响的多重效应。已有研究在探讨建成环境与心理健康的关系时，侧重于社会交往的路径，但在探讨建成环境与身体健康的关系时，主要基于体力活动的中介路径，而较少考虑社会交往对身体健康的影响。与此同时，虽部分研究开始关注在个体出行活动时的污染暴露、交通事故、热岛效应等其他环境因素造成的健康效应，但还有待进一步挖掘。当前有关健康城市的研究逐渐涌现出以"活动与出行"作为切入点分析建成环境对健康的影响，未来有必要构建"以人的行为为中心"的自然环境、建成环境和社会环境等多个方面的环境暴露体系以及包含生理、心理和社会健康等多个维度的健康评价体系，进一步将环境暴露的健康效应及作用机制的研究向城乡规划学、健康地理学、环境暴露学、时间地理学、行为地理学等多学科交叉融合扩展。

参考文献

[1] Chen J，Chen S，Landry P F，et al. How Dynamics of Urbanization Affect Physical and Mental Health in Urban China. [J].The China Quarterly，2014，220：988-1011.

[2] Gibson J M，Rodriguez D，Dennerlein T，et al. Predicting urban design effects on physical activity and public health：A case study[J]. Health & Place，2015，35（9）：79-84.

[3] Handy S L，Boarnet M G，Ewing R，et al. How the Built Environment Affects Physical Activity：Views from Urban Planning[J]. American Journal of Preventive Medicine，2002，23（2，Supplement 1）：64-73.

[4] MCLEROYKR，BIBEAUD，STECKLERA，et al. An ecological perspective on health promotion programs[J]. Health Education Quarterly，1988，15：351-377.

[5] SALLISJF，BAUMANA，PRATTM. Environmental and policy interventions to promote physical activity[J]. American Journal of Preventive Medicine，1998，15（4）：379-397.

[6] Sarkar C，Webster C. Healthy cities of tomorrow：The case for large scale built environment- health studies[J]. Journal of Urban Health，2017，94（1）：1-16.

[7] 柴彦威，谭一洺，申悦，等. 空间——行为互动理论构建的基本思路 [J]. 地理研究，2017，36（10）：1959-1970.

[8] 杨春，谭少华，李梅梅，等. 健康城市主动式规划干预途径研究 [J/OL]. 城市规划：1-16. [2022-05-29].

[9] 中国新闻网. 最新国民体质监测公报：成年人超重率达 35%！ [EB/OL]. （2021-12-30）. https：// baijiahao.baidu.com/s?id=1720552835676119172&wfr=spider&for=pc.

[10] 段银娟，李立明，吕筠. 社区建成环境与居民身体活动及饮食行为的关联研究进展 [J]. 中华流行病学杂志，2019，40（4）：475-480.

[11] Mckinnon R A，Reedy J，Morrissette M A，et al. Measures of the Food Environment[J]. Any Architecture New York，2009（14）：62-65.

[12] Gustafson A，Lewis s，Perkins s，et al. Neighbourhood and consumer food environment is associated with dietary intakeamong Supplemental Nutrition Assistance Program（SNAP）participants in Fayette County，Kentucky[J]. Public Health Nutr，2013，16（7）：1229-1237.

[13] ZENK S N，LACHANCE LL，SCHULZ A J，et al. Neighborhood retail food environment and fruit and vegetable intake in a multiethnic urban population[J]. Am J Health Promot，2009，23（4）：255-264.

[14] ROSE D，RICHARDS R. Food store access and household fruit and vegetable use among participants in the US Food Stamp Program [J]. Public Health Nutr，2004，7（8）：1081-1088.

[15] Michimi A，Wimberly M C . Associations of supermarket accessibility with obesity and fruit and vegetable consumption in the conterminous United States[J]. International Journal of Health Geographics，2010，9（1）：49-49.

[16] Laraia B A，Siega-Riz A M，Kaufman J S，et al. Proximity of supermarkets is positively associated with diet quality index for pregnancy[J]. Preventive Medicine，2004，39（5）：869-875.

[17] Arleen，F，Brown，et al. The Neighborhood Food Resource Environment and the Health of Residents with Chronic Conditions[J]. Journal of General Internal Medicine，2008.

[18] GIBSON D M. The neighborhood food environment and adult weight status：estimates from longitudinal data[J]. A J Public Health，2011，101（1）：7178.

[19] MELLOR J M, DOLAN C B, RAPOPORT R B.Child body mass index, obesity, and proximity to fast food restaurants[J]. IntJ Pediat Obes, 2011, 6（1）: 60-68.

[20] XU H, SHORT S E, LIU T. Dynamic relations between fast food restaurant and body weight status: a longitudinal and multilevel analysis of Chinese adults[J]. J Epidemiol Community Health,2013,67（3）: 271-279.

[21] Dinour L M, Bergen D, Yeh M C . The Food Insecurity-Obesity Paradox: A Review of the Literature and the Role Food Stamps May Play[J]. Journal of the American Dietetic Association,2007,107（11）: 1952-1961.

[22] US Department of Health and Human Services. Physical Activity and Health: A Report of the Surgeon General[Z]. Atlanta, GA: U.S. Department of Health and Human Services & Centers for Disease Control and Prevention, 1996.

[23] Boarnet M G. Planning's Role in Building Healthy Cities: An Introduction to the Special Issue[J]. Journal of the American Planning Association, 2006, 72（1）: 5-9.

[24] Cervero R, Kockelman K. Travel Demand and the 3Ds: Density, Diversity, and Design[J]. Transportation Research Part D: Transport and Environment, 1997, 2（3）: 199-219.

[25] 鲁斐栋，谭少华 . 建成环境对体力活动的影响研究: 进展与思考 [J]. 国际城市规划, 2015（2）: 9.

[26] Pikora T, Giles-Corti B, Bull F, et al. Developing a Framework for Assessment of the Environmental Determinants of Walking and Cycling[J]. Social Science & Medicine, 2003, 56（8）: 1693-1703.

[27] 姜玉培，甄峰，王文文，等 . 城市建成环境对居民身体活动的影响研究进展与启示 [J]. 地理科学进展, 2019, 38（3）: 13.

[28] 王兰，杜怡锐 . 建成环境对体力活动的影响研究进展 [J]. 科技导报, 2020, 38（7）: 8.

[29] Handy S, Cao X, Mokhtarian P. Correlation or causality between the built environment and travel behavior[J]. Transportation Research Part D: Transport and Environment, 2005, 10（6）: 427-444.

[30] Handy S L, Cao X, Mokhtarian P. Correlation or Causality Between the Built Environment and Travel Behavior? Evidence from Northern California[J]. Transportation Research Part D, 2005, 10（6）: 427-444.

[31] H E I N E N E, V A N W E E B, M A A T K . Commuting by bicycle: An overview of the literature[J]. Transport Reviews, 2010, 30（1）: 59-96.

[32] WEN L M, KITE J, RISSEL C. Is there a role for workplaces in reducing employees' driving to work? Findings from a cross-sectional survey from inner-west Sydney, Australia[J]. BMC Public Health, 2010, 10: 50-56.

[33] Akpinar A, Cankurt M. How are characteristics of urban green space related to levels of physical activity: Examining the links[J]. Indoor and Built Environment, 2017, 26（8）: 1091-1101.

[34] Yin L. Street level urban design qualities for walkability: Combining 2D and 3D GIS measures[J]. Computers, Environment and Urban Systems, 2017, 64: 288-296.

[35] Xu Bing, He Yaoxuan. An overview of studies on the relationship between residential spatial form and crime in the United Kingdom: The quantitative analysis method based on space syntax[J]. City Planning Review, 2014, 38（10）: 91-94.

[36] Hong J, Chen C. The role of the built environment on perceived safety from crime and walking: Examining direct and indirect impacts[J]. Transportation, 2014, 41（6）: 1171-1185.

[37] Newman O. Defensible Space：Crime Prevention through Urban Design[M]. New York：Macmillan，1972.

[38] Schweitzer J H，Kim J W，Mackin J R. The impact of the built environment on crime and fear of crime in urban neighborhoods[J]. Journal of Urban Technology，1999，6（3）：59–73.

[39] Foster S，Wood L，Christian H，et al. Planning safer suburbs：Do changes in the built environment influence residents' perceptions of crime risk?[J]. Social Science & Medicine，2013，97：87–94.

[40] Dyck D V，Cerin E，Conway T L，et al. Perceived neighborhood environmental attributes associated with adults' leisure–time physical activity：Findings from Belgium，Australia and the USA[J]. Health & Place，2013，19（1）：59–68.

[41] 扬·盖尔. 交往与空间 [M]. 何人可，译. 北京：中国建筑工业出版社，2002.

[42] Gehl J . Life Between Buildings：Using Public Space[M]. Island Press，1987.

[43] Rothman L，To T，Buliung R，et al. Influence of social and built environment features on children walking to school：An observational study[J]. Preventive Medicine，2013，60（1）：10–15.

[44] 蒋雨芊. 生活性街道建成环境对社会交往活动的影响研究 [D]. 哈尔滨：哈尔滨工业大学，2020.

[45] Rasidi M H，Jamirsah N，Said I. Urban Green Space Design Affects Urban Residents' Social Interaction[J]. Procedia–Social and Behavioral Sciences，2012，68：464–480.

[46] Giles–Corti B，Vernez–Moudon A，Reis R，et al. City planning and population health：A global challenge[J]. Lancet，2016，388：2912–2924.

[47] 贺宜，杨鑫炜，吴兵，等. 中美交通事故数据统计方法比较研究 [J]. 交通信息与安全，2018，36（1）：1–9.

[48] Ukkusuri S，Miranda– Moreno L F，Ramadurai G，et al. The role of built environment on pedestrian crash frequency[J]. Safety Science，2012，50（4）：1141–1151.

[49] De Guevara F L，Washington S P，Oh J. Forecasting crashes at the planning level：Simultaneous negative binomial crash model applied in Tucson，Arizona[J]. Transportation Research Record，2004，1897（1）：191–199.

[50] Jiao J，Moudon A V，Li Y. Locations with frequent pedestrian vehicle collisions：Their transportation and neighborhood environment characteristics in Seattle and King County，Washington[M]. Berlin，Heidelberg：Springer，2013.

[51] Yamashita，Kim K，Pant P. Accidents and accessibility：Measuring the influences of demographic and land use variables in Honolulu,Hawaii[J]. Transportation Research Record,2010,2147（2）：9–17.

[52] Ewing R，Hamidi S，Grace J B. Urban sprawl as a risk factor in motor vehicle crashes[J]. Urban Studies，2016，53（2）：247–266.

[53] Ewing R，Schieber R A，Zegeer C V. Urban sprawl as a risk factor in motor vehicle occupant and pedestrian fatalities[J]. American Journal of Public Health，2003，93（9）：1541–1545.

[54] Yu C，Zhu X. Planning for safe schools：Impacts of school siting and surrounding environments on traffic safety[J]. Journal of Planning Education and Research，2016，36（4）：476–486.

[55] Moudon A V，Lin L，Jiao J，et al. The risk of pedestrian injury and fatality in collisions with motor vehicles，a social ecological study of state routes and city streets in King County，Washington[J]. Accident Analysis and Prevention，2011，43（1）：11–24.

[56] Pulugurtha S S，Duddu V R，Kotagiri Y. Traffic analysis zone level crash estimation models based on land use characteristics[J]. Accident Analysis and Prevention，2013，50（6）：678–687.

[57] Siddiqui C，Abdel- Aty M，Choi K. Macroscopic spatial analysis of pedestrian and bicycle crashes[J]. Accident Analysis and Prevention, 2012, 45（3）: 382-391.

[58] Brook, R. D . Air pollution and cardiovascular disease：a statement for healthcare professionals from the Expert Panel on Population and Prevention Science of the American Heart Association[J]. Circulation, 2004, 109（21）: 2655-2671.

[59] 侯芳，赵文慧，李志忠，等 . 北京市城区不同等级道路网对可吸入颗粒物的浓度影响研究 [J]. 测绘科学，2012, 37（5）: 135-137.

[60] Heimann D，Clemente M，Elampe E，et al. Air Pollution, Traffic Noise and Related Health Effects in the Alpine Space：ALPNAP；A Guide for Authorities and Consulters[M]. Università degli studi di Trento, 2007.

[61] 肖玉，王硕，李娜，等 . 北京城市绿地对大气 PM2.5 的削减作用 [J]. 资源科学，2015, 37（6）: 1149-1155.

[62] 刘姝宇，徐雷 . 德国居住区规划针对城市气候问题的应对策略 [J]. 建筑学报，2010（8）: 20-23.

[63] 陈刚才，潘纯珍，杨清玲，等 . 重庆市主城区交通干道空气污染特征分析 [J]. 地球与环境，2004, 32（3）: 59-62.

[64] 翁锡全，张莹，林文弢 . 城市化进程中居民体力活动变化及其对健康的影响 [J]. 体育与科学，2014, 35（1）: 35-40.

[65] 丁沃沃，胡友培，窦平平 . 城市形态与城市微气候的关联性研究 [J]. 建筑学报，2012（7）: 16-21.

[66] 王纪武，王炜 . 城市街道峡谷空间形态及其污染物扩散研究——以杭州市中山路为例 [J]. 城市规划，2010（12）: 57-63.

[67] Kubota T，Miura M，Tominaga Y，et al. Wind Tunnel Tests on the Relationship Between Building Density and Pedestrian-level Wind Velocity：Development of Guidelines for Realizing Acceptable Wind Environment in Residential Neighborhoods[J]. Building & Environment, 2008, 43（10）: 1699-1708.

[68] Gascon M，Triguero-Mas M，Martinez D，et al. Residential green spaces and mortality：A systematic review[J]. Environment International, 2016, 86: 60-67.

[69] 陈菲，周素红，张琳 . 生命周期视角下建成环境对居民休闲体力活动的影响 [J]. 世界地理研究，2019, 28（5）: 106-117.

[70] 林杰，孙斌栋 . 建成环境对城市居民主观幸福感的影响——来自中国劳动力动态调查的证据 [J]. 城市发展研究，2017, 24（12）: 69-75.

汪芳，中国城市规划学会学术工作委员会委员，北京大学建筑与景观设计学院教授、NSFC-DFG 中德中心城镇化与地方性合作小组中方组长

章佳茵，北京大学建筑与景观设计学院硕士研究生

雷凯宇，陕西省榆林市造林绿化服务中心助理工程师，北京大学建筑与景观设计学院硕士

汪芳
章佳茵
雷凯宇

现代适应中传统民居自组织更新研究：以陕西榆林卫城四合院为例 *

传统民居产生于特定的物质环境和社会条件背景下，它们既反映了当地不同时期传统民居的空间组织方式、建造结构、方法和技术，也反映了不同时代的民俗文化、审美情趣、宗教信仰、政治制度、经济水平、生产方式等 [1]，与环境相协调，是当地地方性的重要反映 [2]。环境变化过程中，以人类为主体的居住系统存在着适应性调整 [3]。从城市发展的角度来看，社会的快速变化会导致居住环境的快速变化 [4]。随着社会现代化和快速城镇化，传统民居的变迁不同于农业社会时期的缓慢演变，显得迅猛而强烈。因此，通过研究传统民居的更新过程，分析其现代适应过程中动态变迁的深层动力，能认识到同时期经济社会的发展状况以及由此引发的社会文化转变，进而预测对后续发展的影响。本文讨论陕西榆林卫城四合院民居在社会现代化发展中的更新过程，反映 1949 年以来当地居民生活、经济、文化各方面的变化和影响机制，为传统民居的保护开发提供参考依据。

1 自组织视角下的传统民居演变更新

1.1 传统民居更新演变的相关研究

传统民居因自然环境和历史背景的多样性受到广泛的关注，其更新演变的相关研究主要围绕民居演变过程和特点、民居演变原因和作用机制及演变中的可持续发展与保护等方面。民居演变过程和特点的研究主要从民居建筑形态、空间、

* 国家自然科学基金重点项目（编号 52130804）、NSFC-DFG 中德合作研究小组项目（中德科学中心，编号 GZ1457）。

形制、材料、装饰构件等方面展开，对传统和当代民居案例进行历时性研究[5]，总结民居建筑从传统到现代的变化[6]和主要演变特点[7]。在民居演变的过程中，其现代适应随着不同的文化过程发生，包括居民生计模式的转变[8]、社会结构和日常生活实践[9]、民俗信仰和礼制[10]等。

民居演变原因及作用机制的研究从不同尺度的空间背景切入。如放眼城市尺度，有关研究从城镇化[11]，城市风格[12]等角度研究其对民居建造和演变的影响；在地区尺度，传统农业生态系统的改变[13]，社会政治体制变化[14]，农村土地利用政策与管理[15]都被视为演变的影响因素；关注建筑尺度，大部分从建筑形制选择和居住空间安排[16]，外来材料、技术和方法[17]，建筑"风水"文化[18]等层面研究传统民居演变机制；关注微观个体尺度，居民社会文化和经济[19]，家庭结构变化、城镇人口增长、封建礼教式微、宗族意识淡化和审美情趣的转变等[10]都被考虑为传统民居演变的影响因素。

可以看出，对传统民居更新演变的研究多从建筑、文化、空间、景观等单一角度展开，缺少系统综合性的视角。传统民居的建筑身份在传统生活中的意义是重要的和可理解的[20]，民居建筑特征是乡土景观的重要组成部分[21]，而演变过程中体现的环境适应性也具有一定的价值，这引发了对传统民居可持续发展的思考。传统和生活方式、当地气候和景观[22]以及更大范围的城市化都会影响民居演变中的可持续性，应以可持续发展规划为出发点进行规划[23]，使民居在宜居化更新的同时地方性特色也得到延续。

1.2 自组织理论及其在传统民居演变中的应用

自组织理论主要研究在没有外界特定干涉的条件下，系统自行组织、创生和演化并获得空间、时间或功能的结构过程[24]，与组织动力来自系统外部的他组织相对应，且任何系统的组织过程都是自下而上的自组织和自上而下的他组织两种因素、两种方式对立统一的过程[25]。自组织蕴含着系统从混沌无序的初始状态向稳定有序的状态演化的过程和特征规律，其中，耗散结构理论建构了系统有序性变化所需的条件及如何创造条件的方法论体系[26]，远离平衡态、系统开放、系统内不同要素间的非线性作用机制、系统存在涨落是耗散结构出现的四个基本条件[27]。竞争与协同是系统保持自组织活力的动力机制，主要探索系统内部各要素之间的影响、合作、干扰和制约，推动系统演变为有序状态[28]。突变论主要研究系统在达到临界阈值时所发生的突然变化现象[29]，提供了推动自组织演化的解决途径。

在自组织理论中，耗散结构有关原理是判断民居系统演变是否具有自组织特征的重要依据，而民居系统是一个包含建筑、人、社会关系、支撑条件的复杂系统，系统内部要素间的竞争协同作用是推动其自组织演变、形成有序结构的主要动力。同时，传统民居在现代化背景下的快速演变，可以看作一种突变的社会现象，突变理论能为我们提供一种认识民居演变方式的途径。因此，本文结合自组织理论研究榆林卫城民居的演变历程，主要应用耗散结构理论、协同学理论和突变论，从居民、社会关系、居住环境和支撑条件四个角度对传统民居的演变进行系统阐述，并基于此归纳出榆林卫城民居的自组织演变机制，旨在拓展民居演变的研究视角。

2 研究设计

2.1 研究对象

榆林卫城在今陕西省榆林市内（图1），位于黄土高原和毛乌素沙地交界处，是陕、甘、宁、蒙、晋五省区交界地，受地理、气候等自然条件和移民文化交流交融影响，表现出一定的地域特征，是榆林历史文化名城的核心组成部分。其整体格局以大街为主要轴线，两侧布设各类公共建筑，垂直大街、二街形成主要巷道和四合院民居[30]。榆林卫城四合院大多建于明清时期。1949年以后，随着经济社会的发展和城镇化进程的加快，大量四合院民居被拆除改造，这其中有政府主导的出于城市建设和"保护性开发"为目的的拆改行为，但更普遍的是由居民的自发改造行为所导致，使得榆林卫城四合院民居成为以自组织视角研究民居演变的较好案例。本研究采取最大差异抽样方式进行调研对象的选取，根据榆林卫城四合院民居的保存现状，分别选择保存较为完好、经过局部改造、彻底拆除重建

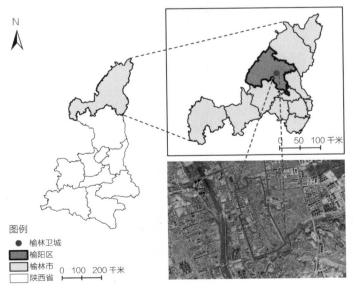

图1 榆林卫城区位图

和仿古翻建四个类型的民居作为研究样本，以便使得出的研究结果最大限度地覆盖研究现象的各种情况。

2.2　研究数据与方法

本研究主要通过文献查阅、摄影、观察和深度访谈的方法获取相关数据，分析榆林卫城四合院民居的演变过程。其中，深度访谈是最主要的信息收集方式，均以录音方式进行记录。访谈对象共 45 人，主要为房屋产权所有者，这一群体年龄普遍偏大，因现居住在古城的房屋产权所有者本身就集中于中老年人，他们或因经济状况不好无法搬离，或因久居此地归属感较强而不愿搬迁，对民居演变的过程较为清楚。由于本研究收集的信息范围较广，采取关键词提问的形式引导受访者自己展开叙述，采访提问主要集中于居民、社会、建筑与空间、公共服务设施几个方面（表 1），且存在相互作用和关联，收集的信息可作相互补充和扩展。

访谈中涉及的关键词　　　　　　　　　表 1

类别	关键词
居民	1. 产权（产权所有者、公房租赁人、一般租户） 2. 居住年限（多少年） 3. 居住需求（改造房屋的原因）
社会	1. 相关政策法规的影响（有无影响，产生怎样的影响） 2. 经济（家庭经济变迁） 3. 家庭（成员变迁及原因） 4. 邻里关系（邻里关系演变、影响等） 5. 文化（生活方式、生产方式、民俗信仰、审美情趣、"风水"观念等变迁）
建筑与空间	1. 改造时间（大时间节点以及改造次数） 2. 改造方式、材料 3. 建筑空间功能变迁 4. 公共空间变迁（交往空间、休闲场所等）
公共服务设施	1. 上下水、天然气等（是否具备、何时具备、为何不具备等） 2. 公厕使用（院内公厕、市政公厕）

3　榆林卫城四合院民居的自组织更新过程

3.1　榆林卫城四合院民居演变的自组织特征

榆林卫城民居系统作为包含居民—社会关系—居住环境—支撑条件为一体的复杂综合体系，在 2010 年以前其更新主要源自居民自发地依据生活经验和地方经验对居住环境进行调整和完善，改造资金主要依靠居民自筹，在这期间大量民居已经发生变化，且历时较长。因此可以将该地民居的更新看作没有经过外界特定干涉的过程，民居系统满足成为自组织系统的前提条件。

通过耗散结构理论来判断[31]，榆林卫城民居系统与外界持续进行着人口、物质、信息、资金等各个方面的交换，民居自发改造的参与人员、建造规则、营建过程、建成形式也是开放的，可以视为一个开放系统；榆林卫城是老城区，与城市新开发区域中新建住宅区的不平衡发展刺激和促使老城区民居发生演变，内部每个家庭经济情况、家庭结构、居住面积、房屋朝向等差异也造成了系统的不平衡态；1949年以来，子系统内部及之间各因素进行着非线性复杂相互作用，导致榆林卫城传统民居发生剧烈的演变。由此可见，榆林卫城民居系统具备形成耗散结构的基本条件，具有自组织特征。

3.2 榆林卫城四合院民居系统的自组织更新

民居系统是包含居民、社会关系、居住环境和支撑条件为一体的复杂综合系统，因此从这四个方面对榆林卫城四合院民居的自组织更新展开研究。

3.2.1 居民子系统更新

从居民类型来看，榆林卫城四合院居住者的变迁可大致分为五个阶段（图2）。明清时期，居住者均为房屋产权所有者，且为"一院一姓"；随着房屋的继承和转卖，许多四合院变为"一院多姓"，房屋产权仍为私人所有，这一过程持续至今；1949年到1960年代左右，为了解决住房紧张的问题，房管所在一些四合院的空地上修建了公租房，四合院中出现了公租房租赁人这一群体，且延续至今；在1960年代，因特殊原因，部分"大户人家"的私房被其他人占据，但1970年代均已搬离；1998年以后，随着榆林市经济的发展，大量外来人口迁入，出现了租房者群体，此后，四合院出现房产所有权人、公房租赁者和私房租赁者居住在同一个院落的现象。

从居民居住需求来看，1949年至1980年代，社会经济整体不发达，吃饭、睡觉等现实居住需求为当地居民的主导需求；随着社会经济发展和家庭经济状况的好转，逐渐增加了安全需要，居民通过围墙、门和防盗网等营造私密空间；

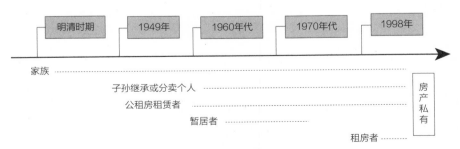

图2 榆林四合院民居主要居民类型变迁图

1998 年以后，社会经济的快速发展带动居民收入的极大改善，人们对住房条件要求提高，加强了尊重需要、自我实现及美学需要。由于榆林市经济起步较晚，住在老城中的居民收入水平整体偏低，因此直到现在，居民的生活需要仍然贯穿于当地居民居住需求的始终，属于主导需求。

3.2.2　社会关系子系统更新

四合院的空间是闭合的、内向的，通常为一个大家庭居住使用，但进入现代社会以来，人们的宗族观念逐渐减弱，大家庭的利益和重要性让位于小家庭。1990 年代之前，家庭大多是三代同堂或两代同堂，随着祖父母离世，子女结婚搬离，家中便基本只剩夫妇两人，若老夫妇去世，其子女不愿居住在老宅，老宅便被出租或空置。子女结婚未搬离的，一部分是因为经济条件较差，买不起商品房，另外一部分是已将住宅改建为二层楼房，居住空间较大。而子女结婚搬离的，即使回家探望父母，也很少过夜居住，而子女的孩子因为上学方便等原因可能会让孩子居住在父母家（图 3）。

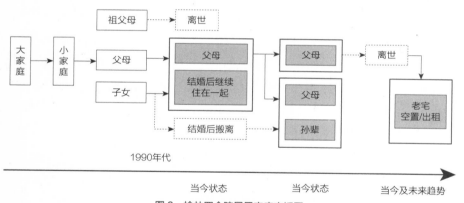

图 3　榆林四合院民居家庭变迁图

在四合院单门独院的年代，"邻里"是以"院"或"家族"为单位的，后来随着家庭结构缩小，四合院逐渐杂院化，"邻里"变为以"家"为单位，四合院院内的邻里关系逐步复杂化，容易因空间分配不均、公共设施破坏等引发矛盾冲突。而随着院内居民亲缘关系的疏远、外来租户的增加和社会节奏的加快，原本的熟人社区也渐渐变为"点头之交"社区，甚至是陌生人社区。

除此之外，因文化变迁，榆林卫城居民的生活生产方式普遍转变为现代意义；民俗信仰有所简化，但仍然得到较好的保留；审美情趣囿于建筑材料、匠人等的限制和现代生活的需要没有得到较好的传承，但条件允许的人们还是会延续；"风水"观念在改造和建造房屋的过程中考虑的已经很少，以实用为主。从文化的变迁中不难发现，与建筑有关的文化要素变化和消失得最快，而对建筑依存度较低的文化要素变化较少，延续至今。

3.2.3 居住环境子系统更新

居住环境子系统包括住宅建筑及其院落空间与交往、休闲场所两个方面的居住环境。院门、影壁等公共性建筑保存较好，但修缮维护较少，普遍出现破败迹象。从院落空间来看，1960—1980 年代是院内加建的高峰期，主要有在院落中间加建小房、碳房，依房屋搭建小房、灶台和小储藏室，在空间间隙搭建小房等形式。后期，有的居民将加建的小房、碳房等拆除，重新砌筑花坛，恢复原有院落空间。1980 年代以后，渐渐有居民将自家门前空地用墙或栅栏隔离起来，进一步造成院落空间的分割（图 4）。

而居住建筑的更新更为复杂，涉及外部形态、内部空间、使用功能和建材装饰等方面（图 5）。以使用功能为例，1990 年代末以来社会经济快速发展，沿街的房屋出于商业活动的需求改为商铺，将后墙打通或者在厢房和影壁共用的外墙上作为临街门面。

随着四合院的杂院化，各个家庭所共同占有的院落空间被划分开来，但院落空间仍保留了公共交往和休闲的作用。此外，由于榆林卫城至今仍是榆林市主城区，商业繁华、交通便利、休闲娱乐广场多，当地居民的休闲娱乐场所更多的转移到卫城的主街区中。

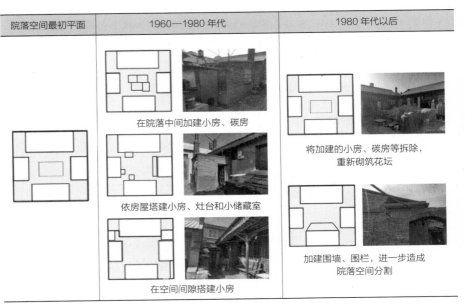

图 4　院落空间更新形式

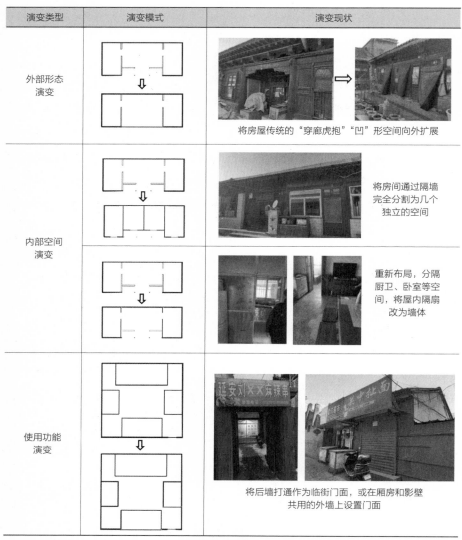

演变类型	演变模式	演变现状
外部形态演变		将房屋传统的"穿廊虎抱""凹"形空间向外扩展
内部空间演变		将房间通过隔墙完全分割为几个独立的空间
		重新布局，分隔厨卫、卧室等空间，将屋内隔扇改为墙体
使用功能演变		将后墙打通作为临街门面，或在厢房和影壁共用的外墙上设置门面

图5　建筑更新形式

3.2.4　支撑条件子系统更新

支撑条件子系统主要包括水、暖市政设施和公厕。过去居民用水来自城外的桃花泉，如今，城内四合院的自来水已经全部普及，但下水通道和天然气没有普及；过去院内下水道口在门口小天井的角落，联通巷子里的下水通道，现在家中无法通下水的居民仍在使用院内下水道，院内下水道堵塞的则得去巷内倒水，但由于管理不善，巷内下水通道也面临堵塞的风险；天然气管道大多在五六年前才开始大规模在古城四合院内接通；没有通天然气管道的居民，现在则依然使用煤炭取暖，有一定的安全隐患；旱厕在过去供院内居民使用，后来，随着市政公共厕所在古城巷道内的普遍分布，院内旱厕因条件差、维护不方便而逐渐被居民们弃用。

4 现代适应中传统民居的自组织更新机制

4.1 民居系统失衡的驱动力——外涨落与内涨落

外涨落作用包含社会经济发展、政策变化及技术更新等。在1980年代商品房产生乃至大量出现以前，大多数榆林卫城中的居民没有向外搬迁的选择，只能在原有居住空间的基础上不断加建。而随着城市快速扩张和房地产业飞速发展，居民居住需求不断提高，经济条件允许的人们搬离卫城四合院，导致榆林卫城内家庭成员的减少和人均居住面积的回升。但与此同时，榆林卫城迁入大量外来人口，居住者类型发生了大的改变，诱发了相应的改造行为。政策方面，计划生育前后人口政策在一定程度上影响了家庭人口的数量，人均居住面积的变化导致居住需求的相应变化。2010年以前，榆林市出台了一系列历史文化名城及文物保护相关政策，如《榆林历史文化名城保护管理办法》《榆林国家历史文化名城保护管理办法》等，但四合院作为"民居建筑"仍没有得到应有的重视，且四合院改造只需在城建部门审批即可，民居基本处于自组织的演变状态。进入21世纪，技术飞速发展，现代厨卫产品、家电产品对住房环境有相应的要求，许多的改造行为由此而生：卫浴设施使卫生间从院子里进入房屋内部，电视机和沙发使客厅功能凸显，导致房间内部格局的变迁；厨房在室内的，采用现代化灶具，不能在室内通天然气的，将院内加建的小房改造为现代化厨房。

内涨落作用包含居住者需求和类型的变化等。随着生活条件的改善，居民对居住环境的要求会相应提高，基本生活需求由能"住的下"变为能"住的好"，进一步产生对于安全、私密的需求、自我实现和美学的需求等，这些需求促使人们对居住环境进行相应的改造。大量房屋出租，租客流动性较大，也引发了对住宅加设围栏、防盗网、防盗门等改造行为；而居住时间较长的老住户相对购房较晚的住户有更强的归属感和情感，他们对住宅进行修缮维护和翻修的比例相对更高。

4.2 民居更新的内外部动力机制——竞争与协同

在民居子系统内部，存在着对公共空间和采光的竞争与协同、邻里之间的攀比和效仿以及商铺改造的协同作用。出于对公共空间的争夺，若有居民加建房屋，同一院落的其他居民也会产生加建的行为，若有人不愿拆除加建房屋，则其他人也不会拆除；出于对光照的竞争，居民重建房屋时会尽量修高，而与此同时，邻居或修到同样的高度，或尽力阻止影响自己的采光；看到邻居使用彩钢顶、防盗门、铝合金窗户，或是在房间内加装卫生间、暖气和现代化厨房，受攀比心态的影响，也会采用相似或更佳的设置；原榆林卫城只有一街有临街商铺，二街拓宽改造为城市主街后，垂直于一、二街之间的巷道的居民纷纷进行商铺改造。

　　在民居子系统之间，存在着居住需求—家庭结构、居住需求—生活方式—支撑条件以及居住者类型—邻里关系—支撑条件的协同作用。1990 年代之前，家庭多为三代同堂或两代同堂，居住压力最大，居民对住宅加建、扩建、重建的力度也最强；1990 年代以后，随着老人离世，子女搬离，居住压力减小，人们对居住环境也有了更高层次的需求，扩大房间面积，引入各类家电设备和现代意义的厨房、卫生间等现代化生活设施，加建建筑被拆除或改为储藏室、娱乐室等。同时，电视、网络的普及使邻居间交往需求降低、关系淡化，并产生对于私密性的需求，越来越多的人将自己家与别家用围墙隔离开来。另一方面，由于榆林卫城部分民居至今未通水、暖，居住条件较差，大量有条件的原住民，尤其是年轻人迁出，导致四合院居民类型发生很大的改变，目前以老年人和租房者为主。

　　竞争和协同作用也推动着民居更新的同质化。由于同一个地区的建材、建筑技艺较为趋同，导致民居形态呈现一定程度的相似性，主要表现为加建行为、商铺改造、彩钢覆顶、墙体支撑等维护手法等。经过邻里之间的相互影响和作用，逐渐在更广泛的范围内达成一致，并且不断积累和强化。

4.3　民居更新的阶段表现与途径——渐变与突变

　　自组织理论认为，系统演化过程中，原因连续的作用可能导致结果的突然变化。在民居演变的过程中，居民对居住环境的容忍阈较高时，民居的演变体现为加建、维护修缮的渐变过程，一旦阈值达到临界点，受到经济因素、人口因素等的影响，就会触发对民居的大规模改造，形成突变。这种突变包括两方面的理解，突变论所指的突变体现在：虽然原有院落空间格局和房屋的形态、大小等得到保留，但墙体、屋顶、门窗、装饰、内部格局等均发生了变化，房屋实质上已经完成了现代化意义的改造；普遍意义上的突变则是将房屋完全重建为现代楼板房或改造为商铺，传统民居完全被取代。

　　榆林卫城四合院民居自组织更新的阶段性特征诠释了这种在不同历史时期涨落和竞争协同作用下的渐变与突变的过程（表 2）。1949—1980 年，由于前期人口的剧增导致人均居住面积减小，而城市建设用地仅在后期有所增加，因此当时出现了大量的在院内或依房屋加建建筑以及"穿廊虎抱"房加建的现象；1981—1997 年，榆林社会经济有所发展，人口增长较平缓，但商品房较少，经济条件较好的家庭对房屋进行重建，修建平房或二层楼板房，经济条件较差的家庭继续在院内加建，或对之前加建的小房进行翻建或维护；1998—2009 年，生活条件变好的人们开始了大规模的房屋拆除重建行动，进行现代化改造以适应现代生活方式，

榆林卫城四合院民居的自组织更新途径   表 2

阶段	1949—1980 年	1981—1997 年	1998—2009 年	2010 年至今
主要演变途径	渐变	渐变和突变	突变	渐变
表现	加建	加建、修缮维护和重建	重建、现代化改造、商铺改造	修缮维护
作用因素	居住环境容忍阈的变化			保护政策限制

或将房间改造为商铺自己经营或出租他人；2010 年至今，政府部门对有关保护政策的落实趋于严格，这一阶段主要集中于加盖彩钢顶、更换门窗等。

由此，得出传统民居自组织更新机制（图 6）：社会经济水平、居住用地变化、政策、技术等外部因素变迁和四合院民居的居住者类型、居民居住需求等内部要素变迁是民居离开平衡态的驱动力，子系统的竞争与协同作用是推动民居同质化变迁、形成有序结构的主要动力，而渐变和突变是民居演变的途径。

5   结论与展望

本文以陕西榆林卫城四合院民居为研究对象，从自组织的角度研究其更新过程与机制。榆林卫城四合院民居的更新具有自组织特征，是包含居民、社会关系、

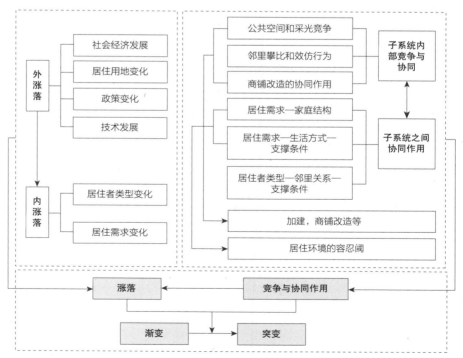

图 6   传统民居自组织更新机制

居住环境和支撑条件为一体的复杂综合体系，其更新是这四个方面在变化中相互作用的结果。外部社会经济的发展、城市居住用地的变化、政策变化和技术的发展，内部居住者类型的变化和居住需求的变化是民居系统离开平衡态、产生涨落、发生演变的驱动力；而子系统内部、之间存在竞争和协同作用，也使民居演变具有一定的同质化特征；涨落在协同作用下被放大，使民居系统更新呈现出一定的阶段特征，由渐变走向突变。

　　榆林卫城传统民居作为历史文化遗产，是构成卫城整体环境特色和基本格局的基本细胞，是榆林地方性景观的重要组成部分。城内民居数量大、居民多、社会关系复杂，民居作为人们聚居的载体，受到各方面要素的影响，应看作一个系统进行整体性保护。由于榆林卫城四合院民居在自组织演化的过程中消失和破坏严重，需要加强他组织作用，在整体性保护和原真性保护的原则之下，由政府部门介入，平衡历史建筑保护与改善居民生活质量的关系，在维持传统民居整体风貌的同时，尊重个体需求进行精细化改造。同时，合理淘汰旧的建材和建造模式，加大资金投入，积极引进其他地方传统民居、历史地段保护开发的经验和思路。

参考文献

[1] 邵甬，胡力骏，赵洁，陈欢. 人居型世界遗产保护规划探索——以平遥古城为例 [J]. 城市规划学刊，2016（5）：94-102.

[2] 熊梅. 我国传统民居的研究进展与学科取向 [J]. 城市规划，2017，41（2）：102-112.

[3] 王伟栋，黄阳培，张嫩江. 基于住居学的蒙中牧区民居演变的现代适应性研究 [J]. 干旱区资源与环境，2021，35（5）：48-55.

[4] 汪芳，吕舟，张兵，等. 迁移中的记忆与乡愁：城乡记忆的演变机制和空间逻辑 [J]. 地理研究，2017（1）：3-25.

[5] 韦诗誉，单军. 时空生态学视野下龙脊古壮寨民居空间变迁研究 [J]. 建筑学报，2018（11）：84-89.

[6] Cao Y. Modern Spontaneous evolution and research value of construction system of Tibetan dwellings in Aba County：a case study of Tieqiong village in Waerma town[J]. Journal of Landscape Research, 2017, 9（3）：94.

[7] 覃巧华，肖大威，黄诗贤，等. 整合、分化与突变：古代漳州传统民居空间类型演变 [J]. 建筑学报，2021（S1）：1-6.

[8] Ara D R, Rashid M. Tracking local dwelling changes in the Chittagong Hills：perspectives on vernacular architecture[J]. Journal of Cultural Geography, 2016, 33（2）：229-246.

[9] Wang F, Liu X Y, Zhang Y Y. Spatial landscape transformation of Beijing compounds under residents' willingness[J]. Habitat International, 2016, 55：167-179.

[10] 罗晶，过伟敏，张春霞. 传统民居的近代适应性转型——以江苏南通为例 [J]. 城市发展研究，2018，25（9）：147-152.

[11] 岳晓鹏，王朝红，王舒扬. 城镇化进程中天津农村地区自建房现状及发展演变研究 [J]. 现代城市研究，2017（6）：85-91.

[12] Vuong Q H, Bui Q K, La V P, et al. Cultural evolution in Vietnam's early 20th century：A Bayesian networks analysis of Hanoi Franco-Chinese house designs[J]. Social Sciences & Humanities Open, 2019, 1（1）：100001.

[13] Cruz-Cortés J J, Fraga J E, Munguía-Rosas M A. Effects of changes in traditional agroecosystems on vernacular dwellings：the occupants' perspective[J]. Human Ecology, 2019（47）：553-563.

[14] Chehab D, Ellong E. The African dwelling：from traditional to Western style homes[M]. McFarland & Company, Inc., Publishers, 2019.

[15] Wang F，Yu F Y，Zhu X H，et al. Disappearing gradually and unconsciously in rural China：Research on the sunken courtyard and the reasons for change in Shanxian County，Henan Province[J]. Journal of Rural Studies，2016（47）：630-649.

[16] 刘奕君，刘玉亭，段德罡. 关中地区窑洞型传统村落民居演变动力机制研究——以陕西柏社村为例 [J]. 城乡规划，2020（2）：58-66，85.

[17] Dioma B N，Malama A，Munshifwa E K. African vernacular architecture，culture and modernity：an investigation among the Lamba people of chief Mushili on the Copperbelt Province of Zambia[J]. Journal of Asian and African Studies，2018，53（7）：1102-1117.

[18] Li S. Folklore studies of traditional Chinese house-building[M]. Berlin：Springer，2022.

[19] Michiani M V，Asano J. Influence of inhabitant background on the physical changes of Banjarese houses：a case study in Kuin Utara settlement，Banjarmasin，Indonesia[J]. Frontiers of Architectural Research，2016，5（4）：412-424.

[20] Kamarudin Z. Long-roofed houses of northeastern peninsular Malaysia：sustainability of its identity in the built environment[J]. Procedia Environmental Sciences，2015，（28）：698-707.

[21] Belz M M. The role of decorative features in the endurance of vernacular architecture in Kinnaur，Himachal Pradesh，India[J]. Geographical Review，2015，105（3）：304-324.

[22] Poulsen M，Lauring M. The Historical influence of landscape，ecology and climate on Danish low-rise residential architecture[J]. Design & Nature and Ecodynamics，2019，14（2）：91-102.

[23] 张安，曾妮，赵烨. 文化景观视角下崂山青山渔村民居外观类型化及演变规律 [J]. 建筑学报，2021（S2）：22-28.

[24] 吴彤. 自组织方法论研究 [M]. 北京：清华大学出版社，2001.

[25] Liu Y. Research on the geography of rural revitalization in the new era[J]. Geographical. Research，2019，38（3）：461-466.

[26] Glansdorff P，Prigogine I. Thermodyamic theory of structure，stability and fluctuations[M]. New York：Wiley-Interscience，1973.

[27] 卢艳芹，彭福扬. 基于耗散结构理论的自然与社会互动关系探析 [J]. 生态经济，2016，32（2）：211-214.

[28] 方创琳. 京津冀城市群协同发展的理论基础与规律性分析 [J]. 地理科学进展，2017，36（1）：15-24.

[29] 刘海猛，方创琳，毛汉英，等. 基于复杂性科学的绿洲城镇化演进理论探讨 [J]. 地理研究，2016，35（2）：242-255.

[30] 慕云舒. 榆林古城发展与保护 [M]. 西安：陕西师范大学出版社，2018.

[31] 卫郭敏. 系统科学对内外因作用机制的诠释 [J]. 系统科学学报．2019（1）：41-44.

李志刚，中国城市规划学会常务理事、学术工作委员会委员，武汉大学城市设计学院院长、教授、博士生导师

亢德芝，中国城市规划学会理事，武汉市土地利用和城市空间规划研究中心副主任，正高职高级工程师

何浩，武汉市土地利用和城市空间规划研究中心空间规划设计部部长，高级规划师

邹润涛，武汉市土地利用和城市空间规划研究中心主任工程师，高级工程师

邹　何　亢　李
润　　　德　志
涛　浩　芝　刚

我国"儿童友好型城市"的空间规划实践
——以武汉为例

1　引言

　　进入 21 世纪的第三个十年，我国城市的发展全面转向存量提升和高质量发展阶段。国家大力倡导"人民城市"建设，满足全年龄人群美好生活的向往成为重要一环。其中，儿童是一个极为特殊也颇为重要的群体，为其提供高品质空间和美好生活意义重大（于一凡，张菁，2021）。人类不仅正在全面进入城市时代，也在进入一个更加年轻化的城市时代。据估计，2025 年，全球 60% 的小于 18 岁的人口将居住在城市，而在 2005 年该比例为 43%，1955 年仅为 27%（2005）。面向未来，优化城市空间环境，满足儿童美好生活的需要具有现实意义和战略意义。

　　为实现"儿童友好"，近年全球各地已做了大量探索。1996 年 6 月，联合国儿童基金会和联合国人居署共同提出建设"儿童友好型城市"方案，也就是"国际儿童友好城市计划"（简称"CFCI 计划"），强调少年儿童福祉是衡量人居环境健康与否、民主社会文明程度和政府良好治理水平的核心目标（Gleeson，Sipe，2006）。根据联合国的定义，"儿童友好城市"指的是致力于实现《儿童权利公约》的儿童权利（无歧视；在涉及儿童事宜中以儿童最大利益，确保儿童生命权、生存权和发展权；尊重儿童意见）的城市、城镇和社区。儿童友好型城市的核心原则在于保障儿童权益最大化，涉及参与权、受保护权、生存权和发展权等，强调地方政府对于儿童权益的保障，将儿童权利纳入城市政策、法律、规划和预算中。

　　2021 年 9 月，国家发改委联合 22 个部门发布了《关于推进儿童友好城市建设的指导意见》（以下简称《意见》），标志儿童友好城市建设进入国家战略层面。《意见》强调结合国情实际推进儿童友好城市建设，提出了建设儿童友好城市的四

项基本原则：儿童优先、普惠共享；中国特色、开放包容；因地制宜、探索创新；多元参与、凝聚合力。根据计划，到 2025 年，全国将开展 100 个城市试点，全面推动儿童友好型城市建设。儿童友好已经成为我国城市高质量发展的重要标识。

如何通过空间规划推进儿童友好型城市建设？中国特色的儿童友好型城市的空间规划具有何种特点？其中各地城市特别是中部城市如武汉等的实践有何特点？形成哪些经验？还存在哪些不足？如何改进优化，等等，成为亟待予以研究的问题。为此，后文首先对儿童友好型城市的已有研究与实践进行述评，之后结合武汉的规划实践，对其经验予以总结和分析，以此为各地儿童友好型城市建设提供参考和借鉴。

2　儿童友好城市的探索与实践

现代城市规划自诞生以来，即对改善涉及各类人群的人居环境予以高度重视，但并未将儿童群体单独考虑（Allen，1968）。事实上，儿童概念的出现也具有现代意义，是伴随工业化、城市化的推进而逐步出现的。相关学科如教育学、心理学等的研究表明，儿童所处物质空间环境和社会空间环境对其健康、行为和发展具有重要影响（Barker，Kansas，1968）。总体上，发达国家的儿童友好城市建设致力于实现以儿童群体为核心的空间友好度提升，研究及实践已经具有一定深度及广度。国内研究正处于快速发展阶段，在早期以引入国际经验为主，近期成为研究热点，其中城市空间、儿童活动场地等被重点关注（Gill，2005）。

2.1　部分发达国家的探索与实践

国外尤其是西方发达国家对相关问题做了比较长期的研究积累，研究涉及社会学、城乡规划、风景园林、心理学、法学等领域，研究内容主要集中在儿童需求、儿童参与、儿童友好型城市评估、儿童户外活动影响因素等方面（姚瑶，申世广，2020）。

伴随第二次世界大战后的大规模邻里建设及"婴儿潮"，儿童友好的相关研究开始大量出现，20 世纪前半期的研究主要涉及城市公园、儿童游戏场地等的规划设计，很多关注了邻里尺度并将游戏场地作为重点（Allen，1968）。1970—1990年代是该领域的发展期，研究从关注城市单一的儿童空间扩展到对城市整体空间的关注，研究重点转向对于空间使用与感知的关注，涉及场地规划、活动空间的研究等（Lynch，Banerjee 1977；Ward，1978）。在该时期，简·雅各布斯、凯文·林奇等对城市家庭及儿童生活予以高度重视，反对大拆大建的旧城改造，强调社区和城市生活的多元复杂性（Lynch，Banerjee，1977）。进入1990年代，主要受凯文·林奇等的影响，儿童权利及其空间参与问题成为关注焦点，儿童被视为具有创造性的、有能力的社会行动者，可以通过儿童议事会、参与式规划设计等方面表达其空间需求（Simpson，1997）。进入21世纪以来，新的研究不断涌现（Gill，2008），关注了儿童活动特征与需求、户外活动空间特征，提出"可参与性的游戏场地"等场地设计对策（van der Burgt，2008；Rutgers，2011；赵迪，毕倚冉，2022），探讨了不同年龄、性别、家庭社会经济条件的儿童对游戏空间的需求和使用（Nordström，2010；Alparone，Pacilli，2012），以及绿色屋顶、社区花园等多元环境要素对儿童的影响（Cele，Burgt，2015）。

就国外儿童友好城市建设实践进展而言：近年各国在CFCI行动框架下建立了本土化的组织体系、行动计划、评估与认定机制（Rutgers，2011；孟雪，等，2020，Marrus，Laufer-Ukeles，2021；曹现强，马明欢，2022）。自1996年以来，全球已有3300个城市和地区入选了儿童友好型城市或地区（何灏宇，等，2021）。在城市层面，澳大利亚本迪戈的儿童友好城市建设以政府主导为特点，构建了多层次、多主体、多业态的友好空间。荷兰鹿特丹运用住房、公共场所、设施和安全的交通路线等模块评估社区儿童友好度，并对各构成模块制定技术要求（曾鹏，蔡良娃，2018）。各地也在小尺度做了大量探索，如英国的"步行巴士"项目以成人护送的方式构建儿童安全路径；美国丹佛的"见学地景"和日本的"森之幼儿园"则为儿童创造与自然接触的机会，在自然环境中培养儿童的感性意识和创造性，引导儿童在游戏中学习（韩雪原，陈可石，2016）。在儿童活动空间方面，各地也做了多样化的探索。例如，荷兰代尔夫特的"儿童出行路径"项目营造更加具有安全感和趣味性的人行道、自行车道，形成儿童友好的交通环境，创造了趣味十足的线性游戏空间（韩雪原，陈可石，2016；梁爽静，2021）；美国、荷兰等在儿童安全出行方面还提出了街道物理环境改善、安全出行路径构建、交通干预、公共活动空间更新等多方面对策（韩雪原，陈可石，2016；曾鹏，蔡良娃，2018）。

2.2 国内探索与实践

国内儿童友好的早期研究集中于居住区内游戏场地、儿童游乐区，涉及儿童与居住环境关系、居住高度对儿童空间认知及偏好的影响，对国内外居住区儿童游戏活动的对比等（韩亚楠，等，2020；梁思思，等，2020）。进入21世纪，伴随研究水平的提升，关于儿童游戏场地的研究从居住空间逐渐扩展到城市尺度，对儿童需求的研究也从游戏需求扩展到活动需求，围绕活动场所安全性、户外活动场所规划设计策略等做了大量探索（施雯，黄春晓，2021；陈李波，马冰洁，

2022；赵迪，毕倚冉，2022）。近年来，随着我国发展逐步进入高质量阶段，该领域的研究开始快速发展：第一，很多研究探讨了儿童活动特征问题，围绕儿童户外体力活动、出行方式与活动目的地、通学路径等方面开展了研究（韩亚楠，等，2020）。第二，研究针对儿童友好的空间设计提出了规划设计策略、标准（梁思思，等，2020）。第三，儿童参与研究也开始出现，主要聚焦社区、校园等（黄军林，等，2019）。儿童友好型社区是近期研究重点，主要关注了游戏空间、游戏设施、通路空间及基础设施等，探索了健康社区营造、多元共建模式等（韩亚楠，等，2020；何灏宇，等，2021）。

　　就实践而言，我国于 2006 年首次提出儿童友好概念，于 2009 年开始正式推广儿童友好城市建设。2010 年，国务院在新一轮的儿童发展纲要中提出"创建儿童友好型社会环境"。2016 年，中国儿童友好社区工作委员会成立，并于 2019 年颁布了《儿童友好社区建设标准》。2021 年国家发改委联合 22 个部门发布《关于推进儿童友好城市建设的指导意见》，儿童友好城市建设全面进入国家战略。同时，部分城市开始建设实践工作，尤其上海、深圳、长沙、南京等地开始儿童友好城市建设实践（黄军林，等，2019），并从制度建设、空间设计、主体参与等层面积极探索了儿童友好建设，其建设工作主要集中于儿童友好开放空间、儿童友好街道建设和儿童友好社区建设等领域（施雯，黄春晓，2021）。

　　纵观国内外进展，儿童友好城市的相关研究和实践日趋丰富，但仍存在一些不足。第一，在理论研究方面，已有研究多集中于物质空间和儿童活动，缺乏从儿童视角、空间感知、情感地理视角的深入研究。第二，缺乏对儿童与城市空间关系的整体性探讨，较少与交通系统、街道空间、开放空间网络体系等的关联性分析。第三，对于儿童友好的影响机制、测度方法和评价指标的研究也有待进一步深入。第四，对于儿童友好型城市建设的实施模式研究不多。各地城市实践也处于逐步展开阶段，对区域差异、地方化经验等的总结亟待加强。

3　研究设计

　　本文研究方法主要为基于参与式观察的过程—事件分析。基于本文主要作者自 2019 年以来全程参与武汉儿童友好城市规划、建设实践的经历，笔者对相关项目的发起、推进、完成等予以全过程分析，建立对于武汉儿童友好城市建设的系统性认识，对其规划内容、规划实践予以全面把握。同时，结合相关评审会、研讨会、专家座谈会等，对规划所涉及的不同部门、主体、利益相关者进行半结构式访谈十余次，其中包括部分社区居民、儿童群体等，结合自上而下和自下而上的差异化视角，对武汉儿童友好城市建设的空间规划实践建立了较为全面的认识。同时，依托规划的编制，全面收集整理了与武汉儿童友好城市相关的国家、省市、地方等不同层级的各类政策文件、规划文本、统计资料、基础数据等，建立数据库和资料集，为后文实证初步打下基础。

4 武汉市儿童友好型城市的空间规划实践

4.1 规划缘起

作为中部快速发展的特大城市，武汉市的儿童人口基数大，儿童人口总数不断上涨，创建儿童友好型城市势在必行。截至 2019 年，武汉市 0—18 岁户籍人口的数量已达 147.8 万人，占全市人口的 16.7%，高于上海的 12.1%。随着人口的不断攀升，儿童活动空间的需求问题逐步凸显（陈李波，马冰洁，2022）。武汉生态资源丰富，大江大河、百湖密布的自然空间格局全球罕有，也是长江文明发源地，有多处博物馆群、历史文化街区和历史街巷，为儿童友好型城市创建提供了天然的自然生态和历史文化空间载体。2019 年起，武汉市土地利用和城市空间规划研究中心（以下简称"武汉市地空中心"）开启了武汉市儿童友好型城市相关规划研究工作，同年 6 月，武汉市自然资源和规划局、武汉市地空中心与联合国人居署续签三年谅解备忘录，在建设儿童友好好城市等方面将加强合作与交流。在多轮征求全国专家意见后提出武汉市儿童友好型城市战略规划框架和空间规划体系，制定儿童友好城市空间规划建设指引，结合老旧社区改造等城市更新手段开展试点城区建设实践，致力于打造武汉样本，提升武汉国际知名度、美誉度与城市竞争力，引领以人为本的精细化治理升级。

4.2 规划内容与实践探索

4.2.1 规划内容

（1）强化"顶层设计"，制定武汉特色儿童友好战略规划。规划以"打造精致武汉，建设一个安全、公平、健康、有趣、迈向创新引领、儿童可持续繁荣发展的儿童友好型城市"为目标，以《建设儿童友好型城市：一个工作框架》从社会环境层面提出的九大模块为支撑，以《儿童友好城市规划手册》从城市环境层面提出的五大框架为抓手，构建"文化友好、制度友好、服务友好和空间友好"的"四友好"战略规划体系（图 1）。

（2）尊重"儿童行为特征"，构建三级圈层规划体系。儿童在不同的成长阶段所特有的心理特点和行为特征，造就了其在社区、街道、城市等空间尺度中所

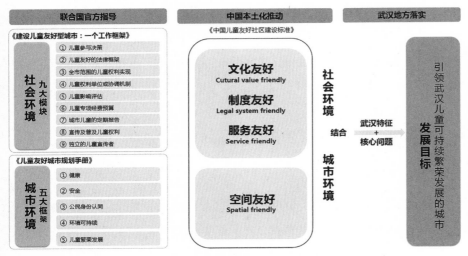

图1　武汉儿童友好型城市"四友好"战略

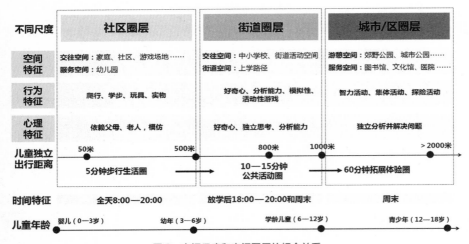

图2　空间尺度和空间圈层的耦合关系

体现的不同社会生态模式。因此，空间环境中的儿童友好策略应多尺度分类布局，在相应尺度为儿童规划适当的城市服务设施和公共活动空间。规划依托郊野公园、城市公园和社区，系统构建儿童友好"城市/区—街道—社区"三级活动空间圈层体系，打造5分钟社区步行生活圈、10—15分钟街道公共活动圈和60分钟自然拓展体验圈。以儿童的真实需求划分的"空间类型"为载体，将儿童友好空间概括为城市游憩空间、街道活动空间、社区交往空间、公共服务设施四种类型，提供回归自然、释放天性的城市游憩空间；建设安全的步行环境和趣味化的街道活动空间；营造活力友善的社区交往空间；实现充足多样、可负担、友善型的儿童公共服务设施（图2）。

（3）注重"规划管控"，形成空间规划技术导则与建设指南。规划以问题和目标为双重导向，针对武汉特征提出儿童友好空间提升规划策略。通过梳理各类相关规范及技术标准中有关儿童空间规划的要求，基于"安全舒适、健康绿色、活力有趣"的目标，按照全范围、全要素的原则，对社区交往空间、公共服务设施、城市游憩空间、街道活动空间四类典型儿童活动空间进一步细分成 18 个空间要素中类和 54 个要素小类，明确各类要素的规划建设标准及要求，形成"控制性和指导性相结合"的《武汉市建设儿童友好型城市空间规划技术导则》，指导试点项目规划设计和实施建设（表 1）。

4.2.2　规划实践

（1）倡导"部门联动"，由市区政府统筹，动员各职能单位和社会力量共同参与，制定切实可行的实施工作机制。倡导市、区政府统筹，以市妇女儿童工作委

武汉儿童友好城市空间规划管控要素一览表　　　　表 1

空间大类 （4类）	要素中类 （18个）	要素小类（54个）
社区交往空间	户外活动场地	空间类型、空间布局、配建标准、活动设施、景观环境、垂直界面、标识系统、其他配套设施
	社区服务设施	服务类型、空间布局、配建标准、建设导引
	出行路径	路径类型、路径选择、路径宽度、环境设施、标识系统、其他配套设施
公共服务设施	文化设施	空间布局、儿童流线、室外活动空间
	医疗设施	相关建设导引
	体育设施	相关建设导引
	教育设施	校外环境、校内环境
	交通设施	相关建设导引
城市游憩空间	活动场地	场地尺度、场地布局、场地设施、场地铺砖
	园路系统	园路组织、园路铺装
	景观环境	地形设计、草坪设计、水体设计
	植物配置	相关建设导引
	景观建筑	相关建设导引
	其他服务设施	科教展示、休息设施、母婴室、儿童卫生间、婴儿车停放及租赁、引水设施
街道活动空间	步行空间	人行道、行人过街设施
	骑行空间	自行车道、自行车过街设施、自行车停放设施
	活动空间	建筑前区、街道微型公共空间
	机动车交通管理	稳静化措施、出入口交通管理、路内停车管理、公交停靠站

员会出台的战略规划和行动计划为引领，动员全社会参与，充分发挥妇联、规划、教育、园林、民政、发改、团委、建设、宣传等职能部门主体作用，构建政府负责、社会协同、公众参与、法治保障、共商共建共治共享的工作机制，共同提升儿童友好城市空间品质。

（2）强调"试点先行"，以江汉区为先行示范城区，开展儿童友好型城区规划实践。量身定制儿童友好城区建设行动计划。针对江汉区人口密度高、存量用地少的特征，规划提出发挥其"两江交汇、城湖镶嵌、新旧结合"的空间资源特征，形成城区特色鲜明的儿童活动空间网络，针对金融商务区、汉正街历史街区、新旧居住区等不同功能片区提出差异化的空间要素管控和分类建设指引，形成图则库和案例库，结合老旧小区改造纳入"江汉区'十四五'国民经济和社会发展计划"，形成项目库，推动规划科学有序地推进（表2）。

"三库"建设：案例库、图则库、项目库   表 2

案例库	体系构建	澳大利亚、加拿大、新西兰、印度尼西亚等	
	规划战略	深圳、波特兰等	
	建设实践	荷兰、德国、美国、中国成都等	
图则库	社区交往空间	规划目标、基本原则、适用范围、空间管控要素、建设策略指引、分类建设指引示范案例	
	街道活动空间		
	城市游憩空间		
	公共服务设施		
项目库	社区交往空间	2020 年改造行动项目库	新华街、北湖街、万松街、唐家墩等
		2021—2025 年改造行动项目库	唐家墩、常青街、汉兴街等
	城市游憩空间	城市广场与公共空间	城市广场、商业广场、办公楼场前空间
		滨湖公园	儿童活动场地、儿童服务设施
		历史街区	公共空间
	街道活动空间	绿道网络畅通工程	依托重要城市景观道路、绿道系统等规划实施融入适儿化改造项目
		重要城市道路景观提升工程	
		立体绿化建设工程	
	公共服务设施	文化设施	武汉博物馆、江汉区文化艺术中心等
		教育设施	华中里小学、武汉市第一中学等
		医疗设施	武汉协和医院、江汉区妇幼保健院
		商业设施	武广片、菱角湖万达等
		交通设施	汉口火车站、地铁王家墩东站等
		体育设施	大型商业设施及各社区公共空间

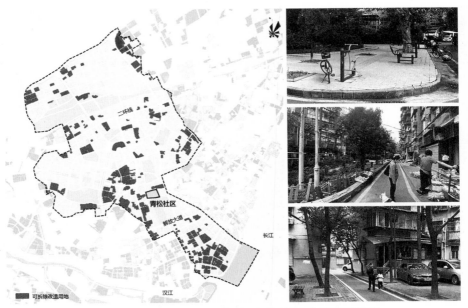

图3　武汉市江汉区试点社区（青松社区）地理区位及建设现状图

图4　武汉市江汉区青松社区区位图

（3）聚焦"存量规划"，以老旧社区改造为抓手，推进儿童友好社区规划实践。以武汉市老旧社区改造计划为契机，选取青松社区为试点社区，开展儿童友好型社区试点规划和建设工作。通过"现状调查—评估分析—规划策略"的基本思路，基于社区不同类型的空间及儿童活动行为习惯，以儿童友好导向的社区品质提升为总目标，结合中国社区发展协会颁布的《儿童友好社区建设标准》和《武汉市建设儿童友好型城市空间规划技术导则》，制定试点社区的规划蓝图，并针对户外活动场地、社区服务设施、儿童出行路径及社区治理等方面提出优化措施（图3、图4）。

4.3 "武汉模式"的基本特征

（1）纳入市级战略，部门协同推动规划实施

自2019年以来，武汉市地空中心在市自然资源和规划局的支持下，"自下

而上"发起规划研究工作，同时与联合国人居署建立战略合作机制。在规划研究过程中不断加强宣传推广儿童友好理念，突出儿童参与规划，过程中逐步吸纳妇联等部门进入，助推市级政府重视。最终儿童友好战略被列入武汉市党代会以及市政府工作报告中，成为市级战略。2021年，由市妇女儿童工作委员会办公室和市发改委牵头，"自上而下"统筹其余职能部门和各级政府，向全社会发布《武汉市儿童友好城市战略规划（2021—2035年）》《武汉市儿童友好城市行动计划（2022—2024年）》《武汉市儿童友好城市建设方案》，逐步形成了武汉儿童友好型城市建设目标。

（2）强调规划引领，构建完善的规划体系

规划始终坚持"以儿童为中心"的规划理念，构建"宏观战略规划引领—中观空间规划管控—微观实施行动落实"三个层面的编制技术路线。一是战略规划。通过开展大量官方文件、框架体系、全球经验等研究，结合武汉儿童需求特征和城市发展诉求，提出总体战略目标，围绕社会治理和城市空间两个维度，提出武汉战略，统一各界共识，明确责任分工，构建切实可行的行动计划。二是空间规划。以城市空间为重点，以关注儿童需求为前提，构建符合儿童身心特点，建立"城/区—街道—社区"三级空间规划圈层，形成具有武汉本土特征的空间规划技术导则，引导城市建设向儿童友好发展。三是实施行动。选取江汉区为试点制定《江汉区建设儿童友好城区建设指引》，并选取青松社区为试点社区，开展试点规划和建设工作，探索儿童友好社区规划建设路径。

（3）注重儿童参与，确保规划的实用性

规划紧紧围绕"儿童友好"，强调儿童"1米视角"，让儿童参与贯穿项目规划建设全过程。重点关注儿童对城市、社区的核心诉求，主动倾听儿童声音，与联合国人居署、社区、教育工作者及公益组织等进行多方合作，针对武汉市、江汉区、试点社区等三个不同尺度、不同空间类型，通过"众规武汉"平台、理念宣讲、儿童绘画与演讲、儿童针扎地图、儿童参与式设计等多元方式让儿童参与其中。创新了儿童参与城市规划的机制，保障儿童在城市规划中的参与权，为儿童创造多元而深度的参与体验，让儿童在参与中培养对城市和自然的热爱，激发自身的创造力和责任感。规划将儿童诉求在"城/区、街道、社区"不同层面予以落实，确保规划的科学性与实用性（图5）。

（4）以老旧社区改造为抓手，确保规划的可实施性

结合武汉城市更新模式与计划，结合全市老旧社区改造计划，解决资金与实施主体问题。在老旧社区改造中，充分考虑儿童友好需求。在开展武汉儿童友好城市规划研究过程中，研究团队组织60余人历时60天，全面调研武汉社区、公

图 5   武汉市青松社区儿童参与社区更新成长营活动

园和公服设施等儿童成长空间，广泛收集儿童、家庭及社会意见，同时结合武汉
迈向存量规划时代的实际情况，在制定试点城区建设行动计划过程中，无缝对接
老旧社区改造计划和城市更新存量土地改造计划，确保规划的实施性。

4.4 问题与挑战

4.4.1 问题

（1）尚未形成面向儿童友好的社会共识

近年来武汉举办儿童友好城市专家研讨会，邀请联合国人居署、儿童基金会
及业内知名专家共同为武汉出谋划策，举办儿童绘画和演讲、儿童参与社区更新
成长营等活动宣传儿童友好城市理念，协助市妇联开办儿童友好干部培训班，增
强妇女儿童工作者儿童友好意识，推动社会各界关注儿童、尊重儿童，但目前宣
传渠道不够多元、体制机制尚未建立，儿童友好理念尚未达到全社会广泛认知、
强烈认可的程度。

（2）多元化、精细化的设计不足

目前，大部分户外活动场地和设施普遍体现制式化、成人化、塑料化特征，
简单地认为儿童友好就是建造一个供儿童玩耍的空间，也少有考虑儿童的心理、
行为特征去审视和设计，往往会造成对儿童活动设施的材质、造型、细节等处理

不到位，对活动场地的位置、尺度、要素及材质等具体现实需求判断错误或造成缺失等问题，极大地影响了儿童及家长对场地使用的便利及频率。

（3）条块分割、尺度政治可能掣肘规划实施

由于地方政府职能部门在行政关系和业务关系上存在结构性的条块分割，造成了各部门不能有效联动来推动项目实施。而儿童友好城市建设是一个需要发改、妇联、规划、教育、园林、民政、建设等市区多部门共同参与的系统性工程，在目前的协作状况下，如何有效动员各部门联动、明确责任分工，将成为推动儿童友好城市建设的关键。以儿童友好社区为例，改造完成后的管理维护需要长期的资金支持，单靠社区本身往往难以为继，如何通过市场机制，有效引入社会资本注入和专业团队管理，将是维持儿童友好社区发展的关键。

4.4.2　挑战

（1）如何达成社会共识，共同实施儿童友好城市建设行动

广泛的社会共识是推动儿童友好城市建设的重要前提。激发全社会普遍价值认同，通过市场主体和社会公益组织的自发组织参与和精细化设计，推动儿童友好城市空间和服务设施的建设。普及儿童友好理念，让多方主体从文化、制度、服务及空间等方面自觉进行儿童友好城市建设；以家庭为单位制定相关政策，提升公共服务中对儿童安全和需求的考虑；政府引导逐步增强市场规制中对儿童权利的保障；让家庭教育成为公共教育，激发全民共同探讨儿童友好相关政策的精细化设计。

（2）如何高效推动部门协作，建立多层级多部门联动机制

多元主体共同协作是推动儿童友好项目实施的关键。多部门衔接，构建市—区—街道—社区多层级力量共同推动的实施机制；发动社会组织、鼓励市场主体进入，探索多元主体参与、多种模式推进的新路径；引入社区规划师制度，将其工作嵌入基层规划建设和社区治理的正式制度架构中。充分发挥体制内外集体力量，广泛吸纳各行业领域智慧，推动儿童友好型城市的高质高效建设。

（3）如何充分发挥儿童智慧，践行更高阶的儿童参与模式

儿童参与决策是将规划理念真正融入城市生活的保障。建立政府、社区、儿童、学校、家庭、设计人员等多元主体共同参与的机制，制定政策让儿童和成人分享决策的权利。玛拉・明策的"GUB 模型"，通过"让儿童成为专家——提高儿童的能力——整合与分享"三阶段，提升儿童对城市规划的参与度和决策力。充分利用武汉儿童人口基数大的优势，在城市建设中发挥儿童的主人翁精神，提升儿童参与的广度和深度。

5 结论与对策

本文研究表明，当前我国儿童友好城市的空间规划及建设实践已经进入加速阶段，亟待对各地经验予以全面总结及提炼，以此丰富和推进基于我国各地本土经验的儿童友好城市建设。本文对武汉近年儿童友好城市建设的实践表明，其规划及建设实践由地方规划部门"自下而上"发起，同时与联合国人居署建立了战略合作机制，以此提升项目的政治层级与关注度。在此基础上，依托空间规划，不断加强宣传推广儿童友好理念，逐步吸纳妇联等部门进入，助推市级政府的重视，形成由市妇女儿童工作委员会办公室和市发改委牵头，统筹其余职能部门和各级政府的联动格局。研究表明,武汉儿童友好城市的规划建设也面临着缺乏社会共识、设计精细化不足和尚未实现有效联动等多方面问题与挑战。针对这些挑战与问题，提出以下几方面对策建议：

（1）倡导分管市长牵头，建立长效机制保障实施

儿童友好城市建设需要强有力的组织机制，建议由分管市长协调出台上位支撑政策，明确牵头协调部门，统筹规划、妇联、团委、教育、园林、民政、发改、交通、宣传等市级职能部门、区人民政府及街道社区共同参与，构建市一区一街道一社区多层级力量共同推动，同时发动社会组织、鼓励社会力量共同参与。以儿童友好战略规划为重要引领，结合儿童发展"十四五"规划和各区城建计划安排，科学制定各区和有关部门儿童友好行动计划项目库，在具体实施过程中，倡导建立考核机制，推动行动计划的顺利实施。

（2）出台规划建设导则，引导儿童友好项目建设

研究制定儿童友好空间规划建设导则，明确各类儿童友好空间和设施的规模、数量及建设标准等，作为儿童空间规划设计共同遵守的技术规程，新建小区强调规划管控，将儿童友好要素纳入建管审批环节之中，老旧小区以新一轮城市更新为契机，植入儿童友好元素实现儿童友好。倡导将导则中的核心要素纳入规划条件及建管审查中，指导各类空间精细化设计和管理，实现编管一体化。

（3）引入市场和社会力量，实现共建共治共享

市场和社会力量在儿童友好建设中发挥着非常重要的作用，尤其是在老旧社区适儿化改造项目中，其作用是不可或缺的。政府应鼓励和引导市场和社会力量参与到儿童友好社区、服务设施的建设和运营中来，建立良性运作机制，支持多渠道筹资、加快审批、整合利用存量资源等。

[致谢：武汉市土地利用和城市空间规划研究中心自 2019 年起持续开展了武汉儿童友好城市的规划研究和实践探索工作，特别感谢联合国人居署（UN-HABITAT）、联合国儿童基金会（UNICEF）、武汉市自然资源和规划局、武汉市妇女联合会、江汉区人民政府、华中科技大学建筑与城市规划学院等对本项目的悉心指导和大力支持，特别感谢刘奇志、田燕、戚晓璇、何宗玲、余艳薇、涂剑、付邦、罗吉、张晨、笪玮等课题组成员的辛勤付出。]

参考文献

[1] 曹现强，马明欢 . 儿童友好型城市治理的路径分析与实践逻辑——基于 10 个国家治理实践的文本分析 [J]. 山东大学学报（哲学社会科学版），2022（1）：119-130.

[2] 曾鹏，蔡良娃 . 儿童友好城市理念下安全街区与出行路径研究——以荷兰为例 [J]. 城市规划，2018，42（11）：103-110.

[3] 陈李波，马冰洁 . 儿童友好城市视角下的武汉里分建筑空间更新策略研究 [J]. 华中建筑，2022，40（4）：39-44.

[4] 韩雪原，陈可石 . 儿童友好型城市研究——以美国波特兰珍珠区为例 [J]. 城市发展研究，2016，23（9）：26-33.

[5] 韩亚楠，等 . 北京朝阳区双井街道：基于儿童生活日志调研和空间观测的社区公共空间儿童友好性评估 [J]. 北京规划建设，2020（3）：43-48.

[6] 何灏宇，等 . 基于儿童友好的健康社区营造策略研究 [J]. 上海城市规划，2021（1）：8-15.

[7] 黄军林，等 . 面向"沟通行动"的长沙儿童友好规划方法与实践 [J]. 规划师，2019，35（1）：77-81，87.

[8] 梁爽静，等 . 荷兰代尔夫特市街区：儿童友好型街区的建设实践与启示 [J]. 北京规划建设，2021（1）：64-69.

[9] 梁思思，等 . 儿童友好视角下街道空间安全设计策略实证探索——以北京老城片区为例 [J]. 上海城市规划，2020（3）：29-37.

[10] 孟雪，等 . 国外儿童友好城市规划实践经验及启示 [J]. 城市问题，2020（3）：95-103.

[11] 施雯，黄春晓 . 国内儿童友好空间研究及实践评述 [J]. 上海城市规划，2021（5）：129-136.

[12] 姚瑶，申世广 . 儿童友好型城市研究进展 [J]. 广东园林，2020，42（2）：42-46.

[13] 于一凡，张菁 . 儿童友好型城市 [J]. 人类住区，2021（1）：13-15.

[14] 赵迪，毕倚冉 . 城市建设中儿童参与式规划设计的研究进展 [J]. 风景园林，2022，29（2）：65-70.

[15] Wridt P. A Qualitative GIS Approach to Mapping Urban Neighborhoods with Children to Promote Physical Activity and Child-Friendly Community Planning[J]. Environment and Planning B：Planning and Design，2010，37（1）：129-147.

[16] Allen, M. A.Planning for play[M]. London：Thames & Hudson，1968.

[17] Alparone, F. R.，M. G. Pacilli. On children's independent mobility：The interplay between

demographic, environmental, and psychosocial factors[J]. Children's Geographies, 2012, 10 (1): 109-122.

[18] Barker, R. G., Kansas University. Midwest Psychological Field Station.Ecological psychology: concepts and methods for studying the environment of human behavior[M]. Stanford, Calif.: Stanford University Press, 1968.

[19] Cele, S., D. Burgt. Participation, consultation, confusion: professionals' understandings of children's participation in physical planning[J]. Children's Geographies, 2015, 13 (1): 14-29.

[20] Gill, T.Urban playground[M]. Corrales, NM, Isaiah Stewart, 2005.

[21] Gill, T.Space-oriented Children's Policy: Creating Child-friendly Communities to Improve Children's Well-being[J]. Children & Society, 2008, 22 (2): 136-142.

[22] Gleeson, B., N. G. Sipe. Creating child friendly cities: reinstating kids in the city[M]. London; New York: Routledge, Taylor & Francis Group, 2006.

[23] Lynch, K., T. Banerjee. Growing up in cities: studies of the spatial environment of adolescence in Cracow, Melbourne, Mexico City, Salta, Toluca, and Warszawa[M]. Cambridge, Mass., MIT Press, 1977.

[24] Marrus, E., P. Laufer-Ukeles. Global reflections on children's rights and the law: 30 years after the Convention on the Rights of the Child[M]. Milton Park, Abingdon, Oxon; New York, NY, Routledge, 2021.

[25] Nordström, N. Children's Views on Child-Friendly Environments in Different Geographical, Cultural and Social Neighbourhoods[J]. Urban Studies, 2010, 47 (3): 514-528.

[26] utgers, C. Creating a world fit for children: understanding the UN Convention on the rights of the child[Z]. New York, International Debate Education Association, 2011.

[27] Simpson, B.Towards the Participation of Children and Young People in Urban Planning and Design[J]. Urban Studies, 1997, 34 (5-6): 907-925.

[28] van der Burgt, D. How Children Place Themselves and Others in Local Space[J]. Geografiska Annaler, Series B: Human Geography, 2008, 90 (3): 257-269.

[29] Ward, C.The Child in the City[M]. New York: Pantheon Books, 1978.

袁媛，中山大学地理科
学与规划学院教授、博
士生导师，中山大学城
市化研究院副院长，广
东省城市化与地理环境
空间模拟重点实验室副
主任

廖绮晶，广州市从化区
人民政府副区长，工学
硕士

朱倩琼，广州市规划和
自然资源局总体规划处
处长，博士

何灏宇，中山大学地理
科学与规划学院 2019
级硕士研究生

何
灏
宇

朱
倩
琼

廖
绮
晶

袁
媛

"双减"政策背景下促进儿童健康的社区规划设计 *

第八次全国学生体质与健康调研结果显示，2021 年我国中小学生体质健康达标优良率为 33%，这与《国务院关于实施健康中国行动的意见》（国发〔2019〕13 号）所提出到 2022 和 2030 年学生体质健康标准达标优良率分别达到 50% 及 60% 以上的目标仍有一定的差距[1]。国家对于中小学生体质健康高度重视。为深入贯彻党的十九大和十九届五中全会精神，切实提升学校育人水平，持续规范校外培训（包括线上培训和线下培训），有效减轻义务教育阶段学生过重的作业负担和校外培训负担，中共中央办公厅、国务院办公厅印发《关于进一步减轻义务教育阶段学生作业负担和校外培训负担的意见》。广东省教育厅发布了《关于进一步加强学生体质健康工作的通知》，要求着力保障学生每天校内、校外各 1 小时体育活动时间，中小学校每天统一安排 30 分钟的大课间体育活动，并大力推广家庭体育锻炼活动[2]。

随着国家"双减"政策及其相关地方规定的落实推进，更加充裕的课后时间为中小学生提供了参加体育锻炼、提升体质健康水平的良好契机。据教育部调查，全国 20 万所义务教育学校中有 92.7% 的学校在课后增设了文艺体育类活动[3]。社区和学校均是儿童体力活动空间载体最主要的供给来源，是引导儿童主动体力活动、提升体质健康水平的关键环节，这对社区体力活动空间和设施的供给也提出了新的要求。如何利用城市规划与设计手段，营造促进儿童积极参与体力活动的空间场所，打造健康社区和校园，是儿童友好城市建设应重点关注的内容之一。在城乡规划领域，幼儿园、小学和初中是基于居住区人口总量和就近原则配置的，与社区空间紧密相连，本文将健康校园也纳入社区规划设计中统筹讨论。

---

* 基金项目：广东省科技创新青年拔尖人才项目（2017 年广东特支项目）和《广州市健康城市规划导则》项目联合资助。

1　中国儿童体质健康和空间供给问题

国际《儿童权利公约》所界定的"儿童"是指 18 岁以下的任何人 [4]。随着我国居民营养膳食结构和生活方式的变化，儿童肥胖问题也越发突出，不仅影响青春期发育，还会增加患心脑血管疾病、糖尿病等慢性病的风险。据 2017 年《中国儿童肥胖报告》，我国儿童肥胖率不断攀升，目前主要大城市 0—7 岁儿童肥胖率约为 4.3%，7 岁以上学龄儿童肥胖率约为 7.3%。既有研究表明，学校和社区占据了儿童成长过程的绝大部分时间，儿童体质健康与其内部活动空间关系密切 [5]：安全可达的社区游乐场、公园绿地 [6]、开放空间 [7] 和娱乐设施 [8] 等游戏活动空间可促进儿童体力活动，减少肥胖、超重风险 [9]；往返学校的路径是校园和社区空间的延伸，积极的通学路径能够鼓励儿童采取步行或骑行出行，提高身体活动水平 [10]。

我国儿童现有的体质健康和体质达标差距问题的原因：首先，活动空间的供给水平普遍滞后于儿童多样化的体力活动需求。幼儿园整体设计更为重视主体建筑，对户外环境缺乏重视，游戏设施单一，环境设计缺乏与自然要素的结合 [11]，所建设的活动空间与儿童的生理、心理需求不适应，不利于幼儿增强体质和提高对环境的适应力 [12-14]。传统的中小学注重满足教室和室外空间的配套建设指标、造价和朝向等因素 [15]，活动空间设计缺乏对不同年龄段儿童游戏活动需求的考虑 [16-18]。例如，中小学体育场地设施普遍存在类型单一、质量不高等问题，场地设施类型以田径场、小运动场、篮球场为主，一些老城区学校更是体育场地设施紧缺、质量低下问题突出 [19]，不仅难以保障儿童体育锻炼的基本安全，也不利于培育和激发儿童多元化的体育兴趣爱好，促进儿童全面发展 [20]。

其次，不同社区的儿童活动空间建设水平参差不齐。相较于现代化的商品房社区，老旧社区、单位房社区等建设年代久远，建设标准和设施配置水平较低，且设施老旧破损现象严重，难以满足现代化居住需求；城中村社区则是囿于建筑密度过高，用地紧缺，普遍存在体育设施、公园广场的供给缺口。同时，城市社区在儿童活动空间规划设计时，往往采取统一标准的基础配建方式，即仅满足社区设施配建的指标要求，未充分考虑不同年龄段儿童的行为特征和活动需求差异，配建设施类型和场地功能单一，难以满足儿童多元化活动需求 [21]。

再次，学校和社区体育场地设施尚未建立起完善的共建共享机制。近年来，我国致力于扩建学校体育设施、提升配建达标率，部分学校的空间、设施资源得到明显改善，但内部体育场地设施在放学后、周末和寒暑假均处于闲置状态，未能实现体育设施效用的最大化。因而部分城市地区存在社区体育设施短缺和周边学校体育设施资源阶段性闲置的矛盾现状 [22]。

2 不同年龄段儿童的行为特征和空间需求与供给

2.1 不同年龄段儿童行为特征和空间需求

不同年龄段儿童的身心发展多元、行为特征存在显著分异，因此相应的外部活动空间需求各异。儿童活动空间的设计应适应不同年龄段儿童的身心需求和行为特征，提供儿童多样性的游戏活动机会，刺激儿童认知、培养儿童兴趣和好奇心[23]。参考本课题组既有研究成果，结合我国学制和生理、心理发展特征，儿童可根据身心发展特征划分为婴幼儿（0—2岁）、学龄前儿童（3—6岁）、学龄初期儿童（7—12岁）、青春期（13—18岁）4个阶段[24-27]。本研究关注社区及其配建的幼儿园、小学和初中活动空间对儿童健康的促进作用，因此针对3—15岁适龄儿童展开分析（表1）。

各年龄阶段儿童身心健康需求及活动空间诉求　　　表1

年龄阶段	身心健康需求			活动空间需求
	生理需求	心理需求	社会适应	
学龄前儿童（3—6岁）	有一定的独立活动能力，活动范围开始扩展到社区户外，渴望色彩等要素的强烈冲击	猎奇心理强烈，开始培育对社区的归属感	开始参与团体活动和结交朋友	对活动空间多样性的需求增加，强调空间的安全性、可达性和趣味性
学龄初期儿童（7—12岁）	具备独立活动能力和基本的逻辑思维能力，需要足够的活动场地来开展团体活动	渴望除父母外的社会关系的陪伴，扩大社区内的社交圈子，渴望成人的支持、帮助与赞扬	对于周边的事物有一定的思考，其提出的问题趋于广泛且初具深度，社交能力不断提高	更具创造力和想象力的探索类型的社区活动空间，以及适于社会交往的空间环境
初中适龄儿童（13—15岁）	身体活动能力加强，社区活动类型偏好转向竞技类体育运动	抽象推理能力较强，善于进行个人思考、想象和表达	探索自我意识的确定和自我角色的形成，思考自己扮演的各种社会角色	竞技类的户外活动空间，如球类活动

资料来源：参考文献[27]

学龄前儿童（3—6岁）属于幼儿园适龄儿童，活动范围逐步拓展到户外，该年龄段的儿童处于以自我为中心、观察和认知周边事物的阶段，有着强烈的求知欲和探索欲，注意力集中在自己感兴趣的事物上，且兴趣点往往不断转移，需要不断寻求和更换游戏玩乐的媒介物。他们在户外活动常常中以多样化的自然物为主要游戏媒介物，如泥土、爬山、玩水、捉小昆虫、追小动物等[28]。

学龄初期儿童（7—12岁）为小学适龄儿童，该阶段儿童生理发育最旺盛、想象力和创造力最丰富，总体而言以活动量较大的智力型、冒险型活动为主，活动范围持续扩大，且倾向团体游戏。小学阶段儿童身心发展迅速，可塑性强，行为特征和兴趣爱好较容易发生变化，小学低年级的儿童仍保留学龄前的行为特征和活动偏好，高年级的儿童则开始呈现向青春期过渡的趋势，活动偏好逐步转向竞技类、高强度的体育运动。

初中适龄儿童（13—15 岁），该年龄段儿童生理和心理发展日趋成熟，空间尺度和感知能力逐渐接近成年人，户外活动类型从游戏玩乐转变为体育运动，倾向于开展高强度、竞技类、团体性的体育运动，如篮球、乒乓球、足球等，所需户外活动空间主要为各种类型的体育场地与设施。该阶段儿童心理发育更加成熟，更多地开展聊天交谈、散步等休闲性的社交活动，因此规划设计中应注重动静结合和分区，适当提供静态休闲的空间场所。

2.2　社区在儿童健康促进中的空间供给作用

社区（和校园）作为儿童生活和学习主要的空间单元，在活动空间供给上互为补充。首先，在不同的时间段发挥着服务功能。校园中儿童活动空间的使用受限于课程安排，多为工作日体育课或放学后使用，使用时间相对零碎，活动内容大多与课程相适应，且有体育教师的辅导。社区内儿童活动空间的使用时段主要为放学后和周末，时间相对自由且集中，儿童可灵活安排多元化的活动，且有利于社区邻里不同年龄段儿童之间的交流和互动，促进社会适应能力的发展。

其次，对不同年龄的服务对象供给有所差异。对于学龄前儿童（3—6 岁）而言，社区是其体力活动的主要场所，由于低龄儿童活动范围较小、更多依赖家长看护，社区需要提供安全性和可达性更高的儿童活动空间，如社区集中式广场和宅前活动空间等。相比于社区面向全人群的公共活动空间设计，学校中儿童活动空间的设计更加"专门化"，针对适龄入学儿童的活动需求配置空间功能：对学龄初期儿童（7—12 岁）和青春期（13—15 岁）阶段的大龄儿童，提供更加丰富多元的活动空间以及更多类型的体育运动场馆；对低年级儿童更加依赖家长接送，在"双减"政策下，儿童放学时间提前，大部分家长仍未下班，学校在应对儿童放学后显著增加的体力活动需求中的角色更显重要。

3　促进儿童健康的社区规划设计

3.1　促进儿童健康的社区活动空间规划设计

儿童在社区中主要的活动空间除社区中心绿地广场等专用的儿童活动设施外，还包括生活街道、宅前绿地和小广场等半公共和私密空间。促进儿童健康的活动

空间规划与设计应涵盖以下要点:

(1)从儿童视角出发,活动空间的功能和设施应覆盖不同年龄段儿童多样化的活动需求。低龄儿童活动空间应与自然环境结合,大龄儿童则倾向于进行竞技类体育锻炼,应在场地配套饮水机、便利店、简易更衣室等运动友好设施,根据不同年龄段儿童的行为习惯和成长需求,对室外活动区域进行功能划分,引导全年龄段儿童进行身体锻炼。

广州碧道体系建设中融入儿童友好理念,位于串联羊城古今山水及自然文脉"粤环"中的琶洲阅江路碧道,沿线布局了趣味性、多样化的儿童游憩场地,整体采取儿童活动空间结合体育休闲设施设置的方式,有效地提高儿童的身体活动水平,且活动空间的设计充分利用滨江景观优势,引导儿童亲近自然,已成为儿童玩耍的"网红"目的地,助力广州美丽宜居花城建设(图1)。

(2)社区内形成功能差异、层次分明的"点—线—面"三级儿童活动空间体系。面状空间指社区集中绿地广场,配有专门的大型儿童活动和体育设施,如大型滑梯、攀爬架、篮球场、足球场等,供儿童集中活动;线状空间即社区内部街道,通过机动车交通管制、完善慢行道等方式营造安全的活动环境,并衔接各点、面状活动空间;点状空间即宅前绿地、小广场,可适当布局沙坑、浅水池、滑梯、微地形等简易游戏设施,可打造成私密性、领域感和安全感较强的场所,诱发儿童活动和社会交往[29]。以荷兰代尔夫特市Poptahof社区为例,在适童化改造中营造了公共空间、半公共空间、私密空间三类空间,为儿童户外活动提供多样化的选择。社区中心公园是社区及社区周边居民日常活动的中心,配套大型的儿童活动设施;入户花园和宅前空地则是相对私密的活动场所;街道空间、宅间绿地属于半公共空间,在"街道眼"的保护下,儿童可获得一定的安全感和领域感。社区通过整理宅间空地,在其中设置花园、小菜园和游戏场地,在全社区形成点状布局的口袋活动空间,为社区儿童提供便捷可达的活动场地[30](图2)。

图1 广州市阅江路儿童友好设施
资料来源:广州市规划和自然资源局

（3）打造儿童友好的通学路径。沿社区儿童主要上下学道路，设置独立步行路权的连续路径，串联社区儿童喜爱、经常使用的活动空间和社区公共服务设施，路径设计采用卡通、色彩等趣味性元素。仍以 Poptahof 社区为例，该社区重点关注内部交通系统的优化，通过取消社区内多条对外道路，仅保留一条道路与城市道路连接，且采取限速、设置红绿灯等交通管制措施，从而减少社区内机动车流量，提高儿童出行的安全性；完善慢行交通网络，设置 3.5 米宽的自行车道和 6—7.5 米宽的人行道，保障儿童独立、优先的路权[30]。浙江省宁波市鄞州区的"最美上学路"以"孩子视角"为主线，路径设计兼具安全性和趣味性，因地制宜地美化校门口周边道路的铺装路面、梳理提升绿化景观品质，在路面和护栏设计中采用银杏叶、星星、四叶草、城堡、白云、沙滩等趣味元素，为每个学校打造不同主题的通学路径[31]（图 3）。

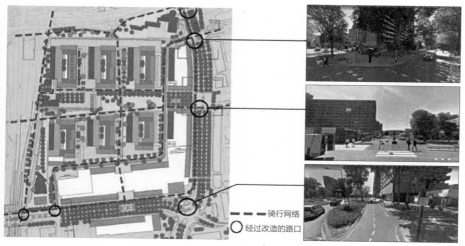

------- 骑行网络

◯ 经过改造的路口

图 2　社区骑行网络

资料来源：参考文献 [34]

图 3　儿童通学路径

资料来源：https://mp.weixin.qq.com/s/RthQDd1rhW2bOzzj2VPUHA

（4）场地设计兼具安全性、可达性和趣味性。安全性方面，减少车辆的干扰，游戏设施和铺地宜采用自然化、软质、柔性耐磨的环保材料，尤其应该关注低龄儿童活动的安全保障；可达性方面，通过点状宅前活动空间的布局实现全社区适童活动；在趣味性上，一方面打造多元主题活动，另一方面鼓励通过结合色彩、卡通、自然等儿童喜爱元素的场地设计引导儿童参与户外体力活动。

广州市采用了"儿童公园＋儿童游憩场地"主体的儿童游憩空间体系建设，例如从化儿童公园依据儿童不同成长阶段的特点划分了8个主题活动区，包括以卡通、动植物、土壤元素主导的幼儿活动区，以低强度的冒险探索、涂鸦、迷宫等活动为主的学龄儿童活动区，以攀登等运动为主题的青少年活动区等（图4）。广州市以"科普为主、各具特色、各有精彩"的原则，建设不同主题的儿童游憩园区，目前已建成面积和数量均居全国第一的儿童公园群落。

广州市三眼井社区通过微改造建设全龄公园和顽皮乐园，其中全龄公园划分了老年人和儿童的活动空间并就近设置，便于看护且促进老幼交流；顽皮乐园利用场地的高差、绿化、小品等要素，为儿童创造安全、有趣、促进全龄儿童交流的游乐空间。将社区主街改造设计为人车分流的共享街道，并串联社区内各个老幼友好空间节点[32]（图5）。

图4 从化儿童公园：探险营地项目（左）游戏设施（右）
资料来源：从化区林园局

图5 广州三眼井社区
资料来源：广州市规划和自然资源局

3.2　促进儿童健康的校园规划设计

幼儿园和中小学在儿童身心成长和健康生活方式培养方面发挥着不可或缺的作用，其中的儿童活动空间是实现寓教于乐的空间载体，但由于面向儿童群体的年龄差异，两者在活动空间规划和设计中需关注不同的要点：

3.2.1　幼儿园——注重自然性、开放性和安全性

幼儿园活动空间包括户外和室内的游戏场地。户外活动空间以开放性为主，配备游乐设施，为儿童开展体育型游戏提供足够的硬化场地，并适当设置半封闭的休闲娱乐空间，场地可使用沙地、人造草坪或树皮碎屑、木屑、草皮等软质铺地作为缓冲，以保证幼儿活动时的安全。户外环境应强调自然性，为幼儿创造与大自然亲密接触的活动空间，利用幼儿园的树林、种植区、水池等来引导幼儿接近自然，学习观察、种植和饲养；利用微地形高差创造具有挑战性、趣味性的空间，如小土坑、小山洞等，可利用小灌木丛等自然要素，打造富有趣味性的小迷宫或者钻洞空间。

日本 MRN 幼儿园首层户外活动空间的设计融入了洞穴、沙石、缓坡、树木 4 种自然元素，活动场地汇总设置了大型组合滑梯、攀爬墙、爬网、木质拓展设备、微地形以及沙水池等游乐设施，并通过楼梯与建筑二层相联系，结合高差的设计为儿童创造了具有挑战性和冒险性的活动空间，满足了小朋友天性玩耍好动的需求，同时也营造出一定的空间围合感，提高儿童的心理舒适度[33]（图 6）。

3.2.2　小学——空间类型多元综合

小学的儿童活动空间类型较为综合，针对低、中、高年级儿童的差异化需求，设计适应各年龄段特征的活动空间，并注重各类空间之间的间隔与联系。低年级儿童活动空间以自然元素为主，满足该年龄段儿童亲近自然的猎奇本能；中年级儿童活动空间应由趣味性、不规则、抽象的元素构成，创造形态多样、体验有趣、

图 6　日本 MRN 幼儿园室外活动空间
资料来源：https：//www.sohu.com/a/404525604_99928522

具有想象力和冒险性的不规则微型
活动空间，如街巷、广场、庭院、台地、
角落、洞穴等，给予儿童迷宫式的
游乐体验；高年级儿童开始接触团
体性的体育运动，应为其规划篮球、
羽毛球、乒乓球、足球等体育设施。

深圳福田新沙小学的户外活动
空间整体设置在首层裙房的屋顶（图
7），通过"S"形的教学楼围合形成
两片完整的大型户外活动空间，北
侧形成趣味活动空间，设置有绿森
林、浮桥、三角山丘、圆顶城堡等
游戏设施；南侧则是相对平坦的景
观绿地和活动小广场，利用建筑无
规则排布形成巷弄空间；西侧集中
建设足球场、篮球场、跑道等常规
体育设施；教学楼屋顶有天台农场，
可供儿童种植植物和认识自然；通
过在架空层和教学楼连廊布局趣味
性的活动设施，使其成为儿童便捷
可达的活动场所[34]。首层裙房采取
骑楼形式，并布置休闲座椅，成为
可遮阳避雨的家长接送等待区和周
边居民休闲场所。

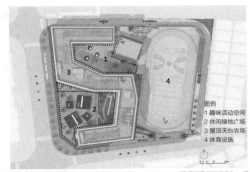

图 7　深圳福田新沙小学活动空间
资料来源：https://mp.weixin.qq.com/s/HkTA-dT9P-
ANN5SuF4pnAA

3.2.3　初级中学——动静结合

挪威霍克松（Hokksund）中学创造了能够满足不同年龄阶段、不同技能锻炼
需求的活动空间，包括可供攀爬的雕塑群和攀岩墙、轮滑公园、自行车公园以及篮
球、足球、乒乓球和沙滩排球等球类运动场地，并在户外活动场地附近设计了色彩
鲜艳、形态有趣的休闲座椅，可供儿童课后学习、交流和观看体育比赛（图8）[35]。

3.2.4　建立儿童体育场地设施的共享机制

在不影响学校正常教学秩序、保证学校教学与训练活动需要的前提下，在每
日放学后、寒暑假及法定节假日等特定时间段，符合对外开放条件的中小学可向
周边社区开放体育设施。深圳福田新沙小学在首层裙楼内建设有图书馆、食堂、

图 8　挪威 Hokksund 中学活动空间

资料来源：https://bbs.zhulong.com/101020_group_201874/detail32383216/

多功能厅、室内恒温泳池和体育馆，避免了与屋顶上方的教学流线形成交叉，可在节假日向社区开放[34]。

　　最后，结合广州老城区中诸多学校受限于场地条件，以致生均占地指标严重不达标，难以保障儿童充足的活动空间等现状，国内外优秀案例中部分幼儿园和中小学挖掘和利用屋顶等灰色空间的方式非常值得借鉴；考虑到广州高温多雨的气候，宜创造适于不同季节、天气条件的活动空间，如通过种植乔木绿化和建设遮阳构筑物来创造遮阳阴影区域、利用架空层设计雨天活动空间。

4　结语

　　在健康中国行动和"双减"政策背景下，儿童体质健康状况提升成为社会重点关注的热点，引发儿童友好城市建设中如何通过规划设计手段促进儿童健康的思考。儿童有着活泼好动的天性，适应身心健康需求和行为特征的活动空间能够有效促进儿童主动参与身体活动，从而提高体质健康水平。社区（本文包含幼儿园、小学和初中）作为儿童在成长过程中接触时间最长的环境，是促进儿童身体活动的重要抓手。

　　结合国内外优秀的健康校园和健康社区案例，高品质的儿童活动空间应从儿童视角出发，适应不同年龄段儿童的活动需求，并且兼具安全性、可达性和趣味性特点。促进儿童健康的社区应形成"点—线—面"的儿童活动空间体系，打造社区全域儿童活动空间；同时，注重减少车流干扰，设计儿童友好型通学路径。健康校园则满足差异化需求，幼儿园活动空间注重自然性、开放性和安全性；小学阶段为儿童身心发育最快的时期，其活动空间应多元综合；初中则应重点配套完善的体育场地设施，适当营造静态的休闲空间，满足青春期儿童逐步分化的多元化兴趣爱好和活动需求。

　　未来可结合健康校园和社区的研究与实践，探索在地化的校园和社区儿童活动空间规划设计规范和标准，并在治理角度探讨儿童友好的健康校园和社区营造、共建共享的长效机制。

[本文在《城市观察》杂志 2022 年第一期笔谈基础上，略有修改。]

参考文献

[1]　中华人民共和国国务院 . 国务院关于实施健康中国行动的意见 [Z]. 北京：中华人民共和国国务院，2019.

[2]　中华人民共和国教育部办公厅 . 教育部办公厅关于进一步加强中小学生体质健康管理工作的通知 [Z]. 北京：中华人民共和国教育部办公厅，2021.

[3]　何蕊 . 教育部：作业总量得到控制，91.9% 的学生自愿参加课后服务 . [EB/OL].（2021-12-21）. https：//baijiahao.baidu.com/s?id=1719721155772135085&wfr=spider&for=pc.

[4]　《儿童权利公约》[S]. https：//www.un.org/zh/documents/treaty/files/A-RES-44-25.shtml.

[5]　张谊，戴慎志 . 国内城市儿童户外活动空间需求研究评析 [J]. 中国园林，2011（2）：82-85.

[6]　朱玮，翟宝昕 . 儿童户外活动视角下的上海市建成环境评价研究 [J]. 上海城市规划，2018（1）：90-94.

[7]　何玲玲，林琳 . 学校周边建成环境对学龄儿童上下学交通方式的影响——以上海市为例 [J]. 上海城市规划，2017（3）：30-36.

[8]　Veugelers P，Sithole F，et al.Neighborhood Characteristics in Relation to Diet，Physical Activity and Overweight of Canadian Children[J]. International Journal of Pediatric Obesity，2008，3（3）：152-159.

[9]　Tappe KA, Glanz K, James F Sallis.Children's Physical Activity and Parents' Perception of the Neighborhood Environment: Neighborhood Impact on Kids Study[J]. International Journal of Behavioral Nutrition and Physical Activity, 2013, 10 (1): 39.

[10]　Timperio A, Ballk, Salmonj. Personal, Family, Social, and Environmental Correlates of Active Commuting to School[J]. American Journal of Preventive Medicine, 2006, 30 (1): 45-51.

[11]　朱彤, 孙新旺. 基于自然教育理念的幼儿园户外环境设计——以南京市马群幼儿园户外环境设计为例 [J]. 园林, 2021 (12): 75-79.

[12]　中华人民共和国教育部 .3—6 岁儿童学习与发展指南 [M]. 北京：首都师范大学出版社, 2012.

[13]　中华人民共和国教育部 . 幼儿园工作规程 [J]. 中华人民共和国国务院公报, 2016, 12.

[14]　苑海燕, 王萍, 卢丽华 . 蒙台梭利教育理论及方法 [M]. 北京：清华大学出版社, 2017.

[15]　朱建聪 . 高容积率条件下中小学校高台型运动场空间集约化研究 [D]. 深圳：深圳大学, 2020.

[16]　刘浩 . 基于行为心理角度的小学室外空间设计 [D]. 天津：天津大学, 2020.

[17]　姜宇威 . 基于学生行为的小学校园室外空间景观优化设计 [J]. 黑龙江科学, 2020 (15): 112-113.

[18]　李茜 . 基于儿童心理角度的小学校园环境设计研究 [D]. 长沙：湖南大学, 2014.

[19]　高子月 . 基于集约化理念的城市中学体育运动空间设计研究 [D]. 西安：西安建筑科技大学, 2021.

[20]　孔冲 . 小学生体育学习兴趣影响因素的量表研发与作用机制研究 [D]. 上海：上海体育学院, 2021.

[21]　梁婕 . 居住区中儿童户外游戏环境设计探讨 [D]. 武汉：华中农业大学, 2007.

[22]　邹巍 . 学校体育设施与社区全民健身资源互补研究 [D]. 重庆：西南大学, 2014.

[23]　任瑛 . 基于游戏化教学的幼儿园建筑室内活动空间设计研究 [D]. 西安：西安建筑科技大学, 2021.

[24]　白皓文 . 健康导向下城市住区空间构成及营造策略研究 [D]. 哈尔滨：哈尔滨工业大学, 2010.

[25]　刘磊, 雷越昌, 吴晓莉, 等 . 现代主义城市中的儿童与儿童友好型空间 [J]. 上海城市规划, 2020 (3): 1-7.

[26]　周凯瑞 . 健康视角下城市老旧社区儿童户外活动空间更新研究 [J]. 城市建筑, 2020 (16): 196-198.

[27]　何灏宇, 谭俊杰, 廖绮晶, 等 . 基于儿童友好的健康社区营造策略研究 [J]. 上海城市规划, 2021 (1): 8-15.

[28]　王宇洁 . 适应素质教育的小学校园儿童游戏空间形态探析 [D]. 西安：西安建筑科技大学, 2004.

[29]　王婷 . 易诱发儿童交往行为发生的老城街巷空间研究 [D]. 武汉：华中科技大学, 2006.

[30]　张渡也 . 儿童友好型社区公共空间设计研究 [D]. 深圳：深圳大学, 2019.

[31]　鄞州区综合行政执法局 . 孩子们的开学礼！鄞州区"最美上学路"5.0 版如约而至 [EB/OL].（2021-08-31）. https://mp.weixin.qq.com/s/RthQDd1rhW2bOzzj2VPUHA.

[32]　郑宇, 方凯伦, 何灏宇, 等 . 老幼友好视角下的健康社区微改造策略研究——以广州市三眼井社区为例 [J]. 上海城市规划, 2021 (1): 31-37.

[33]　设计如何放飞儿童？丨来看看这几所国外幼儿园设计案例 [EB/OL].（2020-06-28）. https://www.sohu.com/a/404525604_99928522.

[34]　中小学建筑设计：深圳福田新沙小学 / 案例 [EB/OL].（2021-08-23）. https://mp.weixin.qq.com/s/HkTA-dT9P-ANN5SuF4pnAA.

[35]　霍克松中学周围景观 . [EB/OL].（2018-03-05）. https://bbs.zhulong.com/101020_group_201874/detail32383216/.

武廷海
郑伊辰

武廷海，清华大学建筑
学院教授
郑伊辰，清华大学建筑
学院城市规划系博士研
究生

中国城市的体系特征及其对国土空间规划的价值 *

2020 年 9 月，中央提出："中华文明具有独特文化基因和自身发展历程，植根于中华大地，同世界其他文明相互交流，与时代共进步，有着旺盛生命力。"2022年 5 月，中央再次提出："要深入了解中华文明五千多年发展史，把中国文明历史研究引向深入。"中国城市是中华文明的结晶，自新石器时代城市聚落大量出现以来，中国城市发展即表现出鲜明的体系特征。中国城市体系植根于我国幅员辽阔、区域特质多样的地理基础，其发展先后经历了城邑起源与地域化、分封制与邦国化、郡县制与层级化等阶段。历经数千年的发展演进，中国城市体系与行政、交通、经济、文化等系统高度耦合，在统一多民族国家之持成、广域空间之治理中起到了枢纽作用，是中华文明的重要载体和国家治理的空间骨架，为新时代的国土空间规划提供了历史基础与借鉴。

1 中国城市体系的地理基础

中华民族生息繁衍于世界最大的大陆——欧亚大陆、世界最大的大洋——太平洋、世界最崇峻的高原——青藏高原之间。总体看来，以"胡焕庸线"（黑河—腾冲线）为分界，中国可以分为两个大的文化—生态区：胡焕庸线以东以南地区，以稠密的人口和适宜农耕的肥沃土地为特征，约占全国总面积的 36%，全国总人口的 96%，分布着我国现存文化资源的约 90%；胡焕庸线以西以北地区，以沙漠、高山和草原为主，约占全国总面积的 64%，全国总人口的 4%，分布着我国现存

* 基金项目：国家自然科学基金面上项目（51978361）。

文化资源的约 10%。历史地看，早在新石器时代以来，这种宏观的分区特征就逐渐出现，并贯穿整个历史时期。

中华大地上的纵横山川划分出不同的界域，造就了统一文明之下丰富多元的区域文化特质，如秦岭—淮河东西轴线是中国南北方的分界线，南岭是华中与华南的分界线，昆仑山—祁连山—横断山是第一、二级地理阶梯的分界线，大兴安岭—太行山—巫山—雪峰山是第二、三级地理阶梯的分界线。诸河流系统——黄河、淮河、长江、珠江等，形成了适宜农业、便于水运的大片冲积平原，其间汾渭平原、太行山前走廊、四川盆地、江汉平原、鄱阳湖盆地等相对独立又彼此联系的地理单元，扮演着文明"主舞台"的角色。

2　中国城市体系发展的阶段性

植根于我国幅员辽阔、区域特质多样的地理基础，中国城市体系先后经历了城邑起源与地域化（1 万年前—新石器时代晚期）、分封制与邦国化（夏商周时期）、郡县制与层级化（战国秦汉以来）等发展阶段。

2.1　城邑起源：聚落分化与地域化阶段

中国城市的体系特征有着长期的起源过程。距今 10000 年左右，大陆冰盖开始大面积融化，为人类聚居范围的拓展提供了基础条件；距今 8500 至 3000 年的全新世大暖期气候相对温和湿润，这段时间也是早期聚落集中产生、发展、演变的关键历史时期。约距今 9000 年至 7000 年，规模聚居开始形成，农业、养殖业和手工业得到发展。约距今 7000 至 5500 年，部分聚落内始出现等级分化，聚落空间复杂性也随之提升。约距今 5500 至 4500 年，社会发展进入"古国"时期，东北地区牛河梁、东南地区良渚、江汉地区石家河、中原地区北阳平、鲁东南尧王城等文化遗址，都是"区域性国家文明"的典型表征 ❶，就在这一时期，特殊的聚落形态——"城"（Walled-City）出现，中国早期城市规划亦当于此时起源。

早期中国的城市体系可以理解为地域化的"城—国"体系，与西方的"城邦"传统有一定的相似性。这种"自生"的城市体系具有如下特点：一是城市数量众多，按照古代文献的说法，黄帝时代"天下万国"星罗棋布；二是城与城（"国"与"国"）之间在治理上相对独立；三是早期城市建设锚固于其所在的地理单元，在空间形

❶ 刘莉，陈星灿.中国考古学：旧石器时代晚期到早期青铜时代 [M]. 北京：生活·读书·新知三联书店，2017：181-221.

态上具有多样性，每一个地理单元内部的城邑又有着比较鲜明的文化共性。关中平原、伊洛河流域、南襄盆地、江汉平原 ❶、泰山北麓地区、太行山前走廊等地理单元，是早期城市体系的主要承载空间；其间，城市各据地势、诞生发展，塑造了"满天星斗"的文化区系格局 ❷。

2.2 体国经野：分封制与邦国化阶段

夏商周三代以"城"为地域控制的据点，相应地，广域空间规划具有两个明显特点：一是对于广袤的国土空间，按照特殊的功能需要（如军事据点、盐仓和青铜作坊等）设置充当控制据点的城邑，形成体系；二是都城对整个地域发挥核心统领作用，其规模、结构等也表现出特别之处，都城地区的"城市化"程度高于周边地区。

《考工记》中记载的"匠人建国"与"匠人营国"，都是"建城"与"营城"的意思。"国"即城市的边上附着"野"（亦即国之"郊"），形成"国—野"二元空间体系，相应地产生了"国人—野人"之分别。宏观地看，城市体系的空间形态呈现出"星罗棋布"之格局，一个个"国—野"单元之间还存在着"隙地"，与后世广域领土国家的"密铺式治理"尚有区别。如《诗经》所载之公刘迁豳、太王迁岐，都是举族迁徙，新筑城邑，开辟郊野，形成典型的、分散的国—野单元。

商代已经自觉地通过设置城邑对国土空间进行据点式控制。中心是"大邑商"也就是商都，周围是"子姓"宗族的居住地，再往外是由殷商势力控制的四方，更外是方国。从今潼关到郑州的黄河两岸，城邑大致等距、有规律地分布。商代前期，东到郑洛，西到潼关，南到盘龙（今武汉市一带），都有城之建置。商代晚期，城邑据点向东扩展到山东半岛。设置这些"城"的主要目的是控制国土空间、战略要地和铜矿等关键资源，其周边聚落一般较少。

西周以较小的军事政治体量控制了广阔的国土空间，为了实现全国秩序的统合，周王利用亲缘关系维持封建网络，形成血缘与政治结合的双重结构——分封制体系。中央政权在中国北方黄河流域的范围之内发号施令，激励功臣、宗亲等到东方去开辟土地，以此深化对广袤地域的控制和开发。早在文王时代，周已有封建之实；待到殷都陷落，武王开启第一次大分封；周公旦二次克商，周室的地盘开拓到黄河下游和济水流域，同时也放手封建兄弟姻亲，开启第二次大分封。西周分封实质上继承了商代"布点城市、控驭国土"的办法，城的建置及分布是一种战略性的空间经营——布局落子、连点成线，进而控制广袤的面。

❶ 郭立新，郭静云. 中国最早城市体系研究（一）[J]. 南方文物，2021（1）：35–37.
❷ 苏秉琦. 中国文明起源新探 [M]. 北京：生活·读书·新知三联书店，2000：101–129.

与分封制相结合的广域城市布局，体现了基于宗法礼制的严密等级规范，如《考工记》记载的"王城—诸侯城—卿大夫采邑"的序列。值得注意的是，西周的分封是因势利导的动态过程，并非如《周礼》《礼记》等典籍所言，似乎一夜之间便建立起层层嵌套、规整严密的空间体系。

2.3　城邑天下：郡县制与层级化阶段

西周封建存在先天的弊病——分封越多，则宗周越弱；时间越久，则亲情越疏。春秋时期（前 770 年至前 476 年）诸侯争霸，封建制度轰然解组；战国时期（前 476 年至前 221 年）列国征伐，治理体系急遽转型。春秋战国时代城市规模与数量的剧烈增加，也为秦汉帝国时代城市体系新格局奠定了物质基础。

春秋战国时期，随着世卿世禄制被官僚制取代，地方组织也逐渐由分封制、采邑制转为县制—郡制。春秋中后期，由于土地私有制的发展和"税亩"的财政变革，分封体系已不能适应新的形势，一些国家遂在占领区推行由国君派官直接管理的县郡体制。后来为了满足兼并和御敌的需要，将这种相对临时的建置转变为有权应对边境事变的、固定的地方政权组织。战国时代，列国边地日益繁荣，就在郡下分设若干县，形成郡县两级地方组织。

秦依靠军事优势灭六国，把适应其军政状况的、中央集权式的郡县行政体制推至全国，中国迈入全新的统一时代；其后"汉承秦制"，沿袭并完善了大一统的郡县制。如果说先前的"天下万国"时代，城市体系存在形式还是分散的城邑国家；那么到了帝国时代，统一的多民族国家城市体系就正式形成了（表 1、图 1）。

历史证明，秦汉帝国郡县体制有效地应对了广域治理的两个突出问题：

一是如何统治广袤的帝国。秦统一六国后实行郡县制，通过城市体系实现广袤空间治理的体系化、制度化，此可谓对我国后续历史影响至深至远的空间规划战略。秦并天下十余年，两汉绵延 400 余载，中央集权的层级制度日益深入实践，

中国城市体系发展三个阶段的主要特征　　　　表 1

历史分期	聚落分化与地域化阶段（10000 年前—新石器时代晚期）	分封制与邦国化阶段（夏商周时期）	郡县制与层级化阶段（战国秦汉以来）
空间结构	城邑散布，满天星斗	分封制度，置陈布势	行政体系，交通网络
规模尺度	以自然区域为限	以汾渭平原—中原地区为核心的三千里尺度	以都城地区为中心的万里尺度
核心要素	通常以河谷盆地为中心	以王畿为核心的分布式	以都城地区为核心的层级式
演变机制	聚落产生与分化	基于血缘的分封制度	基于地缘的行政区划
联系纽带	自然联系	血缘	广域交通

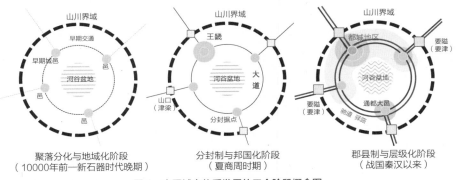

图 1　中国城市体系发展的三个阶段概念图

资料来源：作者自绘

形成国家统一文化传统。公元前 201 年，刘邦"令天下县、邑城"，开启了筑城浪潮，汉代城邑数量大增，分布范围大为拓展，此前城市聚落分布相对稀疏的祁连山—天山廊道、汉长城沿线、东南沿海、东北及岭南等地区均有此时期的城址发现，这些城市无论距都城有多遥远，都遵守着相应的规制，连砖瓦上的纹饰都遵循相似的构图模式。西汉极盛时期全国总人口逾 6000 万，《汉书·地理志》中记载的大中小城市就有 1578 座，可据此推想汉代"城市化"的程度之高；"大汉"曾经是举世瞩目的东方文化之中心，其间正是发达的城市体系承载着时代的繁荣。

　　二是如何经营国家的核心精华区域。秦都咸阳与汉都长安是秦汉城市体系中的核心枢纽节点，也是中华文明的崇闳篇章。秦都咸阳经历了从战国时代秦国都城到秦帝国都城的变迁，秦始皇采取"象天设都"之策，使得城市规划发生结构性变化，形成以"山川定位""设都于苑""宫苑结合"等为特征的、都城规画之"秦制"。汉承秦制，西汉长安在萧何等人的深谋远虑下因地制宜，举九州之势，立城郭与建筑；相山川形胜，壮宫室以重威；以宫殿群为主体，用"面朝后市"之制，等等。西汉末年王莽托古改制，将儒家礼制进一步引入城市空间，形成"左祖右社"的礼制空间格局，其影响绵延后世。

　　郡县制与层级化的城市体系不仅巩固了地理空间意义上的统一中国，而且形塑了"多元一体"的文化特质，增强了中华民族的向心性与认同感。秦汉以来，这一广域文化共同体具有强大的凝聚力和包容性，无论遇到多么剧烈的冲击和挑战，其都能够在抗争、拼搏中实现创造性复兴。

3　中国城市体系在文明进程中的作用

　　《汉书·食货志》阐述了中国古代通过城市体系治理推进国家治理的思想："是以圣王域民，筑城郭以居之，制庐井以均之，开市肆以通之，设庠序以教之。士、农、工、商，四人有业，学以居位曰士，辟土殖谷曰农，作巧成器曰工，通财鬻货曰商。圣王量能授事，四民陈力受职，故朝亡废官，邑亡敖民，地亡旷土。"不忘本来，面向未来，中国城市体系在文明进程中的作用需要被更深刻地认识。

3.1　城市体系在国家治理中的角色地位

城市体系是中华文明的枢纽，在文明进展中起到牵引作用。城市的出现是中华文明形成和成熟的重要标志之一，城市体系成为国家形成与发展进程中的支撑性节点网络，不断实现空间的整合与治道的延续。秦汉推行的郡县制在相当程度上可视作国家层面上成文的城邑秩序和体系。历经数千年不断发展优化，中国城市体系与大国山河相得益彰，与行政体系高度吻合，与交通网络相辅相成，共同在广域国土空间控制与社会治理中发挥了枢纽作用，为统一多民族国家的持成提供了基本的空间骨架。

城市是地域的中心与国家治理之关键。传统中国之乡村植根于土地，孕育着生命和希望，城镇则通常设立于交通便利或形势险要之处，成为国家开展空间治理的战略据点。商代有意识地建置城邑以控御新附国土；西周时期通过营"国"（城）辟"野"（乡）、体"国"经"野"而"封建天下"、布子谋篇；西汉时，中央政权有组织地"营邑立城""募民徙塞屯田"以巩固边疆，这些都是以城市治理推动广域国家治理的例证。

都城地区是国家与城市网络的心脏区。在时代变革中，都城如秦咸阳—汉长安、隋大兴—唐长安、元大都—明清北京等，都成为所在时代人类文明水平最为综合的体现。都城规划及其演进脉络是中国城市规划历史的缩影，在宏观层面，其体现为国家、区域尺度上的都城选址与地区经营；在中微观层面，其体现为地区尺度结合具体条件的规划设计，以及天—地—人—城的整体创造。

3.2　中国城市体系的整体性和多中心性相统一

横向地看，中国城市体系的整体性和多中心性相统一，发挥了"整体大于部分之和"的作用。在秦汉以来的古代历史中，即使政治有时陷于分裂，朝野对"统一"的认知与信念也未见泯灭，中华文化及其空间载体——中国城市体系，就是这种统一思维的深层次原因。城市体系自从在秦汉以郡县制正式确立以来，就成为中国古代无法绕过的制度核心，是中华文明得以绵延不绝的"空间密码"。另一方面，在整体之下的每一个区域、次区域也能"自成一体"地行使整体职能，但具体而微。《禹贡》九州、《史记·货殖列传》经济分区、元代行省设置等，都是整体之分部，中华人民共和国成立之初的"大行政区"设置也在一定程度上沿用了这种

思想。正所谓"东方不亮西方亮"，一个或几个分系统的局部失能不会导致整体的
崩溃。

3.3　中国城市体系的纵向同构性与递变性相统一

纵向地看，中国城市体系的同构性与递变性相统一。一方面，中国城市体系
存在多尺度同构的空间特征。政治上，都城—省会—府城—县城的衙署空间、坛
庙空间、皇宫—亲王—郡王等勋贵府邸空间等，都"有其定制"、依次增减，遵循
着内在的同构逻辑。经济上道理相似，在从国家级的通都大邑、到区域性中心城
市—府县城市—商业市镇的递降序列之中，行使经济功能的基本空间（如坊市、
街衢等）不存在根本的差异。另一方面，城市体系也在纵向存在着递变性，空间
层级越高，复杂性越强。因此中国官吏之升迁很少有越级的特例，在城市角度看，
就是空间尺度不同带来的治理难度差异——官吏需要经过一级城市的历练，才能
到更高级接受挑战。

分时段看，中国城市体系动态与静态相结合，且"动静切换"较为灵活。一
方面，城市体系承载着日常治理，是郡县制、流官制、税制等国家制度的空间体现。
微观尺度，一座古代城市中的衙署布局堪称国家制度的"活地图"；中宏观尺度，
行使政治、军事、经济、文化等功能的市镇星罗棋布于国土，是国家活动的空间
写照。另一方面，城市体系有着很好的动员潜力和生长性，适应国家经济社会发
展的动态变化。譬如汉朝初年"静态的"休养生息政策转换为汉武帝时期"动态的"
远征匈奴战略，帝国的官僚和城市体系在此间较好地完成了历史任务；时至近代，
孙中山《建国方略》的实业计划与抗日战争时期的战时经济、根据地体制❶，都是
中国城市体系"动静切换"的具体表现。

4　依托城市体系开展国土空间规划

西方现代化以城市为主要发生场所，而近代中国发展的落后在相当程度上是
城市及其创新功能的相对落后。中华民族的伟大复兴，在相当程度上有赖于依托
现代科技文明的城市复兴。党的十八大以来，中国特色社会主义进入新时代，"必
须坚持和完善社会主义基本经济制度，使市场在资源配置中起决定性作用，更好
发挥政府作用❷"，需要特别重视城市体系对文化、经济、生态、社会治理等领域
的统率作用，依托城市体系来规划国土空间。

❶ 武廷海.区域规划概论（中国近现代）[M].北京：中国建筑工业出版社，2019：61-66.
❷ 摘自党的十九届六中全会《决议》。

第一，以城市体系为空间骨架，巩固广域文化格局。秦汉以来，城市体系都是国家的"空间骨架"，起到了维护国家统一、形塑中华民族多元一体格局的重要作用；目前，城市体系成为中华文明标识体系的主体部分，是历史文化遗产保护利用之重点。我国城市建成区以占国土面积约 1.9% 的空间体量，承载了 28.9% 的各级文物保护单位与 38.6% 的中华文明标识载体；29 个重要的城市群和都市圈以 11% 的国土面积承载了 35.7% 的文化资源。140 座国家历史文化名城、312 个中国历史文化名镇与 980 片历史文化街区，集中体现了中华文明成就与中华民族智慧。面向未来，需要巩固以城市体系为骨架的中华广域文化格局，落实以城市为重点的中华文明标识体系，立足传统、兼收并蓄、面向未来地营造中华城市文化，为构建人类命运共同体提供文化方案 ❶。

第二，以城市体系为空间引擎，建设现代化经济体系，实现高质量发展。改革开放以来，以大城市为核心的城市地区成为我国经济社会发展的主体，城市对人口与经济的集聚作用持续显现，"规模效应"不断增强。目前，随着国内外发展环境深刻变化，国家致力于推动构建"统一大市场"，形成以国内大循环为主体、国内国际双循环相互促进的新发展格局，城市体系成为新发展格局的空间载体。面向未来，需要更加自觉地提高要素配置效率与质量，汲取更多现代科技文明成果，将城市体系培育为稳定持续的创新动力源，助力新时代高质量发展。

第三，以城市体系为关键空间，实现人与自然和谐共生。中国城市自古附丽于中华山川，形成山—水—城有机相融的城市建设传统。目前，城市作为高密度人居系统，集中了大部分的经济体量和能源资源消耗量，是我国生态文明建设的重中之重。建设美丽中国，改善水源、大气、土壤等环境，推进"碳达峰、碳中和"，都需要以城市为科技解决方案的创新源与综合治理政策的落脚点。新时代国土空间规划需要将城市体系与山水林田湖草生命共同体统筹考虑，真正推动城市人居从"高密度"走向"高效能"，将建设的重点从增量扩张建设转向存量增效利用，构建良性、健康区域生态。

第四，以城市体系为空间主体，建设人民美好家园，实现共同富裕。城市体系与治理体系、交通网络高度耦合匹配，是中华文明得以长盛不衰、绵延不断的"空间保障"。伴随着新时代中国特色社会主义发展进程，我国多尺度多层次空间治理有望日趋完善，城市的体系化程度将进一步提高。疫情是对中国城市治理策略的新考验，新形势下，如何更好满足人民全面发展的空间需求、如何持续激发社会

---

❶ 张能，武廷海，王学荣，等 . 中国历史文化空间重要性评价与保护研究 [J]. 城市与区域规划研究，2020，12（1）：1–3.

主义城市发展潜能，都成为发展与治理的重要命题 ❶。新时代国土空间规划需要以城市体系为治理体系与治理能力现代化的空间凭藉，以城市治理实现经济社会治理的统筹协同，完善国土、区域、城乡、社区等尺度的框架性制度设计，进一步发挥城市体系这一"空间遗产"在人民安居乐业与区域协调发展中的核心作用，实现空间共治共享。

当前，城市地区之间的竞争是国际竞争的重要形式；未来，城市仍将是人类文明的中心与创新要素的源泉。面对不确定性的挑战，美美与共地整合人类智慧、谋求价值共识，已经成为"地球村民"的必由之路 ❷。我们需要"植根大地"地理解中国城市特性，认识中华城市体系在世界人居文明中的独特价值 ❸，积极探索基于自然、本于文化的未来城市体系解决方案，为构建人类命运共同体、开辟人类文明新形态提供宝贵经验。

❶ 武廷海，张能 . 空间共享：新马克思主义与中国城镇化 [M]. 2 版 . 北京：商务印书馆，2021：156–179.
❷ 沈湘平，王怀秀 . 试论人类命运共同体的底线价值 [J]. 理论探索，2020（5）：48–50.
❸ 强乃社 . 中国城市特性：话语、乡愁与传统乡村建设 [J]. 华中科技大学学报（社会科学版），2021，35（6）：8–11. DOI：10.19648/j.cnki.jhustss1980.2021.06.02.

参考文献

[1]　吴良镛 . 中国人居史 [M]. 北京：中国建筑工业出版社，2014.

[2]　顾朝林 . 中国城镇体系：历史、现状、展望 [M]. 北京：商务印书馆，1992.

[3]　武廷海，郭璐，张悦，等 . 中国城市规划史 [M]. 北京：中国建筑工业出版社，2019.

[4]　苏秉琦 . 中国文明起源新探 [M]. 北京：生活 · 读书 · 新知三联书店，2000.

[5]　邹逸麟，张修桂 . 中国历史自然地理 [M]. 北京：科学出版社，2013.

[6]　刘庆柱 . 汉长安城 [M]. 北京：文物出版社，2003.

[7]　郭立新，郭静云 . 中国最早城市体系研究（一）[J]. 南方文物，2021（1）：35-42.

[8]　刘莉，陈星灿 . 中国考古学：旧石器时代晚期到早期青铜时代 [M]. 北京：生活 · 读书 · 新知三联书店，
　　2017.

[9]　武廷海 . 规画：中国空间规划与人居营建 [M]. 北京：中国城市出版社，2021.

[10]　武廷海，张能 . 空间共享：新马克思主义与中国城镇化 [M]. 2 版 . 北京：商务印书馆，2021.

[11]　强乃社 . 中国城市特性：话语、乡愁与传统乡村建设 [J]. 华中科技大学学报（社会科学版），2021，35
　　（6）：8-16. DOI：10.19648/j.cnki.jhustss1980.2021.06.02.

[12]　沈湘平，王怀秀 . 试论人类命运共同体的底线价值 [J]. 理论探索，2020（5）：48-53.

[13]　张能，武廷海，王学荣，等 . 中国历史文化空间重要性评价与保护研究 [J]. 城市与区域规划研究，2020，
　　12（1）：1-17.

[14]　武廷海 . 区域规划概论（中国近现代）[M]. 北京：中国建筑工业出版社，2019.

张松，中国城市规划学会学术工作委员会委员、城市规划历史与理论学术委员会副主任委员，同济大学建筑与城市规划学院教授

张松

新时代名城保护制度的完善与转型 *

1982 年 2 月 8 日，国务院发文批转国家建委、文物管理局和城市建设总局《关于保护我国历史文化名城的请示》，公布北京等 24 个城市为第一批国家历史文化名城。同年 11 月，全国人大常委会通过的《中华人民共和国文物保护法》规定"保存文物特别丰富、具有重大历史价值和革命意义的城市，由国家文化行政管理部门会同城乡建设环境保护部门报国务院核定公布为历史文化名城"（第八条），"历史文化名城"这一重要概念在国家法律中正式予以确立。

2022 年，国家历史文化名城保护制度创设 40 周年，国务院公布的国家历史文化名城数量已达 140 座。历史文化名城保护为国家优秀传统文化的传承传播、地方文化繁荣发展和丰富人民群众文化生活做出了积极贡献。

回顾历史文化名城保护的历程，重温联合国教科文组织（UNESCO）等国际组织城市保护相关国际建议，再次聚焦欧洲建筑遗产整体性保护观念，从可持续发展战略视角寻找城市保护的未来方向，在国土空间规划、城乡建设管理和城市更新行动中积极实现历史文化保护传承这一重要目标。

1 名城保护制度的特色与挑战

历史文化名城是具有中国特色的建成遗产保护理念：首先它是一项保护措施，而不仅仅是一项荣誉；其次，要保护城市，而非城市中分散的文物；第三，历史文化名城保护的内容包括文物古迹和历史地段、保护和延续古城的格局和风貌特色、继承和发扬优秀历史文化传统。也就是说，只有采取了相应的保护措施，上述内容

* 基金支持：国家自然科学基金项目（51778428）。

的保护才能做到行之有效；第四，历史文化名城要制定保护规划并纳入城市总体规划，明确界定保护和控制的地域范围，制定有效的保护管理措施（王景慧，2011）。

但这一系统性整体保护观念恐怕还只能说是一种理想的制度设想，从国家历史文化名城保存的实际状况看，各地的名城保护管理差异性较大，总体上呈现出三种保存状况：一是历史城区整体保护型，即保存古城、另建新区、新旧分开的保护方式，主要有世界遗产城市丽江、平遥，四川阆中、贵州镇远等少数历史文化名城；二是历史文化街区和历史风貌保护型，即整体保持古城格局风貌、保护保留数片历史文化街区、其他地区进行更新改造的做法，如苏州、绍兴、扬州、泉州等名城；三是文物点状保护型，基本上属于只有重点文保单位得到保护，古城风貌格局已有较大改变、甚至近乎全面改观的状况，如郑州、呼和浩特、沈阳、南昌等省会城市。

回顾名城保护 40 年的实践历程，出现这样令人遗憾的状况的主要原因在于：

第一，由于地方政府对土地财政的过度依赖，"建设性破坏"现象无法得到有效遏制，在存量规划时期有的地方问题更为严峻了。历史文化名城保护的重点是历史城区，而历史城区所在地的政府还是要依靠土地财政的话，则必然会导致"建设性破坏"的不断发生。

第二，名城保护资金投入不足，改善老城旧区的民生（居住条件、人居环境和基础设施）需要大量的资金投入，但不少城市在这方面依然欠账太多，而且并没有将名城保护纳入到地方社会经济发展规划。

第三，在保护理念方面，有的名城违背文化遗产保护原真性和完整性原则，对老城区大拆大建，拆真造假，实施所谓历史原貌恢复工程，实际上是另一种形式的破坏行为。经过名城大检查发现，凡是高调进行古城"保护"的地方，其背后往往有其他利益诉求主导行事，如房地产、商业和旅游开发等。

2021 年 9 月，中共中央办公厅、国务院办公厅印发了《关于在城乡建设中加强历史文化保护传承的意见》，为了"着力解决城乡建设中历史文化遗产屡遭破坏、拆除等突出问题，确保各时期重要城乡历史文化遗产得到系统性保护"，要求"建立分类科学、保护有力、管理有效的城乡历史文化保护传承体系"。

2 "大拆大建"导致社会肌理瓦解

40 年来，对名城保护带来最大冲击、最直接破坏的就是至今并未结束的旧区改造运动。在城市中，旧改与保护往往是同时推进的，旧改从未间断和停止，而历史环境保护一直就是间断性和以小范围试点的方式开展的。旧改的目标明确，有全面的配套政策和具体措施，而且历史环境保护范围面积和保护试点的规模完全无法与旧改范围和拆迁量相比。

从城市整体环境考察，旧区改造中的"大拆大建"方式，在一定程度上导致了发展过程中"不平衡、不协调、不可持续"问题的加剧，自然也无法从根本上治愈"城市病"。不仅如此，"大拆大建"的旧改方式致使作为城市最基本公共空间街道的大量消失，传统城市肌理形态和街巷被改造成了大尺度开发地块和交通干道，宜人的街巷空间景观被彻底改造为非人性尺度的机械空间。

单从人均或户均居住面积等数字来看住房问题，城市居民的住房条件是得到了很大程度的改善。如果从区位条件、就业机会、社会结构等因素全面考量，将原来住在旧城区的居民基本被动迁到偏远地段的做法，也加剧了城市社会阶层的隔离（Segregation）问题，而拆迁地段的新建项目多为工薪阶层无法负担的高档楼盘。

有人认为房地产开发是市场行为，只要符合法定程序、实施公平补偿并在广泛开展征询意见后，旧改均应被视为合乎公共利益的开发建设行为。然而，土地征收是一个通过国家行政权力强制性变更土地所有权或使用权的过程，按照法规只有因公共利益需要才可进行。由于旧城区居住条件差、基础设施陈旧、居民改善生活环境的愿望强烈，再加上地方政府一定程度的土地财政依赖，旧区改造很容易扩大化，或在短时期内快速推进，在一些城市对历史文化街区或历史文化风貌区也采取旧区改造的方式，导致历史地区原真性和完整性严重破坏。

3 欧洲整体性保护的启示

第二次世界大战后，欧洲全面兴起城市建筑遗产保护和旧城复兴运动，为城市文化发展和特色个性维护做出了积极贡献。"欧洲建筑遗产年"（European Architectural Heritage Year，简称 EAHY）是欧洲城市保护实践中最具影响力的事件。EAHY 以 1971 年苏黎世会议为开端，以 1975 年阿姆斯特丹会议为结束。经过数年的努力，建立起城市保护，即欧洲建筑遗产整体性保护（Integrated Conservation）政策、法律框架体系。

整体性保护理念将此前重点关注价值突出的纪念性建筑和历史地区的做法转向注重对历史城镇中普通建筑和有特色村落的保护再生。在 EAHY 期间，17 个国家实施了 50 项试点项目（Pilot Projects），以展示建筑遗产保护过程中的不同困难和解决办法。为实施这些项目，欧洲许多国家都进行了精心准备和积极努力。

EAHY 系列活动包括社会教育、宣传等内容，EAHY 后，欧洲历史环境保护关注更常见、更普通的建筑遗产的目标得到实现。城市遗产保护工作不再像以前基本依靠社会精英、专业人士，开始获得社会各界和公众的广泛支持。

以英国为例，1972 年环境部发布通告，要求地方政府积极参与 EAHY 奖项评选活动。1972—1976 年间，地方政府投入财力和精力组织评奖，其中多数获奖项目并不是重要建筑遗产修缮项目，而是很普通的项目，包括路面铺装等历史环境改善项目，或投资很少的小建筑修复项目。英国本土这次大规模评奖的效果是促进了社会对保护工作的理解和支持，并且对历史环境保护的认识也发生了很大变化，需要保护的不只是重要的历史建筑，社区环境也得到维护和改善（Jobn Delafons，1997）。

4　城市保护的社会经济价值

关注城市保护中的社会、经济问题是 EAHY 的另一个亮点，EAHY 期间举行的多次研讨会集中讨论相关重点问题。1974 年 1 月，在英国爱丁堡召开了主题为"保护的社会经济影响"（The Social and Economic Implications of Conservation）的会议。1974 年 10 月，在意大利博洛尼亚举行了"历史中心区保护的社会成本"（The Social Cost of the Conservation of Historic Centres）专门研讨会，博洛尼亚"把人和房子一起保护"的成功经验在这次会议上被肯定和推崇，这也成为 EAHY 确立"整体性保护"政策的基础。1975 年 4 月，在奥地利克雷姆斯举行研讨会，主题"不是贫民窟，也不是博物馆"（Neither a Slum，Nor a Museum）表明，既要防止建筑遗产被忽视、避免衰败，也要避免在保护过程中由于旅游开发的需要而出现博物馆化现象（镇雪锋，2013）。

1975 年召开的阿姆斯特丹会议是这项活动的尾声，也是 EAHY 活动中最重要的事件，会议通过了《关于建筑遗产的欧洲宪章》和《阿姆斯特丹宣言》。两份文件包含了此次欧洲城市保护活动中取得的一系列共识。其中对"建筑遗产"（Architecture Heritage）的定义即体现了 EAHY 的主旨思想，建筑遗产"不仅包含最重要的纪念性建筑，还包括那些位于城镇和特色村落中的次要建筑群及其自然和人工环境"。强调重视重要纪念物之外的次要建筑群保护，一方面是因为建筑群体整体氛围具有艺术特质、建筑遗产能够维持历史连续性，这些是与纪念物类似的艺术价值、历史价值；更为重要的原因在于建筑遗产保护在保障生活环境品质、维持社会公平正义、塑造和谐宜居环境等方面可以发挥重要的作用（班德林，吴瑞梵，2017）。

建筑遗产具有重要的社会、经济价值，这不单要求避免拆毁建筑遗产，还需要在当代积极发挥社会作用。《关于建筑遗产的欧洲宪章》指出，"建筑遗产的未来很大程度上取决于它与人们日常生活环境的整合状况，取决于其在区域和城镇规划及发展计划中的受重视程度"，"建筑遗产保护必须作为城镇和乡村规划中一个重要的目标，而不是可有可无的事务"。《阿姆斯特丹宣言》指出，将建筑保护作为次要考虑因素或是政府强制行为都不可取，建筑遗产保护应该成为城市和区域规划不可或缺的部分，这是 EAHY 核心思想"整体性保护"中的关键（张松，2001）。

1976 年 4 月 14 日，欧洲委员会部长委员会通过了《关于调整法律法规以适应建筑遗产整体性保护要求的决议》，决议指出"文化遗产纪念物和地段的'整体性保护'是一套系统性措施，旨在确保该遗产永续，保持它作为适宜环境（无论是人工还是自然的）的组成部分，并进行利用和使其适应社会的需要"。因此，维护社会肌理结构，改善不同阶层的人、特别是较不富裕人群的生活条件，应该是城市建筑遗产整体性保护的重点所在。

5 美丽特征和背景环境（Setting）的保护

2022 年是《世界遗产公约》诞生 50 周年，在公约出台前后十多年内，UNESCO 制定了四项与城市保护直接有关的国际建议，它们是《关于保护景观和地段的美丽与特征的建议》（1962 年）、《关于保护受公共或私人工程危害的文化财产的建议》（1968 年）、《关于在国家一级保护文化和自然遗产的建议》（1972年）、《关于历史地区的保护及其当代作用的建议》（1976 年）。

保护景观和地段的美丽与特征，是指保护，并在可能的情况下修复自然、乡村、城市的景观和地段的风貌（Aspect），无论是自然景观还是人工景观，只要它们具有文化或美学价值，或是形成了典型的自然环境。该项建议的规定也旨在补充此前出台的自然保护措施。

1976 年 11 月，在内罗毕通过的《关于历史地区的保护及其当代作用的建议》（简称《内罗毕建议》），拓展了此前各次大会制定的建议中有关建筑和城市保护的原则。《内罗毕建议》认识到由建筑、空间元素和周边环境所构成历史地区的背景环境（Setting）的重要性。强调"历史和建筑地区（包括乡土的）"应被理解为在城市和乡村环境中形成人类住居（Human Settlements）的任何建筑群、结构和开放空间，包含考古和古生物遗址，从考古学、建筑学、史前史、历史学、美学和社会文化的角度，其连贯性（Cohesion）和价值已得到认可。在这些性质各异的"地区"中，可做以下各类特别划分：史前遗址、历史城镇、旧城区、村落、小聚落以及同类纪念物群，通常的理解是后者应精心保存、维持不变。

《内罗毕建议》指出对历史地区的破坏可能导致经济损失和社会动乱。呼吁各国政府应当保护历史地区，使其免受由不适当使用、不必要添加、不敏感改变所造成的原真性（Authenticity）损害。

事实上，早在 1964 年的《威尼斯宪章》中就明确了，历史纪念物（Historic Monument）不仅包括单体建筑作品，还包括城市或乡村背景环境（Setting），在这些背景环境中可以发现某些特定文明、重要进展或历史事件的见证。历史纪念物这一概念不仅适用于伟大的艺术作品，也适用于那些随时间推移而获得文化意义过去的更为普通的作品。

2005 年 10 月，在西安召开的国际古迹遗址理事会（ICOMOS）第 15 次大会，专门就"背景环境"（Setting）保护管理问题进行了深入探讨，大会通过了《保护遗产结构、地段和区域的背景环境的西安宣言》（简称《西安宣言》）。在《西安宣言》中，遗产结构、地段或区域的背景环境被定义为构成（或有益于）遗产重要性和独特性的紧邻和延伸的环境。

6　城市保护与可持续发展资源管理

由欧洲发起倡导的城市保护运动，从一个较狭义的范畴逐步迈向更广阔的目标大致经历了两次重要转型。第一次是从注重整体性保护城市历史地区的物质肌理和景观特征，到通过遗产保护促进地区的经济、社会协调发展；第二次转型是进入 21 世纪后，由实现可持续发展目标而引发的转变，强调遗产保护应以人和社区为中心，关注文化多样性、活态传承和创新发展，进而为可持续城市的规划建设做贡献。

城市保护不仅仅是一个工程技术问题，还是一个与生态系统密切相关的环境问题。生态系统思维强调城市是一个复杂的系统，可以将其描述为类似湿地、森林的生态"斑块"系统。"新陈代谢"是城市生态系统的基本特征，城市生态的不断变化和发展，包括能源、资源、流动和废弃物处理等方面面可以被视为一个动态的平衡过程。

城市是利用各种资源、能源建设起来的建成环境。历史建筑保护利用和建成环境活力再生，是资源的循环利用的具体行为，体现了"从摇篮到摇篮"（Cradle to Cradle）的环保主义新理念。由于全球生态和资源危机，在城市保护中应有环境经济学的观念。21 世纪发展政策的基本方向需要从过去那种以"物质·数量·效率"为中心，转到以"身心·质量·富裕"为中心的方向上来，并循此方向求得发展、成长（岸根卓郎，1990）。

今天，建成遗产（Built Heritage）保护早已从纯粹纪念物保护走向建成环境资源的规划管理，从注重物质形态转向在更大的系统内寻找对策，这个系统涉及经济、社会、环境、生态诸多领域。建成遗产保护已成为维持城市特色个性和增强市民文化身份的重要手段，相关政策措施被纳入国际宪章，或通过国家立法在文化教育、城市建设、空间规划、旅游发展的各项政策体系得到加强。保护工作由少数专家的呼吁，演变为全体民众参与的保护运动。

7 文化多样性与建成遗产保护

1992年，在里约热内卢召开的联合国环境与发展大会通过的《21世纪议程》中，首次提出"文化多样性"（Cultural Diversity）概念，扩展了"生物多样性"的范畴。1996年，在伊斯坦布尔召开联合国第二次住房和城市可持续发展大会（简称"人居Ⅱ"），在关于"可持续的人居环境"（Sustainable Habitat）的论述中，强调建立网络、公众参与和地方政府的作用，主张从生活质量的角度来重新定义增长和发展，保护文化传统和建成环境的多样性。在创造技术上的合理新产业环境的同时，把过去形成的建成环境保护利用好，使新的环境在以后的年代里也能发挥其个性，这是文化生态保护的需要，也是世界性的城市问题，人类通过多样的文化谱写了自身发展的历史篇章，文化多样性是人类在地球上生存的特征。而且，历史上一切文化发展过程都是生态平衡过程。

2016年10月，在基多召开的"人居Ⅲ"大会上通过了《新城市议程：为所有人建设可持续城市和人居的基多宣言》（*New Urban Agenda*：*Quito Declaration on Sustainable Cities and Human Settlements for All*，简称《基多宣言》），这是指导未来20年人居和城市可持续发展的纲领性文件，《基多宣言》强调建设一个更加包容、安全、为所有人的城市（for All People），世界各国应当创造条件，让所有的人共享城市繁荣并拥有体面的工作。城市可持续发展和管理与人民的生活质量密切相关，如何规划好我们的城市和人居环境，保持城市社区的凝聚力和安全性，推动创新发展和绿色发展，需要规划思想理念的转变与拓展，规划管理机制体制的转型与协同。

受文化多样性思想的影响，认识文化遗产的方法从建筑类型学方法转向反映多元的、复杂的、动态的文化表现形式的方法，很大程度上肯定了普通人的文化权利，进而引发对工业遗产、20世纪建筑遗产、乡土建成遗产等更为普通的建筑遗产类型的关注。遗产的鉴别、认定不再只是以"历史悠久"为标准，而是涉及更为广泛的意义和价值。与此同时，在全球化导致趋同化的背景下，倡导文化多样性成为一股重要的力量。在不同地方，文化的表现形式不同，对独特的传统文化的重视与保护，让建成遗产与人及社区在身份认同、生存和尊严等方面建立了更好的联系。这些因素促使"文化"回归复杂的现实社会和大众的日常生活，促进了地方层面的文化反思和建成遗产保护。

8　城市片段（Urban Fragment）的整合保护

2000 年以来，追求地方可持续发展成为当今世界的主流趋势。基于对历史城市价值的全面认识，城市保护的视野不再局限于历史地区或历史城区，而是考虑让建成遗产与城市其他部分有更好的整合和联系，全面提升城市环境的可持续性（Sustainability）。

2004 年，欧洲委员会发布《通过城镇内部的积极整合实现城市历史地区的可持续发展》（简称"SUIT 报告"），以"城市片段"（Urban Fragment）概念阐述城市建成遗产，它可以是河流、山体、墙体、公路等某一独立的环境要素，也可以是在空间上不一定完全连续的一组城市地标、城市的天际线、某个特定视野的景观，只要它们能够获得广泛的感知和认可（即便只是在地方层面），可以独立于任何发展规划、设计方案或具体项目（EC，2004）。

相对于文物和历史建筑而言，建成遗产的对象可以有更宽泛的界定，除了建筑遗产、历史地区之外，河流、铁路、城市景观轴线等系统性结构要素也应作为贡献于城市可持续性的建成遗产对待。在意大利罗马等城市保护实践中，保护范围不仅从历史中心区拓展到历史城市整体环境，而且还包括了那些在历史发展过程中构成城市肌理特征的系统性要素，包括河流等自然要素系统、具有历史价值的铁路等基础设施系统以及城市景观轴线等（斯特凡诺·加拉诺，黄勇，2010）。

世界遗产城市法国里昂，占地 500 公顷的历史地段仅占城市建成区面积的10%，大里昂地区面积的 1%，但城市遗产并不局限于建筑和历史街区，世界遗产城市里昂以"遗产链"（Heritage Chain）概念将自然环境、肌理特征等系统要素都包含在内，通过系统规划和近期保护行动，让建成遗产、河道水网、绿化等为城市整体环境的可持续性做贡献。如"重新发现河流"这一城市更新项目，通过对历史水岸的更新进行城市休闲带规划建设，发挥其作为文化资源的利用潜力（Patrice Béghain，2005）。

拓展城市遗产的保护对象和范围，并不是要将整座城市当作一个扩大化的"文物"进行静态保存，而是将城市保护作为引导城市发展的基本态度，重视城市建成环境和自然环境的遗产价值和资源属性，通过空间规划、资源管理和城市设计等方式使城市遗产要素、自然环境要素更好地与城市其他地区融合，共同促进城市的可持续发展。

2018年，住建部发布国家标准《历史文化名城保护规划标准》GB/T 50357—2018，在技术标准上对名城保护的内容和规划要求做了一定的扩展、深化和细化，确立了"保护规划应在有效保护历史文化遗产的基础上，改善城市环境，适应现代社会的物质和精神需求，促进城市经济、社会协调和可持续发展"的原则，增加了对历史城区、历史地段、城址环境及与之相互依存的山川形胜、非物质文化遗产以及优秀传统文化等的保护管控规定。

9　空间规划体系中历史文化保护传承

国土空间是人类生存的基础，也是开展一切生产、生活活动不可或缺的载体。"国土空间是对国家主权管理地域内一切自然资源、社会经济资源所组成的物质实体空间的总称，是一个国家及其居民赖以生存、生活、生产的物质环境基础。对国土空间进行统筹规划，从而实现有效保护、高效利用、永续发展，既是满足人们对美好生活向往与高质量发展的目标，也是一个主权政府的重要责任与权力。"（张京祥，黄贤金，2021）

国土空间规划需要综合考虑人口、社会、经济、国土、空间、环境和资源等要素，科学布局国土空间开发保护格局，统筹协调生态、生产和生活空间形态关系，是实现高质量发展和高品质生活，建设美丽中国、美好家园的基础。

今天，国土空间规划体制正在经历一场重大改革，以土地规划管理为重点转向更加综合的以空间资源综合管理为重点的国土空间规划。单从技术和管理层面理解，空间规划既是一种范式转型，也应当是一种观念回归。规划作为公共政策工具和维护公共安全的技术手段，必须不忘"健康""美丽""舒适"的初心。

城乡建设是推动绿色发展、建设美丽中国的重要载体。两院院士吴良镛先生认为，"城市科学"与"美学"这两个学术领域，相当长时期以来都未曾引起人们广泛地重视，随着经济、文化、城市建设的迅速开展，现在又都成为被热衷探讨的新课题。人居环境既是物质建设，也是文化建设，中国人居史上曾经产生大量"艺文"综合集成体之典例，是今天人居环境规划建设的重要参考，需要学习借鉴（吴良镛，2012）。

建成环境遗产承载着中华灿烂文明，传承历史文化，维系民族精神，是弘扬优秀传统文化的珍贵财富，是促进经济社会发展的优势资源和软实力。得力于历史环境的有效保护管理，人类的文明和创造在国土空间上得以留存，这些传统智慧结晶的建成遗产同时也为更美好的国土空间规划、美好人居环境塑造提供了方向和启示。

城市是一个有机生命体，国土空间规划需要从社会、经济、环境和文化等不同的维度来理解并切实关注城市的可持续性。如何认识、尊重、顺应城市发展规律建设管理可持续的城市，将直接关系到生态文明建设的目标实现。建成环境遗产保护与国土空间规划关系密切，在保护历史环境和文化生态的同时，要切实解决居民的居住生活条件，注重生态环境、社会文化和经济发展的协同推进，通过历史环境保护整治对城市空间集体记忆实现活化再生。

10　城市更新中的传统肌理保护

"实施城市更新行动"是国家"十四五"规划确定的目标任务之一。深圳、上海、广州等大城市均已制定城市更新相关地方性法规来推动和协调本市的城市更新行动。期待通过城市更新推动城市空间结构优化和环境品质提升，进而实现城市发展模式转变、促进城市能级提升、增强城市综合竞争力。

城市更新需要关注城市存量建筑（存量资产）、建成环境和市民需求，在制定城市更新政策和规划时，需要高度关注城市可持续性（Sustainability），需要重视土地利用与城市空间规划的协调。"城市更新是久已有之的专业理念，借助保护、重建、改造、再造、复兴、美化、再开发、织补、维护、修复等相近词汇，表达对城市现状在不同方面进行不同方式的逐步改善，这是城市长周期持续发展的必然选择。"（王富海，2022）

近年来，全球围绕地方、区域和地球环境的可持续性问题展开了大规模的讨论，重点聚焦在城市层面，城市被认为是建设更加可持续世界的基本单位。城市正在，并将继续从根本上影响环境质量和发展，环境也反过来会影响城市的发展。因此，生态文明建设不只是城市外部的涉及"山水林田湖草"等生态安全格局的问题，更需要在城市空间规划管理过程中全面落实绿色发展理念，城市人居环境状况直接影响到经济持续健康发展，也关系政治文明和社会和谐稳定。

通常以综合形态存在的建成环境，构成了城市物质、经济、社会和文化的资本（资源）。采用"城市肌理"（Urban Fabric）的概念非常适合描述物质、空间和文化意义连续性。城市肌理可以嵌入每个社会，具有物质性和非物质性，同时还具有空间和时间的连续性。这种连续性构成了城市肌理的基本价值，作为基本的城市资源必须加以保护。

城市肌理保护不是静态的，并且不是肌理本身需要保护。相反，是需要通过保护来确保可持续性，即发展其连续性以及让城市社会成员理解嵌入在社会和物质的价值。传统肌理的特点是高度差异化和高连续性，当肌理的物质部分的消除逐渐趋向于消除肌理的社会和文化因素时，就会出现大的城市问题，即便是保留了重要文物古迹。

中共中央办公厅、国务院办公厅文件指出的"城乡遗产屡遭破坏、拆除等突出问题"，正是源自人们的在建成遗产上的认知偏差、行动错误。时至今日，一些城市的生活遗产（Living Heritage）依然还没有保护身份或是保护身份模糊，处于长期无人照料管理的状态，现在又成为旧改或城市更新的首选地区。要实现让历史文化和现代生活融为一体，永续传承的目标，亟须尽快解决历史文化保护与旧区改造在国土空间上的直接冲突，做到"始终把保护放在第一位"（张松，2021）。

"坚持可持续性原则，减少土地消耗，减少机动交通出行的依赖性，使用当前的城市资源并节省能源，更好地使用城市土地以降低在城市地区之外棕地上建设所造成的压力，让人们返回城市中心区，既可以让他们享受既有服务，还能通过从事相关工作来复兴城市中心区。"（安德鲁·塔隆，2017）

11 结语

不忘初心，方得始终。1982年2月，国务院批转国家建委等部门《关于保护我国历史文化名城的请示》文件指出，"我国是一个历史悠久的文明古国。保护一批历史文化名城，对于继承悠久的文化遗产，发扬光荣的革命传统，进行爱国主义教育，建设社会主义精神文明，扩大我国的国际影响，都有着积极的意义。各级人民政府要切实加强领导，采取有效措施，并在财力、物力、人力等方面给予应有的支持，进一步做好这些城市的保护和管理工作。"

如今，中共中央办公厅、国务院办公厅文件再次明确提出，"本着对历史负责、对人民负责的态度，加强制度顶层设计，建立分类科学、保护有力、管理有效的城乡历史文化保护传承体系；完善制度机制政策、统筹保护利用传承，做到空间全覆盖、要素全囊括，既要保护单体建筑，也要保护街巷街区、城镇格局，还要保护好历史地段、自然景观、人文环境和非物质文化遗产"。《关于在城乡建设中加强历史文化保护传承的意见》的指导思想、原则和要求可以说既切中时弊，又高瞻远瞩，同时也反映了名城保护专业领域有识之士的长期愿望。所谓建立保护传承体系，完善制度机制政策，简单通俗地表述就是要在财力、物力、人力等措施方面真正实现有力制度保障。

　　进入到追求高质量发展和高品质生活的新时代，如何实现城乡绿色发展，实现可持续城市规划建设目标？如何让文化落地，如何让城市更美丽？必须从制度机制层面入手，依法确保"保护优先"的政策方针在各环节能够落实到位。在历史文化保护传承和城市特色维护塑造方面，需要着力开展城市精细化管理的法制建设，将"以保留保护为主"的历史城市管理理念贯彻落实到不同层面。与此同时，地方政府应当积极推进以居民为主体、多种模式的保护更新行动有序开展。

　　"在保护中发展，在发展中保护"，要求通过空间规划的制度设计和城乡环境的精细化管理，让国土空间上的历史文化资源"活"起来。全面加强建成环境遗产及资源保护管理，既要发挥国家和地方政府的主导作用，也要激发遗产保护主体和社会力量的积极参与，要让城市建成遗产保护的观念融入百姓，就必须通过保护更新实践切实改善旧区的人居环境质量，才可能让老城旧区的居民能够在日常生活中自觉爱护身边的历史环境。

参考文献

[1]   安德鲁·塔隆. 英国城市更新 [M]. 杨帆，译. 上海：同济大学出版社，2017.

[2]   岸根卓郎. 迈向 21 世纪的国土规划——城乡融合系统设计 [M]. 高文琛，译. 北京：科学出版社，1990.

[3]   仇保兴. 风雨如磐：历史文化名城保护 30 年 [M]. 北京：中国建筑工业出版社，2014.

[4]   European Commission. Sustainable Development of Urban Historical Areas Through an Active
       Integration Within Towns[R]. Luxembourg：2004.

[5]   弗朗切斯科·班德林，吴瑞梵. 城市时代的遗产管理——历史性城镇景观及其方法 [M]. 裴洁婷，译. 上海：
       同济大学出版社，2017.

[6]   Jobn Delafons. Politics and Preservation：A policy history of the built heritage 1882-1996[M].
       London：E&FN Spon，1997.

[7]   Patrice Béghain. Regulatory Tools and Management Methods for A Historic Urban Landscape[EB/OL].
       http：//www.europaforum.or.at/site/worldheritage2005/Abstract_Beghain.pdf.

[8]   斯特凡诺·加拉诺，黄勇. 罗马总体规划 [J]. 国际城市规划，2010（3）：33-39.

[9]   王富海. 城市更新行动：新时代的城市建设模式 [M]. 北京：中国建筑工业出版社，2022.

[10]   王景慧. 历史文化名城的概念辨析 [J]. 城市规划，2011（12）：9-12.

[11]   吴良镛. 人居环境与审美文化——2012 年中国建筑学会年会主旨报告 [J]. 建筑学报，2012（12）：2-6.

[12]   张京祥，黄贤金. 国土空间规划原理 [M]. 南京：东南大学出版社，2021.

[13]   张松. 历史城市保护学导论——文化遗产和历史环境保护的一种整体性方法 [M]. 上海：上海科学技术出版
       社，2001.

[14]   张松. 城市生活遗产保护传承机制建设的理念及路径 [J]. 城市规划学刊，2021（6）：100-108.

[15]   镇雪锋. 历史性城市景观控制引导策略研究 [D]. 上海：同济大学，2013.

刘奇志
朱志兵
徐放

刘奇志，中国城市规划学会标准化工作委员会副主任委员，武汉市自然资源和规划局副局长，教授级高级规划师

朱志兵，武汉市规划研究院副总规划师，注册城乡规划师、咨询工程师（投资）、土地估价师

徐放，武汉市规划研究院规划师，注册城乡规划师

规划合理组织引导　山水资源服务人民

　　城市的山水资源是自然环境和城市环境紧密关联的纽带，从广义上看，其包含山体（含矿山）、水体（含河湖湿地等）及绿地（含城市公园、郊野公园）等诸多要素，如何处理好这些自然要素与建设空间的统筹协调是规划工作的重要任务。在建设生态文明、推进新型城镇化的时代背景下，合理组织利用好城市的山水资源，使其能更好地服务于人民，是规划工作者应该而且必须认真思考的问题。中央早在 2015 年城市工作会议上就强调"要顺应城市工作新形势、改革发展新要求、人民群众新期待，坚持以人民为中心的发展思想，坚持人民城市为人民"。健康的城市环境应是生产、生活与生态的和谐统一，尤其是在建设生态文明的时代背景下，人民城市更应强调山水资源的全民共享。本文以近年来武汉市生态保护修复及利用规划实践为基础，对工作中所遇到和解决的问题加以解析，期望能倡导"山水资源服务人民"的理念，并为兄弟城市和业内同行提供工作参考。

1　山水资源的功能与价值尚未得到应有的重视和利用

　　在我国快速城镇化阶段，城镇人口高速增长所带来的就业、住房等问题使人们对城市功能的认知更多集中于生产与生活功能，而自然山水资源的功能与价值则远未能得到应有的重视和应用。这些资源或由于长期的封闭管理，未能充分发挥社会价值，给人以私属之感觉；或由于城市集中建设活动在城区，许多郊外资源则宛如荒山野岭，给人以多余之感觉；或由于被开采、破坏，一些山体资源严重受损，给人以废物之感觉；还有不少资源如江河湖海，因其同时具有资源价值与灾害隐患，使得人民对其又爱又恨。所以，城市难得的山水资源却常常并不被重视甚至还被认为是负担。具体而言：

1.1　山水资源的公共性尚未能充分体现

城市属于人民，城市的自然山水资源同样也属于人民，但目前其公共性尚未得以充分体现，主要有以下三方面原因：

1.1.1　历史原因造成的资源所有者权益不清晰

中央机构职能调整之后，明确由自然资源部门统一行使全民所有自然资源资产所有者职责，但此前受限于当年特定阶段的城市建设模式，部分城市内部山水资源事实上已呈现"私属"状态，如计划经济时期的"单位大院"建设模式使部分本应由全民共享的山水资源成为特定单位的内部福利；20 世纪 90 年代房地产开发迅猛增长的阶段，部分山水资源又成为特定居住小区的"私家园林"，这些历史问题给城市山水资源的公共性带来了难以弥补的遗憾。

1.1.2　缺乏规划引导造成的"公地悲剧"

长期以来城市规划、土地规划更为重视对城乡建设用地、农业用地等直接产生经济效益的空间资源配置，其间接结果就是大家对山水资源等不能直接产生经济效益的空间较为轻视甚至是忽视，因而导致了这些资源被无序、低效利用。例如，武汉市在湖泊"三线一路"规划编制、实施前，城市对湖泊岸线的建设管理缺乏合理规划、有效抓手，滨湖用地单位尤其是餐饮娱乐企业对湖泊岸线侵占较为严重，直接挤占、影响了市民的滨水活动空间。

1.1.3　受限于部门事权造成的管理割裂

机构职能调整前，山水资源的保护修复与利用缺少牵头部门，规划、土地、园林、水务、环保、城建等部门"多龙治水、各自为政"，山水资源的相关管理更多被看作是专业部门的内部事务而非城市的公共事业，这不仅不利于调动社会力量来促进山水资源的保护修复与利用，更阻碍了山水资源公共性的充分发挥。

1.2　山水资源的多功能性未被充分利用

快速城镇化阶段，"增长主义"一定程度上成为部分地区城市治理的主导思想，由于山水资源难以直接用于城市建设，甚至成为建设用地扩张的限制因素，一些地方倾向于对城市山水资源进行简单的工程化处理，以增强其与周边建设用地的适配性，却忽视了山水资源本身所具有的生态功能，这一倾向直接引发了以下三组矛盾：

1.2.1　使用需求与生态需求的矛盾

为满足居民住房、工作、出行的需求，城市不断向自然环境索取土地，城市内部山水资源逐步被侵占和蚕食。武汉市 1998 年就在中心城区编制实施了创

图 1　武汉市受损山体（左图）与废弃矿山（右图）空间分布情况

建山水园林城市综合规划，2006 年又在编制完成的城市总体规划中专门就市域生态框架进行了整体规划，并因此代表中国获得国际区域与城市规划师联合会（ISOCARP）颁发的全球杰出贡献奖，但是至 2020 年底，武汉市域内仍有 333 处山体遭到不同程度的破坏[1]。

1.2.2　经济效益与生态效益的矛盾

当年，第二产业曾经是武汉市发展的重要经济支柱，为满足城市建设及武钢等大型企业对矿产资源的需求，全市形成了四大采矿集中区，而开山采矿的直接后果就是对山体环境的破坏，导致山体滑坡等灾害频发、空气质量下降，同时采矿过程中对水环境的污染还形成了诸多黑臭水体。目前，随着城市产业结构的调整、国家矿产资源的管控，武汉市虽然仅剩 1 处尚在开采的矿山，但仍有 11 座废弃矿山有待修复[2]（图 1）。

1.2.3　工程功能与生态功能的矛盾

目前，许多城市重点采用工程措施对山水空间予以修复，人工营造了很多公园、水体等，这确实保留了不少自然山水，但常因其只重视形式上的景观存在，却忽视甚至切断了城市环境与自然环境的空间和生态联系，又在一定程度上导致了对生态功能的破坏。以城市水系为例，20 世纪 90 年代，为加强河道排水功能，武汉市曾对部分自然河道进行扩大断面、清淤、截弯取直、硬化等整治措施，对雨水也是采取快排的方式、通过管网一收了之，其结果是直接造成了城市局部水生

---

❶　数据来源于 2021 年《武汉市裸露山体（废弃矿山）治理遥感监测统计报告》。
❷　数据来源于 2021 年《武汉市裸露山体（废弃矿山）治理遥感监测统计报告》。

态系统功能破坏、部分湖泊湿地生态水位难以保证以及自然滩涂面积缩减等问题。2015 年，武汉市域内 166 个主要湖泊中仅 7 个水质达 Ⅲ 类及以上，水质为中度及重度富营养化的湖泊居然有 70 个 ❶，为此而不得不编制《武汉市第三批湖泊"三线一路"保护规划》。

1.3　山水资源的历史文化价值未得以充分挖掘

在我国传统历史文化中，山水是重要的文化载体，"智者乐水，仁者乐山"体现了人与自然和谐相处的理念。如武汉市的黄鹤楼、钟子期墓等历史文化遗迹均与城市山水资源紧密结合。但是，漫长的发展历史使得这些文化遗迹多呈散点状零星分布，由于缺乏区域统筹协调、整体策划，部分文保单位，尤其是未被列入文保单位的文化遗迹不仅保护不足，而且在周边生态修复项目的实施过程中也未充分考虑将生态功能与文化功能相结合，山水资源的历史文化积淀不为外人所知，其历史文化价值更未得以合理发挥。

1.4　山水资源再利用的价值提升未被充分重视

人类对空间资源的利用具有连续性，山水资源尤其如此。随着社会发展阶段变化、技术进步以及相关政策不断完善，山水资源在不同阶段所承担的主导功能同样会发生变化，对资源的恰当再利用往往会带来生态产品价值的进一步提升。以废弃矿山为例，目前上海、徐州等地已有多处将废弃矿山治理与旅游开发、环境建设相结合的成功案例。但从总体上看，我国的废弃矿山修复方式仍以复绿、复耕或作为渣土消纳场地等单一方式为主，部分地区仍将废弃矿山视为负担而非资源，山水资源再利用的路径尚有待进一步认识和探索。

2　科学规划合理利用山水资源，才能真正服务人民和促进发展

近年来，武汉市结合国土空间生态修复工作，构建自然资源保护、修复和利用相结合的规划体系，对城市山水资源服务人民的具体路径进行了积极探索。

2.1　工作组织层面，真正体现山水资源的公共性，让更多市民能够享用

2.1.1　切实履行自然资源所有者职责，补齐管理缺位

通过颁布实施《武汉市山体保护办法》《武汉市湖泊保护条例》《武汉市市区

---

❶ 数据来源于《武汉市生态环境状况公报》。

河道堤防管理条例》等一系列政策文件，武汉市对全域 446 座主要山体、166 个主要湖泊、58 条主要河流实行"山长""湖长""河长"制管理，同时还特别制定了《武汉市滨水临山地区规划管理规定》，严格管控城市山水资源及其周边区域的开发建设，以真正保证优质资源的公共性，并积极推进大型机关单位拆墙透绿，尽可能地做到还绿于民。

2.1.2　加强规划引领，推动资源有序利用

宏观层面，武汉市在国土空间总体规划中划定"三区三线"，锁定城市生态底线空间。不仅重点打造以长江、汉江及东西山系为主体的"山水十字轴"，还强化城市防护绿带作用，构建三环线城市生态环与外环线郊野生态环，并加强城市风道与生态游憩、留白控制，沿府河、武湖、大东湖、汤逊湖、青菱湖、后官湖等六大方向，构建形成六片大型放射形生态绿楔，以切实保障城市开敞空间，并确保城市山水资源不被侵占。

微观层面，武汉市则结合城市山水资源编制了一系列专项规划，有序推动城市山水资源的保护和合理利用。以湖泊为例，武汉市通过《湖泊"三线一路"保护规划》划定湖泊蓝线、绿线、灰线范围（图 2），为湖泊的刚性保护奠定了坚实基础，同时引导湖泊周边空间有序开发，有效保障了山水资源的公共性。

2.1.3　统筹生态保护修复利用，保障重点项目实施

为统筹全市的生态保护修复和利用工作，武汉市专门成立市级领导小组，同时邀请国内外著名规划设计团队以及专家组成生态规划设计联盟，搭建了规划研

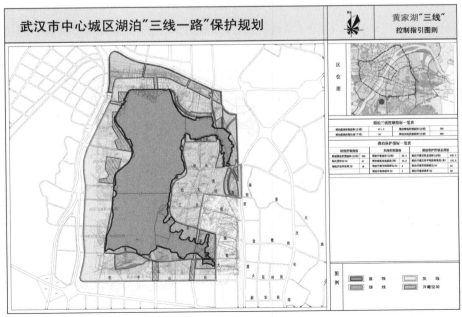

图 2　武汉市湖泊"三线一路"保护规划（黄家湖）

究、工程设计与产业实施三大平台，在此基础上实施了一大批面向市民的生态修复项目。以两江四岸地区为例，截至 2020 年，全市已建成总长超 70 千米、总面积达 740 公顷的两江四岸江滩公园，其中 2020 年新增江滩公园面积 61.74 公顷、新增滨江绿道 12.19 千米，长江岸线的生态廊道功能进一步显现，通过这些项目的建设真正实现还江于民、还岸于民、还景于民。

2.2　规划编制层面，充分发挥资源的多功能性，让其能发挥更大价值

自然山水环境是城市建设和发展的基底，城市规划建设中对局部山水资源的处理及利用应注意与区域自然环境相协调，尽可能在空间布局上互联互通，这样才能真正在生态功能上形成良性循环。因此，武汉市在生态保护修复利用过程中高度重视发挥城市山水资源的多功能性，在关注其使用功能、景观功能、工程功能的同时，强调应用基于自然的解决方案（NbS）来引导其生态功能的充分发挥。

2.2.1　塑造层次丰富的山体生态格局

山体决定了其所在区域的自然地形地貌，是自然生物群落的聚集地和丰富生物资源的宝库。对于城市的发展来说，山体决定了城市的基本空间格局，是城市环境的天然生态屏障，同时也是城市特色地域风貌的基础，合理利用和发挥好这些山水资源的生态功能还有利于满足居民休闲游憩需求。武汉市在系统梳理全市三列山系自然格局与功能特征的基础上，坚持国土空间功能导向与蓝绿网络结构导向相结合的理念，重点围绕山体修复做了三个方面的工作：

一是明确界定自然山体的保护地界和规划控制界线。阻断城市扩展对山体的侵占，确保山体整体环境的协调性和自然轮廓的完整性；规定临山体新建、改建和扩建的建筑物临山面外缘垂直投影线后退山体保护绿线原则上不少于 20 米，临山体建设区应控制保护望山视线通廊，山体开敞面原则上不得少于山体占地总周长的 60%。

二是基于 NbS 理念根据受损情况确定山体修复内容与方式。充分考虑山体的地形地貌、破损程度、区域气候、水文条件等不同因素，以自然恢复为主，辅以必要工程措施来合理制定每座破损山体修复治理方案，做到"一山一策"。

三是明确修复后山体功能导向。结合生态修复专项规划，合理开展山体资源的综合开发利用，营造自然生态的多功能山体活动空间：开发运动功能，结合山体走向，设置环山绿道，供市民徒步、攀登；开发科普功能，结合山体修复建设生态公园、主题动植物园、科普教学基地、露营地等专题场所；开发文化功能，结合环山绿道串联文化遗迹，如磨山绿道串联起楚市、楚才园、离骚碑、楚天台等文化节点，让市民感受荆楚文化古韵。

2.2.2　系统治理水生态与水环境

水体既为城市生产生活提供必需的资源，也是城市排污的主要渠道，同时还是重要的城市景观。水系以河流、湖泊、湿地等形式存在，其天然具有较强的联系性，自然串联上下游、联系左右岸及区域生态系统，对区域生态环境调节起着重要作用。武汉市河湖水系资源丰富，在保障城市防洪排涝能力的基础上，规划采取水岸生态恢复等措施，提升水安全水平，并加强对水系的功能引导，体现了水系功能的多样性。具体讲：

一是完善水系空间管控体系，扩大蓝线的覆盖类型。在已有湖泊蓝线的基础上，逐步划定全市江、河、水库、渠道、坑塘的水域保护控制线，确保水系在市域的全面保护（表 1）。

武汉市水系空间管控体系　　　　　　　　　　　表 1

管控对象	数量	空间管控手段
江、河（堤防）	165 条 （5 千米以上）	严格依据《武汉市市区河道堤防管理条例》，对堤身、禁脚地、地下工程进行空间控制
水库	272 座 （大型 3 座，中型 6 座，小型 263 座）	按照其坝脚外延一定距离为水域保护线范围： 大型水库：主坝坡脚和坝端外 300—500 米 中型水库：主坝坡脚和坝端外 100—300 米 小型水库：主坝坡脚和坝端外 50—150 米
湖泊	166 个	蓝线（"三线一路"）
港渠	220 条 （汇流面积 1 平方千米以上）	排水渠：两侧绿化带按上开口的 30%—40% 确定 通航渠：宽度不小于 16 米，深度不小于 1.5 米，通航净空不小于 3.5 米 景观渠：区域生态廊道宽度 100—200 米，组团间生态隔离廊道宽度 50—100 米，一般生态景观廊道 30—40 米

二是加强水系连通，构建生态水网。通过规划引导，在全市范围内构建以大东湖、武湖、府河、后官湖、青菱湖、梁子湖等为核心的水生态保护链；通过汉阳六湖水系连通、大东湖水系连通等一系列水系连通工程提升水动力；构建引排得当、水流畅通、蓄泄兼顾的河湖生态水网，充分发挥湖群蓄滞功能；开展河道疏浚与河滩综合治理，对现有堤坡种植本地水生植物、进行生态化改造，而在有条件的区域则重塑健康自然的弯曲河岸线，提升水系生态功能。

三是分类引导湖泊、湿地利用。结合"三线一路"湖泊分类，根据所处区域、建设情况及生态条件的差异，将全市 166 个湖泊划分为城市公共型、郊野游憩型和生态保育型三类。其中城市公共型湖泊主要位于城市建设区内，通过缓冲带式生态岸线及人工湿地建设提升湖泊生态功能，打造多功能集聚、界面开敞的滨水公共区；郊野游憩型湖泊主要位于城郊农业空间内，通过自然湿地岸线修复、拆除围网、植被恢复等措施打造集滨湖特色游憩体验、科普教育和文化创意为一体的新型旅游目的地；生态保育型湖泊主要位于生态空间内，采取退垸还湖、自然恢复等措施恢复自然深潭浅滩和泛洪漫滩，打造以生态系统的保护与维育为主导功能的生态滨水保育区。

2.2.3　打造多层次、多功能的城市绿地系统

宏观层面，强化山水格局。武汉市常年平均风速为 2.9 米 / 秒，主导风向为东北风，占全年风向频率的 22.9%，故在《武汉市城市总体规划（2010—2020 年）》中就以两江四岸及规划六大绿楔为依托，强化城市与区域生态系统的联系，构建了六大城市风道，引入夏季凉风来缓解城市热岛效应，2018 年中心城区强热岛面积较 2009 年减少约 33.5%。

中观层面，构建生态廊道。武汉市以三环线和外环线为基础，不仅完善道路沿线绿地，同时还串联公园绿地、广场游园、重点景观带等公共空间，建成三环线 "一带 33 珠" 的城市公园群，并结合河流和港渠流域自然特征推进滨河岸线花廊建设，进一步优化整合了城市内部蓝绿空间体系。

微观层面，填补生态空缺。以居民活动聚集点和行走路线为核心，在全市范围内推进 "口袋公园" 及 "小微湿地" 建设，补充完善城市绿地系统 "最后一公里"，增加公共活动空间，创造集生态提升、安全疏散、游憩活动等多种功能于一体的复合型山水绿地空间。

2.3　文化价值层面，展现历史环境整体性，实现人文与自然相统一

作为国家历史文化名城，武汉市高度重视将城市山水资源的生态价值与历史文化价值相结合，系统提升城市生态格局风貌、聚落空间风貌及景观环境风貌，通过生态保护、空间营造及景观叙事等方式展现历史环境的整体性。

2.3.1　生态筑底，保护城市生态格局风貌

规划重视维持市内山丘地貌、河塘水系、林木植被和田园景观，保护与历史环境相互依存的区域生态格局，凸显城市自然风貌和乡土景观特色。通过 "以山为枕、以林为屏、以田为被、以湖为心" 的总体思路，保护城市山脉骨架的完整性、恢复 "村旁有林" 的村落原生态格局、塑造田林交织的田园景观风貌、提升水岸空间的自然活力。

中心城区通过生态保护修复利用来串联两江四岸文化资源，将城市的自然美与人文美相结合，重点以南岸嘴为原点，建设长江百里生态文化长廊和东西山系生态人文廊道（图 3），串联汉口历史风貌区、武昌古城、汉阳古城等文化节点，打造世界级历史人文展示区。

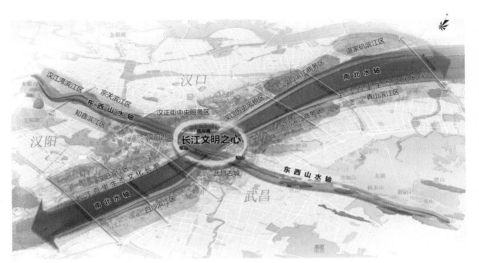

图 3 长江百里生态文化长廊与东西山系生态人文廊道

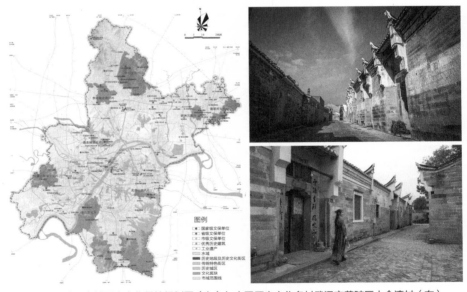

图 4 武汉市域历史文化保护规划图（左）与中国历史文化名村武汉市黄陂区大余湾村（右）

　　乡村地区则通过生态保护修复与利用来助推乡村振兴，从农业生态系统整体性和区域自然环境差异性出发，将生态保护修复利用、国土综合整治与美丽乡村建设相结合，统筹推进村湾综合整治，兼顾景观与生态功能，实现村庄园林化、道路林荫化、坡岗林果化、庭院花园化，形成一批"突出荆楚特色，彰显江南风韵"的美丽乡村，实现历史文化名镇名村的保护与活化利用（图 4）。

2.3.2 文脉传承，延续传统聚落空间风貌

　　尽可能保持传统村落聚落格局。规划通过对传统村落新增建设用地的位置、面积以及各类建筑建设活动和水塘、街巷等历史环境要素的变动进行严格管控，

积极保护传统村落具有意象仿生隐喻意义的村庄聚落形状，如武汉市黄陂区翁杨冲保护历史形成的"福来翁杨，如意吉祥"聚落形态，充分展现古人趋吉避凶、追求吉祥寓意的村落营建智慧（图5左）。

注意延续传统村落空间结构。规划重视传统村落以祠堂庙宇为核心的空间结构与轴线关系，合理利用以道路街巷为基础的空间肌理，保护以公建、山体、水域等为重要景观观赏点的视线通廊（图5右），通过规划建设来延续历史空间完整性。

2.3.3　以景为忆，唤醒历史景观环境风貌

强化保护与山水资源相关的历史环境要素，既包括自然历史环境要素，如古树名木等，也包括人工历史环境要素，如匾额、石碑、"风水"桥、水车和古建筑构件等。其中，古树名木参照《武汉市古树名木保护管理办法》进行保护，禁止砍伐、设立护栏、挂牌保护，并随时监控病虫害的侵蚀情况，建立管养责任制和监督机制。

通过保护历史环境要素，营造具有场所精神和邻里交往功能的公共休闲场所，打造识别性、标志性强的入口景观，整治宅前屋后景观环境，设计蕴含历史记忆的导视标识系统等措施，将历史文化基因在物质空间中进行景观化的显性表达，通过讲述历史故事来唤醒集体记忆、寻求地域文化认同（图6）。

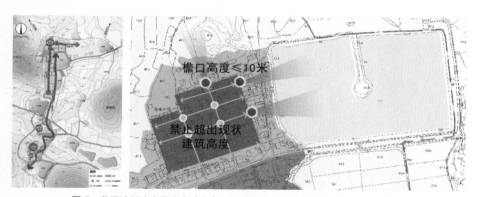

图5　翁杨冲村庄布局意向（左）与邱皮村耿家大湾视线通廊控制要求（右）

图6　古树名木（左）与历史文化名村内邻里交往公共空间（右）

2.4　工程实施层面，合理选择资源再利用方式，实现资源效益最大化

中央多次强调"绿水青山就是金山银山"，提出要积极探索推广绿水青山转化为金山银山的路径。对于城市山水资源的保护修复与利用，其最终目的是要实现人与自然和谐共生的生态环境，而这里所讲的"生态"从某种程度上说也就是指人的"生活状态"，因此，武汉市高度重视通过生态修复引导城市山水资源的再利用，尤其是通过实施一系列工程来推动山水资源生态价值的实现。

2.4.1　"江滩＋"工程：活化江滩生态资源

历史上武汉市"优于水而忧于水"，20世纪中期的长江江滩防护整治工程重视强化其防洪功能却忽视了生态功能，一方面是汉口城区人均公园绿地严重不足而与其紧临的江滩却优质生态资源长期闲置；另一方面是江滩因与城市生活功能的割裂而逐步发展成为藏污纳垢之处，生态品质进一步恶化。针对于此，武汉市21世纪初以来策划并实施的"江滩＋"工程，在保障防洪安全的同时，不断将市民对开敞空间的需求与城市内部生态功能提升相结合，通过跨世纪的江滩公园建设实现了江滩生态资源的活化。在相关工程建设过程中，更多保留南荻等原生亲水植物、尽量减少对自然环境的人工干预，除去广场和道路等必备设施外，主要采用自然景观来营造滨江环境，这不仅降低了建设成本，更为市民在城市内部创造了难得的滨江自然滩地环境（图7）。

2.4.2　"大湖＋"工程：激活城市滨水空间

通过编制《武汉市"大湖＋"主题功能区空间体系规划》，将湖泊本体、滨湖绿地和周边腹地空间进行整体谋划，在严格保护湖泊水体"蓝线"、优化提升滨湖绿地"绿线"的基础上，结合城市总体功能布局，在湖泊周边腹地融入郊野游憩、文化创意、康体休闲等功能，形成一批不同主题、开放共享的湖泊功能区。以南太子湖为例，武汉市通过截污、清淤、海绵城市建设等一系列措施，有效消除外源和内源污染，控制水质恶化，同时将功能植入、特色营造、交通体系完善与生

图7　汉口江滩公园建设前后对比

态修复相结合，强化延展功能、完善配套功能，将南太子湖片区打造成能充分彰显武汉市湖泊文化和生态低碳特色的城市中央公园，推动了城市内部生态产品价值的实现（图8、图9）。

2.4.3 "山体+"工程：引导空间综合利用

在受损山体与废弃矿山修复过程中，武汉市坚持保护、修复与利用相结合的原则，在推进全域增绿提质的基础上，通过综合利用，以更优的生态和文化环境来满足人民需求。以江夏区灵山生态文化旅游区为例，该项目以灵山废弃矿山修复的一期工程为基础，通过地质灾害隐患消除、矿山复绿、土地复垦、景观营造等方式，围绕"生态农业+文化旅游"主题，将其打造成为"4A"级文旅景区，从而实现了由"卖石头"向"卖环境"的转变（图10）。

2.4.4 "工矿废弃地+"工程：助推受损空间重生

作为老工业城市，武汉市在产业结构调整过程中产生了大量废弃地。规划正是通过对这些受损空间的再利用，为城市创造了新的优质生态产品。以青山区戴家湖公园为例，该公园原址为武汉水泥厂和粉煤灰堆场区，过去是青山区的一片

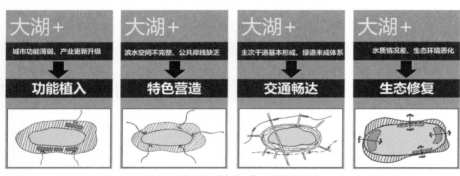

图8　南太子湖"大湖+"工程总体思路

图9　南太子湖生态修复利用主要措施

图 10　修复后的灵山生态文化旅游区

图 11　戴家湖公园修复前后对比

污染严重区，如今通过整体生态修复已转变为该区最大的城市生态公园（图 11）。对于工业生产所带来的生态破坏，戴家湖公园不仅采用科学方法改良土壤、改善水质，还重视以密林为主，打造防护型绿地。如今的戴家湖公园内种植树木 3 万余株，绿化率高达 91.8%，每年可吸纳二氧化碳 1.8 万吨，释放氧气 1.2 万吨，真正成为集生态防护、景观观赏、休闲健身、文化展示等多功能于一体的综合公园。2017 年，该项目获得中国人居环境范例奖。

3　山水资源的合理利用和价值发挥有待于得到全社会的支持和响应

当前，城镇化地区的许多生态问题很大程度上是由于各方认识及需求不协调所引起的，因此，为使城市山水资源的价值能得以充分发挥，生态规划建设的相关工作需要得到全社会的理解和支持。

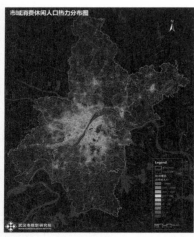

图 12 武汉市休闲人群空间分布与"见缝插绿"的口袋公园

3.1 以人为本，发挥山水资源的社会效益

"国土空间生态"是一个典型的"自然—经济—社会"复合系统，国土空间生态系统的健康，不仅是山水林田湖草等要素所构成自然生态系统的健康，还包括建立在自然生态系统基础上经济社会系统的健康。因此，我们在对城市山水资源保护修复与利用的过程中始终坚持"以人为本"的原则，不仅结合城市化地区生态系统自身特征，基于时空大数据分析来刻画武汉市常住人口的空间行为特征画像，而且还通过完善城市公园体系、加强城市内部小微湿地保护等措施（图 12），将市民的开敞空间需求与城市内部生态功能提升相结合，从而真正让市民能够就近享受优质生态产品。

3.2 创新机制，促进生态修复的社会参与

改变以往主要由政府部门制定生态修复方案的做法，在广泛征求社会意见的基础上，鼓励各类社会主体参与生态修复工作。以硃山生态修复为例，与以往由政府出资不同，硃山的生态修复是由在硃山附近进行开发建设的民企为实施主体，根据其与政府所签订的投资协议，该公司无偿对山体公园区域内的破损山体进行修复、植绿、景观建设及配套设施建设，项目建成验收合格后移交地方政府，已成为龙灵山生态公园的一部分（图 13）。

3.3 宣传引导，提升相关工作的社会影响

通过组织"武汉市生态保护与利用高峰论坛"来搭建平台（图 14），邀请国内外地理、环保、水生态、土壤治理与修复、景观营造等多领域权威设计机构及

图 13　硃山生态修复前后对比

图 14　第一届生态保护与利用高峰论坛

高校专家参与研讨，深入研究生态资源保护修复和利用的工作开展、规划设计以及实施路径。同时，结合组织国际湿地大会、爱鸟周等活动，开展武汉市生态保护修复和利用品牌的建设，并充分利用各类媒体平台来提升传播力和影响力，增强社会公众参与的获得感和荣誉感，从而共同推进生态保护修复和利用相关工作的开展。

3.4　细化管理，加强资源保护的社会监督

武汉市在《基本生态控制线管理条例》的基础上，制定了《武汉市地质环境监测与保护条例》《武汉市加快推进废弃矿山生态修复的实施意见》《武汉市滨水临山地区规划管理规定》等一系列细化城市山水资源管理的政策文件，并整合了市、区两级生态环境、自然资源和规划、农业农村、水务、园林和林业等部门相关污染防治和生态保护执法职责，成立生态环境保护综合执法支队，充分发挥统一监管和综合执法的作用，实现了城市山水资源的系统化管理。同时，加强与武汉市观鸟协会、绿色环保协会等志愿者组织的合作，启动"武小环志愿服务"小程序（图 15），从而加强了对城市山水资源保护的社会监督。

图 15 "武小环志愿服务"小程序发布

4 结语

在建设生态文明的时代背景下，营造良好生态环境是最普惠的民生福祉，山水资源则是其中最宝贵的城市财富。国土空间规划的重要职责和工作目的实质上就是要合理组织、调配、利用好这些城市资源，以便其能真正更好地为人民服务。因此，国土空间生态保护修复和利用工作应该更加注重空间织补、生态提升，充分发挥城市山水资源的公共性与多功能性，深入挖掘其文化价值与再利用价值，基于人与自然和谐共生目标下重构健康的社会—经济—自然复合生态系统，推动国土空间规划逐步由"建设型"向"治理型"转变，真正实现"规划合理组织引导、山水资源服务人民"的目标！

参考文献

[1] 奚建武."人民城市论"的逻辑生成与意义呈现——习近平关于城市建设和发展的重要论述研究 [J]. 上海城市管理,2022,31(1):9.

[2] 黄艳.促进城市转型发展增强人民的获得感——兼论"生态修复、城市修补"工作 [J]. 城市规划,2016,040(z2):7-11,18.

[3] 高世昌.国土空间生态修复的理论与方法 [J]. 中国土地,2018,(10):40-43.

[4] 曹宇,王嘉怡,李国煜.国土空间生态修复:概念思辨与理论认知 [J]. 中国土地科学,2019,33(7):1-10.

[5] 自然资源部.社会资本参与国土空间生态修复案例(第一批)[Z]. 北京:自然资源部,2020.

[6] 自然资源部.生态产品价值实现典型案例 [Z]. 北京:自然资源部.

[7] 自然资源部.自然资源调查监测体系构建总体方案 [Z]. 北京:自然资源部,2020.

[8] 武汉市裸露山体(废弃矿山)治理遥感监测统计报告 [Z]. 2021.

[9] 武汉市生态环境局.武汉市生态环境状况公报 [Z]. 2015—2021.

张菁，中国城市规划设计研究院总规划师，教授级城市规划师

付冬楠，中国城市规划设计研究院科技促进处，高级城市规划师

张菁

付冬楠

基于人本视角的城市空间规划策略思考

党的十九大报告指出，中国特色社会主义进入新时代，我国社会主要矛盾已经转化为人民日益增长的美好生活需要和不平衡不充分的发展之间的矛盾。随着社会生产力的不断提高，人民群众的需求已经有了新的变化，不再简单地满足于吃饱穿暖，对教育、就业、收入、医疗、消费、安全、环境等方面都有了更高的期盼。作为城市政治、经济、社会和文化等要素的载体，城市空间对人类社会健康发展的重要性不言而喻。如何科学塑造城市空间，更好地满足人民日益增长的需要，以及推动人的全面发展、社会的全面进步？各类人群的活动和需求成为空间规划设计的出发点，人民群众日益增长的美好生活需要是空间塑造的落脚点。

1 城市空间价值认知

1.1 价值转变

1.1.1 "人"成为城市竞争发展的关键资源因素

后工业时代，城镇化发展逻辑已经从传统的"产、人、城"模式转型为"人、城、产"模式。1983 年，Terry N.Clark 领衔"财政紧缩与都市更新"（Fiscal Austerity and Urban Innovation，FAUI Project）研究项目，对纽约、伦敦、东京、巴黎、首尔、芝加哥等 38 个国际性大城市、1200 多个北美城市进行了研究，发现影响未来城市增长发展的关键因素已由传统工业向都市休闲娱乐产业转变❶。城市发展动力研究提出了"场景理论"（The Theory of Scenes），从生活文化视角探

❶《作为娱乐机器的城市》（2004 年）、《文化动力——一种城市发展新思维》（2015 年）、《场景——空间品质如何塑造社会生活》（2019 年）。

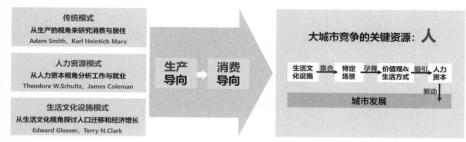

图 1　城市发展动力由"生产导向"转向"消费导向"

索人口迁移和经济增长，这标志着城市发展动力研究由生产导向转向消费为导向。由生活文化设施等构成的城市"场景"重新界定了城市空间价值，其表现为借助特定文化价值因素，吸引不同个体，尤其带动人力资本与新兴产业的聚集效应，推动城市发展。"城市空间的研究从自然与社会属性层面拓展到区位文化的消费实践层面"❶。

总体来说，场景理论的提出，意味着城市发展动力研究从生产驱动开始转向与人密切相关的消费驱动，这一背景下"人"成为大城市竞争发展的关键资源因素（图 1）。探究人的基本需求、消费特征和经济社会发展特点三者之间的关系，成为认知和提升城市空间价值的新方向。

1.1.2　人基本需求特征和消费需求特征具有阶段差异性

为提高人群集聚的有序性和高效性，需要重新研究人需求特征的发展特点。按照马斯洛提出人的需求层次理论，可以把人的需求划分为"追求生存机会""追求生活品质""追求生命价值"三个目标阶段，从生存追求到价值追求是"人"需求发展的必然过程。研究表明，农业革命、工业革命、信息革命不断促进生产力水平提升，社会物质生活不断丰富，城市居民生存和消费也迭代升级，呈现与三个发展阶段对应的消费特点（表 1）。例如，农业革命之后，以衣、食、住、行等基本物质消费为主体，教育、娱乐、艺术等消费主力为贵族、宗教领导者和地主等统治阶级，消费内容一般由专职供给。工业革命之后，中产阶层和平民开始成为消费新主力，教育、医疗、养老、旅游休闲成为消费主要内容，消费已逐渐从满足生理需求向满足高品质生活等心理需求转变，精神消费开始呈现多样化特点。信息革命之后，一般大众的个性化消费成为消费主引擎，生存消费占比进一步减小，围绕艺术、文化、社会交往、自主创造的精神契合消费引领消费增长，成为新发展阶段的消费特征。总之，从需求端看，人的基本需求和消费需求具有阶段发展的差异性特征。

---

❶ 吴军. 城市社会学研究前沿：场景理论述评 [J]. 社会学评论 . 2014（2）：90-95.

不同发展阶段城市消费特点变化　　　　　　　表 1

一	农业革命	工业革命	信息革命
生产水平	种植畜牧为主	工业化大生产	智慧与个性化
消费水平	大众生存消费在灾荒战乱时期之外可以满足，富裕阶层有多样的生活消费	大众生存消费不再是问题，追求更高质量的生活消费	生存消费占总比例很小，生活消费提升潜能无限
消费构成	以衣、食、住、行等物质消费为主，教育、娱乐、艺术等精神消费也由专职供给	消费已从满足生理需求向满足时尚、炫耀等心理需求转变，精神消费更多样化	精神消费引领消费增长，精神契合决定消费选择
消费主力	以贵族、宗教领导者和地主等统治阶级为主	各阶层消费能力普遍提升，中产阶层和平民开始成为消费新主力	一般大众的个性化消费成为消费主引擎
消费哲学	消费限于社会等级（固化）	消费成为圈层符号（流动）	消费追求自我满足，但求所用，不求所有

1.2　国家要求：实现以人民为中心的高质量发展

从我国发展阶段性特征看，现阶段"人民日益增长的美好生活需要和不平衡不充分的发展之间的矛盾"是我国经济社会发展的主要矛盾。这一特征决定我国城市消费特征必然呈现多元化特点，城市居民既需要更好的教育、更可靠的社会保障、更高水平的医疗卫生服务、更舒适的居住条件、更稳定的工作、更满意的收入，也需要更优美的环境和更丰富的精神文化生活。中央城市工作会议明确提出，城市要"坚持人民城市为人民"[1]。"城市规划建设做得好不好，最终要用人民群众满意度来衡量[2]"。

因此，实现以人民为中心的高质量发展是我国城市发展的新目标，以人民为中心是城市规划建设管理工作开展的基本指引，不断增强人民群众获得感、幸福感、安全感成为城市空间价值挖掘的重要着眼点。

1.3　城市发展趋势：从物质环境建设到承载人的生活

梳理国内外典型城市的发展目标可以发现，"健康""绿色""幸福""生态""宜居"等关键词成为共识性目标。城市发展更加强调具有绿色本底的生态化、住房充足、公共生活和公共空间具有特色、功能复合并具有活力、服务和设施多样均好并富有智慧、居民可以健康出行等（图2）。

---

[1] 习近平出席中央城市工作会议并发表重要讲话 [J]. 共产党员，2016（2）.
[2] 央视新闻官方账号. 习近平心中的"城" [EB/OL].（2019-08-27）.

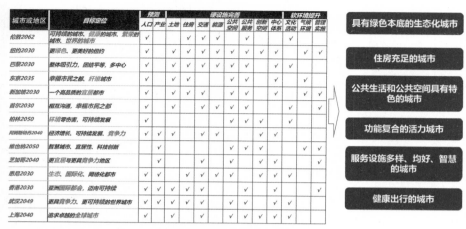

图2　国内外典型城市或地区发展目标与政策实践梳理

2018年以来，北京、上海、成都、重庆、武汉等大城市纷纷提出建设国际消费中心城市。从各城市相关政策看，城市都提出国际消费中心建设要与宜居城市建设相辅相成，一体推进。例如上海提出实现"五个人人"发展目标，"努力打造一座人人都有人生出彩机会、人人都能有序参与治理、人人都能享有品质生活、人人都能切实感受温度、人人都能拥有归属认同的城市，人人推动共建共治共享"，把探索"五大空间"精细化治理新路径，作为提升城市管理精细化水平的主要内容，作为创造城市美好生活的重要体现。

可以看出，我国城市发展策略正在从以产业发展的单一评价指征向满足"人"的多元需求转变。城市规划建设管理从关注空间扩张，转向关注空间品质提升，空间营建目标从"有没有"向"好不好"转变。塑造高品质人居环境，营造承载多类人群健康生活的宜居宜业空间成为当下城市空间价值提升的践行路径。

2　城市空间的规划设计对新需求关注不足

2.1　居民健康出行需求

传统较为机械的功能分区导致的职住分离无法满足城市居民健康出行的需求。国内外城市通勤规律显示，合理的交通通勤时间上限为45—60分钟。但在城市发展过程中，受土地价格、环境保护、产业类型等因素影响，生产基地常常布局在城市外围，且居住和服务配套不足，导致城市职住分离现象日益严重，加大了城市长距离通勤的比重。《2021年度中国主要城市通勤监测报告》显示，超大城市中60分钟以上通勤时间占比的平均值为17%，特大城市为13%；此外，有14个城市职住分离较前一年指标有所增加。城市空间的规划设计中需要对此做出应对。

2.2　人才对创新空间的新需求

"人才是衡量一个国家综合国力的重要指标……加快建设世界重要人才中心和创新高地。" 2021 年我国的人才工作会议上指明了人才战略和创新战略对于新时代国家发展的重大意义。实施创新驱动、集聚高端人才是现阶段我国城市发展的核心驱动力。为更好服务城市高端人才，需要重新认识创新空间的发展过程，把握空间特征。

回顾国内外城市创新空间发展，可以把创新空间的发展分为三个阶段（图 3）：第一阶段为"创新附属生产"。以 1890 年代美国芝加哥全球第一个标准化工业镇——帕尔曼镇为代表，其空间特点表现为创新与生产衔接紧密，以生产性龙头企业的需求为动力源，在空间上多与生产空间集中布局。第二阶段为"创新独立集聚"，以 1950 年代全球第一个科学园——斯坦福科研院（硅谷）等地为代表，创新空间依托科研院所，集聚科技型企业和新兴技术产业，促进相关科技成果的互动和转化，在空间上显现出创新空间的独立集聚。这一时期也标志着城市创新空间的起步。在此之后，世界各国的科技园区，以及我国的高新区等蓬勃发展。第三阶段为"创新回归都市"，以洛杉矶硅滩为代表，创新空间回归城市中心地段，创新产业综合城市创意人群、资金、科研力量、完善的服务等多方面优势，发展多样融合的创新。

从创新空间发展类型看，形成了"专业智造空间""产城一体空间""科创研发空间"三种类型（图 4）。专业智造空间在独立产业新区中建设全智能化无人工厂，并通过城市柔性专业化生产网络形成产业整合。产城一体空间一般位于城市内部活力地区，通过轻资产创客车间、定制工作室等推进创新空间建设。科创研发空间一般位于城郊环境优质地区，多以科研、教育、培训机构等为核心，带动科研企业的聚集。

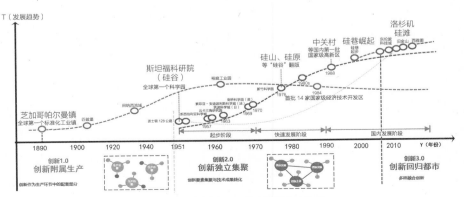

图 3　国内外城市创新空间发展阶段特征示意

图 4　创新空间类型及特征分析

各类创新空间的发展背后是"人"的选择，城市舒适性（Urban Amenity）理论强调优质的人力资源更加倾向于选择生活舒适度较高的城市定居，进而带动企业的集聚和经济的发展。我国当前重科技园区开发，轻城市功能培育现象较为突出。创新活动存在复合交叉、多元融合的特点，创新企业和创新人才更加倾向在工作地点周边有着丰富的城市配套。以杭州城西科创大走廊为例，街区尺度过大，服务功能不足，创新人才喜爱的咖啡馆密度低于 3 家 / 平方千米。因此，结合城市人才特点，有针对性地推进宜居宜业的创新城区、创新社区建设还任重道远。

2.3　多元人群的新需求

城市由多元人群构成，老人、儿童、妇女等特殊群体的新需求也需要在空间规划设计中予以高度关注。总体来说，我国社会运行和发展的基础是年轻型社会，城市适老宜少设施和空间"量""质"缺口明显。在快速城镇化背景下，我国城市的老年和儿童服务设施和活动场地数量普遍不足，儿童隔代抚育特征突出，儿童参与室外活动强度低、独立性活动少。同时各类空间在"质"的方面也亟待提升。例如城市中普遍缺少安全的儿童活动空间，上下学交通往往组织混乱；部分道路交叉口信号灯时间过短，老人存在过街安全隐患等。

此外，城市空间设计往往忽视女性群体特殊需求。妇女是城市生活的核心主体之一，已有研究与实践甚少从性别角度出发探讨空间的规划设计问题。伴随越来越多的女性从业者踏入各行各业，城市规划设计与治理有必要加强对女性独特需求的认识和理解，帮助破解女性在平衡工作与家庭中所面临的困境，推动女性在城市生活中话语权逐步提升，从而促进城市规划的人本化高质量发展。由于女性担负着更多扶老携幼的责任，经常需要利用户外空间进行相关活动，因此城市公共空间的主要使用群体以女性居多。但当前环境下，女性与城市规划设计的独特关系仍未能引起规划师们的足够重视。例如，女性更倾向选择可持续的公共交通出行方式，但当城市想要推广公共交通系统时，却常常忽视女性的出行习惯；相较于常见的篮球场、足球场等，女性更需要尺度适宜、轻量运动的公园绿地、广场及羽毛球场等。城市规划长期以来对女性独特需求不充分不彻底的认识，很大程度上抑制了女性视角下高质量城市生活品质的进一步提升（表 2）。

女性需求和特点与城市空间的关系　　　　　　　表 2

女性独特性	与城市空间的关系
更为感性细腻	更加注重城市空间的细节
对安全性要求更高	更加注重城市空间的安全性
具有更强的语言沟通能力	公众参与更为深入彻底
相对较弱的空间知觉能力	更加注重城市标识系统
相对较弱的体能	更加注重休憩和卫生设施
社会角色多样化	居住地与工作地的距离及交通组织问题

资料来源：引自 2020/2021 中国城市规划年会季"女性视角的规划与设计"学术对话

儿童友好城市、老年友好城市建设已成为"十四五"发展的重要城市目标之一，对"一老一小"的关爱已上升为国家战略。女性友好也成为社会关注的热点话题。如何在空间规划设计中更好地对接多元人群的新需求是"十四五"时期空间规划设计的重要抓手。

3　以人为本的城市空间规划设计实践策略

鉴于以上问题，中国城市规划设计研究院的技术团队结合实践项目及相关研究，对上述问题进行了技术探索，提出若干规划设计的实践策略。

3.1　引导职住平衡的组团城市建设，满足居民健康出行需求

职住平衡的组团城市，是指每个组团是相对完整的交通组团，同时组团内部的功能布局以及土地利用形态和组团的产业布局相对完整且协调，最终实现城市整体的动态职住平衡，缩短居民的出行距离，满足健康出行的需求。在新一轮国土空间规划中，天津市和长春市都围绕引导职住平衡的组团城市建设进行了探索。

3.1.1　天津：引入职住平衡指数，构建产城融合的空间格局

在天津市国土空间总体规划中，通过分析天津市域和中心城区的职住平衡情况，发现其职住分离情况较为严重，双城间平均出行距离约 47 千米，以通勤为主要目的出行占比约 83%，同时外围组团就业功能缺失（图 5）。

完善职住平衡，构建产城融合的空间格局成为规划目标之一。规划引入"职住平衡指数"管控指标，即用"就业岗位数/家庭户数 × 100"表达区域提供就业岗位和居住空间的关系。当指数等于 100 时表示相对平衡；大于 100 表示该地

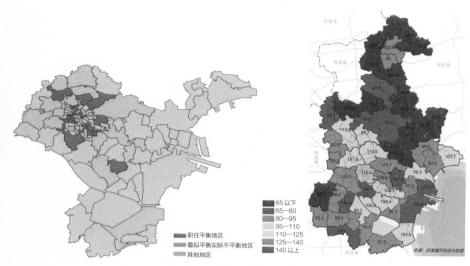

图 5　天津中心城市和市域职住平衡分布情况示意图
资料来源：引自《天津市国土空间总体规划（2021—2035）》

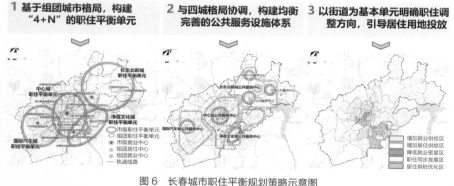

图 6　长春城市职住平衡规划策略示意图
资料来源：引自《长春市国土空间总体规划（2020—2035）》

区就业岗位多，需要适度增加居住及服务功能；指数小于 100 表示该地区居住多，需要适度增加产业功能。利用该指数对城市不同地区的职住平衡情况进行了判读，提出"市内六区增加就业、滨海新区核心区和环城四区增加居住功能等"不同地区的就业和居住功能发展目标和要求，并强调将其作为规划关键约束指标向区、镇实施主体约束传导，以期最终改善城市职住平衡状况。

3.1.2　长春：促进"产一服一居"匹配，构建职住平衡单元

在长春市国土空间总体规划中，为解决中心过度集聚、外围虚胖、跨区通勤严重问题，规划提出构建与城市组团格局相匹配的职住平衡单元。基于四城格局特征，规划提出建设"四城"职住平衡单元，配置均衡完善的公共服务设施体系。并以街道为基本单元细化职住调整方向，引导产业用地、居住用地投放，促进"产一服一居"匹配，形成功能完善的发展板块（图 6）。

3.2 立足人才需求推进创新空间建设，满足人才宜居宜业需求

创新空间建设是落实城市创新发展战略的着力点，一方面需要从创新人才的真实需求出发，发现城市空间建设的问题和短板；另一方面也需要结合不同尺度创新空间的运作特点，通过规划设计对其良性运行提供支撑。中规院技术团队在合肥和深圳的相关规划中，都围绕"立足人才需求的创新空间规划设计"做出了探索。

3.2.1 合肥：探索城市宏观空间结构和产业园区微观空间的组织优化

建设"科创新枢纽"是合肥 2035 年的发展目标之一。《合肥高新区国土空间规划》中，结合高新区发展现状，借鉴国际先进科技园区、创新区发展经验，提出建设"宜创宜业宜居的世界一流高科技园区"，引导创新导向的空间转型。规划以研究创新人群的空间诉求为切入点，探索了"现状精准评估—基于创新导向的宏观空间结构优化—细化产业创新空间组织模式"的规划技术方法。具体包括三方面内容：

首先，结合人才需求，通过多角度评估精准识别现状问题。明确城市存在孵化转化空间不足与效率不高、满足创新人群需求的城市服务能力和住宅保障不足、缺乏激发创新活力的开放交往空间等问题。针对上述问题，规划首先提出"引导创新导向的空间转型"对策，在城市总体空间结构层面提出强化建设科创走廊，集聚创新要素资源（图7）；围绕"一山两湖"构建智慧绿环，塑造高新区与创新功能承载区有机融合的特色开放空间；探索绿色低碳发展路径，大力发展绿色交通，并落实基础设施和公共服务设施补短板行动。其次，规划着重探索了构建"创新圈"及"花园式科技园区"的实施策略。规划提出构建圈层结构的"创新圈"，围绕"创新核"依次组织交往空间和产业生活空间，并突出居住—产业、生态—

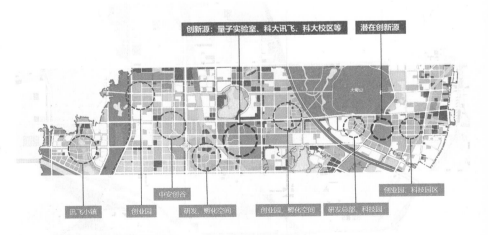

图 7　打造科创走廊，集聚创新要素资源规划策略示意图
资料来源：引自《合肥高新区国土空间规划》

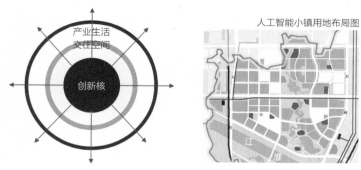

图 8　合肥构建"创新圈"及花园式科技园区示意图
资料来源：引自《合肥高新区国土空间规划》

农业、建设—非建设等功能空间的融合，为城市塑造宜居宜业创新园区做出了技术探索（图 8）。

3.2.2　深圳：因人施策，围绕人才需求提供适宜的科研环境

中规院《光明科学城大科学装置集群片区配套项目策划方案》项目主要探索如何因人施策，围绕人才需求提供适宜的科研环境。深圳科学装置区的主体是科学家，如何吸引人、留住人是空间规划设计及开发建设的关键。该项目通过精准投放问卷明确科学家的需求，对比研究其他国家科学园区的空间设计特点，一方面探索风景优美的、安静平和的科学研究场景设计管控要求；另一方面也尝试提出科学装置区"设施—单元—集群"的创新空间的体系模式和设计管控要点。

（1）精准投放问卷明确科研人员需求

规划首先通过问卷调查研究了科研人群特征、科研办公需求、公共配套需求、公共空间需求及交通出行需求等五个方面的特点。从调研结果看，科学家工作具有工作时间规律、工作时间长、通勤时间灵活，日常生活简单，认同园区工作的特点；科研人员普遍愿意"就近居住"，对会议设施有刚性需求，还认同咖啡厅等非正式交流空间在科研创新中的作用；此外，科普和展览参观行动是科学家们较为一致的生活需求（图 9）。

（2）提供适宜的科学研究场景和社区生活场景

结合科研人员需求，园区规划提出：第一，塑造科学城风景优美、安静平和的科学研究场景，并确定了容积率、建筑形态、绿化率等指标管控要求。第二，提供生活便捷、服务快捷、智慧高效的科学社区生活场景。规划提出建设智慧生活的科学社区、搭建科研居住便捷的交通联系、配置优质的国际教育资源和国际化的生活服务配套，为科研人员提供基础服务，满足居住、展示娱乐、绿色出行的要求；同时也需要提供精准服务，满足国际服务、学术交流、24 小时配套、短期居住等多元需求（图 10）。

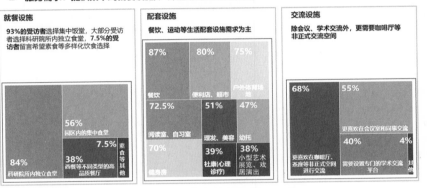

图 9　深圳科学城科研人员需求特征示意图

资料来源：引自《光明科学城大科学装置集群片区配套项目策划方案》

图 10　深圳科学城科研人员需求特征示意图

资料来源：引自《光明科学城大科学装置集群片区配套项目策划方案》

　　规划还提出科学城区"细胞城市、疏密有致"的空间结构，提出蓝绿网络、组团布局、轨道互连的空间策略。并提出了装置组团、居住科学社区、产业科学社区的空间功能构成和形态管控要求。

　　（3）提出科学装置区"设施—单元—集群"多层级体系的服务配套组织模式

　　规划研究了国内装置园区功能布局,总结发现科学装置区会形成"设施—单元—集群"多层级体系，其中科研设施规模一般约3—20公顷，包括科学装置、科研院所和国家实验室等。科研单元，规模为1—2平方千米，以大科学装置为核心，周边围绕研究平台、科研机构。若干科研单元将组成科研集群，一般占地约5—8平方千米。园区提出为多层级体系配套建设两圈层的服务配套体系，其中5分钟服务圈主要服务科研单元，配建共享中心，含小型会议、食堂、公寓、文体等设施，以及咖啡厅、食堂、阅读室、羽毛球场地等有利于促进放松的休闲类设施；15分钟服务圈主要服务科研集群，宜布局会议交流、文化活动、艺术展览等设施（图11）。

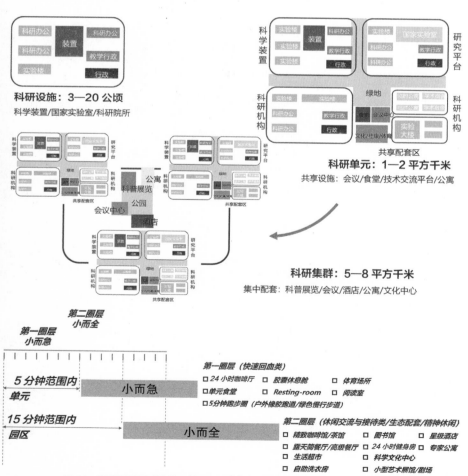

图11　科学装置区"设施—单元—集群"多层级体系和服务配套模式示意图

资料来源：引自《光明科学城大科学装置集群片区配套项目策划方案》

合肥和深圳的创新空间规划设计都高度重视创新人才的需求，同时也关注城市多类型创新空间的差异化组织模式，为创新空间建设实践提供了实施路径和策略，更好地满足城市人才宜居宜业的需求。

3.3 推进全龄友好的人居环境建设，提升全体居民的幸福感

3.3.1 充分认识一老一小在城市建设发展指导思想中的重要价值

老人、儿童的幸福是全社会的幸福。近年我国儿童和老年人口比重双双上升，劳动年龄人口的育儿、养老负担不断加重，根据七普调查，总抚养比（非劳动年龄人口数与劳动年龄人口数之比）从2010年的34.2%大幅上升至2020年的45.9%（图12）。2021年11月，中共中央、国务院出台《关于加强新时代老龄工作的意见》，对未来一个时期的老龄工作作出了全面的部署和安排。同年12月，国家发改委等23部门联合公布《关于推进儿童友好城市建设的指导意见》（发改社会〔2021〕1380号，以下简称《指导意见》）文件，就推动儿童友好城市建设，保障儿童健康成长提出一系列指导性意见。可以看出，新发展阶段国家高度重视老人和儿童，一老一小是每个人的半生需求，在城市建设发展指导思想中应充分认识到一老一小的重要价值。

3.3.2 多部委牵头以政策行动的方式，着力推动全龄友好人居环境建设

在《城市居住区规划设计标准》GB 50180—2018的指导下，住房和城乡建设部提出以"完整社区"建设行动来支撑推动全龄友好的社区营造。完整社区建设强调以安全健康、设施完善、管理有序为目标，强调共同缔造，尤其聚焦一老一小，重点从保障社区老年人、儿童的基本生活出发，提出配套养老、托幼等基本生活服务设施的标准，促进公共服务的均等化。国家卫生健康委组织开展示范性全国老年友好型社区创建工作，国家发改委也在着手推进儿童友好城市

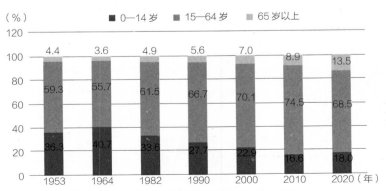

图12 我国历次人口普查中各年龄段人口数量占比
资料来源：国家统计局 wind 毕马威分析

和儿童友好社区建设，全龄友好人居环境建设已经成为国家各部委政策行动的重要抓手。

3.3.3　全龄友好的人居环境建设需要精细化的技术标准体系支撑

按照国家标准化纲要的新要求，应积极以标准化文件助力空间的创新发展和协调发展，引领空间的高品质设计和高质量建设。我国现有的工程建设标准多是围绕单项技术要素提出的底线技术要求。服务城市中的老人、儿童、妇女等不同群体的特殊建设要求，需要有分类别、精细化的标准化文件提出专项指导性要求。

以儿童友好城市建设为例，《指导意见》提出完善儿童政策体系，优化儿童公共服务，加强儿童权利保障，拓展儿童成长空间，改善儿童发展环境五方面的指导要求。其中儿童成长空间是各类发展要求落实的空间载体。为明确儿童友好空间的建设原则和总体要求，保障空间的建设质量，引导空间的有序建设和实践，尽管部分城市也结合地方实践编制出台了相关领域的专项导则，但从标准体系架构看，围绕儿童公共服务设施、儿童公共活动空间、儿童出行环境和儿童友好社区建设等儿童成长空间缺乏统筹类顶层标准。同时，儿童友好空间建设更多需要通过对公共服务设施和公共空间进行适儿化改造来完成，更需要对各类空间的适儿化改造提出统领的引导要求。

因此，尽管儿童友好型城市建设没有统一的模式，但应该有"中国范式"。应基于我国城市发展特色，编制"1+N"标准支撑体系，即结合中国儿童友好城市和儿童友好空间的特征内涵，编制《中国城市儿童友好空间建设导则》，为我国城市儿童友好空间建设和既有空间适儿化改造提供指引；编制儿童友好图书馆、公园、出行环境等多册建设指引，形成支撑儿童友好人居环境建设的系统指南（图 13）。

图 13　构建引导儿童友好空间建设的"1+X"标准支撑体系

资料来源：引自《儿童友好城市建设研究》

3.3.4 不断推进新时期全龄友好人居环境的建设实践

在雄安新区和海南生态智慧新城的规划建设项目中，中规院技术团队都结合儿童友好空间建设进行了探索。

雄安新区规划设计中强调结合儿童日常生活轨迹，营造5分钟和10分钟两级社区生活圈。5分钟生活圈，打造温馨街坊生活。关注学龄前儿童的楼上楼下活动，强调构建代际融合、门前楼下的温馨街坊生活；围绕老人、婴幼儿日常生活轨迹，集中布局关爱设施。10分钟生活圈，打造安全邻里生活。关注学龄儿童的上学、户外活动，提出结合青少年日常生活轨迹，打造全域覆盖的学径网络。此外还提出营造步行舒适、丰富有趣的安全邻里生活（图14）。

海南生态智慧新城的规划项目中，中规院技术团队探索了"儿童学径"设计，提出建设安全性、串联性、特色性的安全上学通道。学径以慢行交通方式为主，与机动车网络分离，串联城市主要居住社区与学校。为保障学径的交通安全，规划建设不仅探索了慢行空间的底线管控要求，还配置了"死角"的智慧安防设施，强调以"0死角"标准设置智能监控、自动驾驶巡逻机器人等安防设施。通过实时区域监测、人流拥挤防控、治安事件报警，使儿童可以避开拥挤、步行或骑行安全地到达主要居住区。此外，通过引入1米视角的儿童特色化设计，将指示标识、减速带设施、阻车桩等人车隔离设施，与智能运动、AR游戏等科技与娱乐相结合，形成儿童益智活动场景设计，使上学通道沿途兼具可玩性与安全性。

除了儿童友好空间建设外，老年友好城市和社区建设也如火如荼，2015年上海就通过了《老年友好城市建设导则》，全国多个城市正在开展老年友好城市建设工作。此外，宁波等城市还提出建设青年友好城市，并出台了配套城市政策。总之，

图14　雄安新区规划中提出构建代际融合、门前楼下的温馨街坊生活

全龄友好已经成为新时期城市人居环境建设的重要内容，围绕不同人群的适宜性空间建设成为人本空间规划设计的重要任务。

4　总结：规划的工作方式变化

　　城市规划是一个过程性工作，是调节政府、市场、社会互动关系的政策制定和实施的连续过程。新发展阶段，城市空间规划设计中应牢固树立人本规划理念，重新认知年龄、性别、就业等多重因素影响下不同人群的需求差异；应重新理解城市居住和产业布局的关系，正如斯宾格勒所说："只有作为整体、作为一种人类住处，城市才有意义"。此外，"城市规划必须建立在各专业设计人、城市居民以及公众和政治领导人之间的系统的不断的互相协作配合的基础上 [1]"，为推动共建共管共治，落实以人为本的发展理念，更加需要我们倾听民意、辅助决策。规划师角色也应发生转变，从方案的制定者转向整个工作的协调人。规划师应作为"政府的助手"，"百姓的帮手"，"实施的推手"。

　　人们为了活着，聚集于城市，为了活得更好居留于城市。[2]

---

[1]　高力强，陈荟萍. 基于 CNKI 的女性空间论文研究现状分析 [J]. 现代园艺 . 2019（7）：19–21.
[2]　引自《马丘比丘宪章》，1977 年 12 月 12 日在马丘比丘山通过 .

参考文献

[1] 吴军，特里·N.克拉克.场景理论与城市公共政策——芝加哥学派城市研究最新动态 [J]. 社会科学战线，2014（1）：205-212.

[2] 唐爽，张京祥，何鹤鸣，等.创新型经济发展导向的产业用地供给与治理研究——基于"人—产—城"特性转变的视角 [J]. 城市规划，2021，45（6）.

[3] 郑德高，袁海琴.校区、园区、社区：三区融合的城市创新空间研究 [J]. 国际城市规划，2017，32（4）：67-75.

[4] 郑德高，孙娟，马璇，等.知识 - 创新时代的城市远景战略规划——以杭州 2050 为例 [J]. 城市规划，2019，43（9）：43-52.

[5] 郑德高，王英.新城发展取向与创新试验——基于国际建设经验与未来趋势 [J]. 上海城市规划，2021（4）：30-36.

[6] 王晓霞.张菁："儿童友好"让生活更美好 [N]. 中国建设报，2021-6-1.

[7] 郑泽爽，甄峰.银川城市生活需求的性别差异及规划建议——基于女性主义视角的研究 [J]. 人文地理，2010，25（4）：50-54.

[8] 付冬楠.构建服务儿童成长空间友好的新标准体系 [J]. 中华建设，2021（11）.

王世福，中国城市规划学会理事、学术工作委员会副主任委员，华南理工大学建筑学院、亚热带建筑科学国家重点实验室，教授、博士生导师

梁潇亓，华南理工大学建筑学院博士研究生

设计赋能：责任规划师的设计治理实施机制研究

1 引言

2015 年中央城市工作会议首次提出人民城市的概念。2019 年中央再次强调了"以人民为中心"的城市发展观。人民城市是中国特色社会主义城市的本质属性，以人民的诉求为根本、充分激发人民的主人翁意识、让人民有序参与城市治理是彰显"人民城市"主体力量的内在需求。截至 2021 年末，我国常住人口城镇化率为 64.72%，特大城市已经进入城市更新的重要时期，人民需要高品质、多样化的城市空间以满足其日益增长的物质和精神文化需求。国家"十四五"规划明确指出要转变城市发展方式，全面提升城市品质，提高城市治理水平，推动资源、管理、服务向街道社区下沉。2021 年 9 月，住建部下发《关于在实施城市更新行动中防止大拆大建问题的通知》明确鼓励小规模、渐进式有机更新和微改造。

在城市高质量发展背景下的城市更新，实质是城市发展模式由外延扩张转向内涵提升，需要更加注重平衡政府、市场和社会等多元主体的利益诉求。传统规划政策工具对城市空间进行强力干预的结果管控方式缺失充分参与的过程机制，难以调和多元主体的空间需求、不利于激发多元主体的空间改造潜能。本文以责任规划师为研究对象，从"权责—工具"视角分析责任规划师介入基层设计治理的实施机制。

2 人民城市与城市设计治理

2.1 人民城市是以人民为中心的城市治理

以人民为中心的城市治理，其本质在于协同多元主体的需求和行为，使各种

关系形成稳定的统一体[1]。包括以下三方面基本原则：一是以人民为本，以人民需求为目标；二是以人民为先，价值冲突中以人民为遵循；三是以人民为主，人民赋权与人民自觉（何艳玲，2022）。城市规划、城市设计既是城市空间治理的技术工具，也是多方主体协商共治的沟通平台；其本身就是复杂空间治理活动的一部分，是对空间资源的使用和收益进行权益和责任分配和协调的过程，需要充分体现政府、市场和社会等多元主体的空间使用和利益诉求，同时又要对多方利益进行协调[2]。以人民为中心的城市空间治理关键在于城市政府对土地、空间资源的合理调配，在城市空间环境质量导控的过程中以人民的需求为先，与人民协商共治，遵循公共利益最大化原则，赋权并激发人民的自主性；通过高品质公共服务和公共空间供给减少人民群众美好生活需求与满足之间的差距。

2.2　设计治理是专业知识介入空间治理

空间治理的基本原则就是利益相关者参与城市空间的规划、设计和管理过程中的讨论、协商以及决策和执行。城市设计治理是指为了使城市设计过程与结果更符合公众利益，在建成环境设计方法和过程中介入的国家认可的干预过程（卡莫纳，2017）。由于城市设计治理需要以空间设计知识为基础，运用城市设计专业知识解决特定空间的设计问题，属于专业性治理活动。不具备专业知识背景的利益相关者，较难在城市设计治理过程中准确、全面理解自身利益与空间改变的关系。传统的城市设计管理，城市政府或市场主体会聘用城市设计相关专业技术人员（包括城市规划师、建筑设计师、景观设计师等），参与设计方案和决策过程；而没有专业知识的市民几乎无法介入前期的规划设计方案编制过程，以至于市民在城市开发建设或城市更新活动中缺乏实质性的参与。近十年以来，北京、上海、广州、厦门、成都等大城市积极探索设计师介入城市空间治理的实施路径，即责任规划师、责任建筑师、责任景观设计师等设计师负责制，如北京街道责任规划师制度、上海社区规划师制度、广州社区设计师制度、成都乡村规划师制度。责任规划师制度本质上是由市区两级政府统筹推进、街道/乡镇政府选聘规划设计技术人员协助其开展街道层面的空间治理[3]，旨在通过具有专业知识的设计师建立空间决策与市民群众之间的桥梁。

2.3　设计治理的方法集合：城市设计治理工具箱

英国城市设计专家卡莫纳（Matthew Carmona）认为："如果一个城市能将经济、社会和环境价值回报给它的公民，那么它就是一个高质量的城市，而城市设计是确保这种价值最大化的关键手段。"卡莫纳基于治理方法的"工具"理念，对

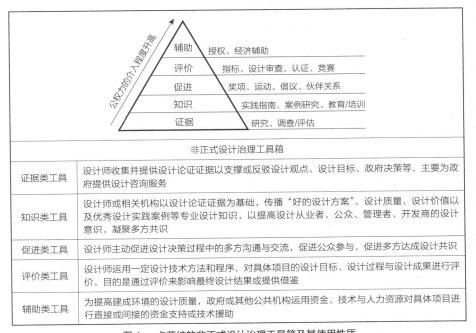

图 1　卡莫纳的非正式设计治理工具箱及其使用性质
资料来源：作者根据《Design Governance：the CABE Experiment》整理重绘

英国政府部门公共机构和非政府部门公共机构的设计治理方法进行类型学探索[4]。其将设计治理工具分为正式与非正式两类：正式工具代表政府公共部门实施设计管理的手段，通过立法或具有约束力的国家政策所确立，并由国家政府授权地方政府负责履行，具有"自上而下"的强制性；非正式工具是卡莫纳根据英国建筑和建成环境委员会（CABE）在其 1999—2010 年期间的设计治理实践中所使用的方法总结而成，五大类的工具包共 15 种具体工具（图 1），非正式工具代表了非政府部门机构"间接"参与设计治理所应用的方法，介于"传统的"政府治理和"私人的"公司管理之间，没有受到法规管控[5]。

3　我国基层政府的设计治理实施机制

3.1　设计赋能：设计赋权与设计激能

"赋能"最初源于管理学专用英文词汇"Empower"，强调组织领导适当放权、授权给成员，进而激发成员能量，让其更有做事的可能性空间[6]。基于中国国情，设计赋能包含两层含义：一是设计赋权，二是设计激能。设计赋权是指政府将城市空间设计方案编制和决策的责任、空间资源调配与控制的权力授予或部分转移到设计师手中，被赋权的设计师有一定程度的自主权，这类设计师因此可称为"责任设计师"，包括从事城市规划、建筑、景观、市政、交通设计的专业技术人员，通过城市政府委派或志愿行为进入特定行政辖区，以参与式设计的方法提供空间设计知识和技术服务，协助辖区政府推进空间治理问题的解决或者空间环境品质提升[7]。设计赋权在培育出设计行业的新角色"责任设计师"的同时，还包括设计容权的内涵。由于地方政府管理向治理的转型，要求相应的空间决策过程必须提高城市居民等利益相关者的主体地位和参与深度，因此必须改变其在设计治理工作过程中无权或弱权状况，充实物权利益、在场利益相关者等角色的权利，即原本缺席设计决策过程的社会及市场主体的利益与责任将得到增强，或者说，原本单向的设计决策将日益走向多向且多主体参与的过程，本文初步定义为设计容权。

设计激能则是设计赋权的真正目的，即通过强调设计的作用来获得共谋共建共享的共同收益，激发设计对于基层社区空间治理的正能量，其机制之一是责任设计师在获得设计赋权的基础上，激发更强实施结果导向的设计过程合理与设计结果更优的工作动能，机制之二是设计容权促进了利益相关者的实质性参与，其作为场所问题与价值的代表者，激发更直接的设计解决方式，也相当程度地调动了参与者的主动性，让其在城市空间治理过程中有更多实现目标的机会（图2）。

3.2　责任规划师介入基层设计治理的实施机制

本文以责任规划师为例，从"权责—工具"互动视角分析责任规划师介入城市基层政府设计治理的实施机制。我国城市政府普遍遵行"市—区两级政府""市—区—街道三级管理"的分级行政管理体系，同时，各级政府划分多领域主管部门进行纵向职能式行政管理。区政府及其规划主管部门和街道办事处是城市基层设计治理的核心力量。在城市政府的纵横管理体系中，不同层级、不同类型的规划设计项目的编制权和审批权、建设工程项目的行政许可权被分散在各级政府的各职能部门。其中，区政府及其规划主管部门拥有其辖区的发展规划编

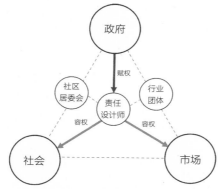

图2　以责任设计师为媒介的基层政府设计赋权路径概念图

资料来源：作者自绘

制权和部分建设工程项目的规划许可权，而各类法定城市规划的编制和实施权责是在市政府层面。街道办事处则不具备规划编制和规划许可权，而是拥有对街道辖区内的社区治理权责。随着我国经济社会发展与基层管理组织改革，街道的行政管理任务繁重且日常处于"疲于应付"状态，为激发街道办事处的主体能动意识[8]，区政府统筹协调规划设计专业技术力量下沉街道和社区，由街道办选聘责任规划师为其辖区范围内的城市规划、建设、管理提供专业指导和技术服务。责任规划师被区政府和街道办事处授予部分规划管理职责和权利，如辖区范围内建设项目提案、列席政府内部相关工作会议、向区政府和街道办事处提意见建议、优先参与辖区内街道社区提升项目设计方案的政府采购遴选、对辖区内建设项目的设计方案进行技术审查、协助组织社区活动等。

　　责任规划师在区政府和街道办事处的授权下组织社区开展一系列公众参与、政策宣传、教育培训活动，将最新政策、设计知识、空间改造技术方法传播给社区居民；同时，通过街道小微空间改造、老旧小区改造、历史文化街区保护、公共服务设施品质提升、街道环境整治、违建执法力量下沉等一系列城市更新工作[9]，激发建筑设计师、景观设计师等专业设计人员和社区居民的设计潜能和公众参与主动性。在此过程中，责任规划师通过角色转换，借助自身专业知识，增加社区居民、相关设计施工单位在基层设计治理中的建议权、参与权、监督权，实现设计容权和设计激能，强化不同利益主体的协同设计能力，改变基层弱势群体的无权或弱权状况，维护他们共同的公共利益（图3）。

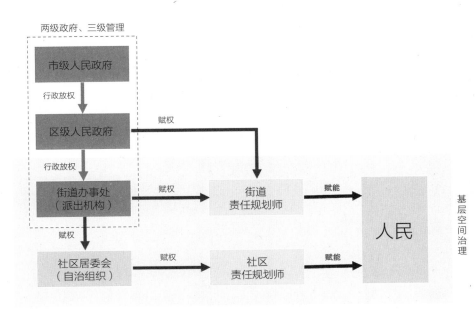

图3　我国责任规划师介入基层设计治理的设计赋能路径
资料来源：作者自绘

　　责任规划师进入街道和社区开展一系列设计治理实践的过程中，引入设计思维来认知问题，通过多样化治理工具和多方案供给，促进多方主体共同描绘空间发展愿景、共同协商解决空间治理问题。根据卡莫纳提出的设计治理工具箱概念，以北京责任规划师、广州社区设计师制度实践为基础，尝试总结出当前我国责任规划师在开展基层设计治理过程中所运用的方法和手段。包括"证据、评价、知识、促进、辅助"5 大类的 12 项工具类型，及 20 种具体使用形式（表 1）。其中证据和评价类工具是责任规划师面向政府、为政府设计决策提供技术服务所使用到的方法，知识、促进、辅助类工具是责任规划师面向特定市民、其他技术人员、市场主体等广大人民群众所使用的设计赋能方法。

我国责任规划师的设计治理工具箱　　　　　　　表 1

工具类型			具体形式	
证据类	1	调查 / 评估	1	公众意见调查
			2	环境监测 / 调研
	2	研究	3	空间研究
评价类	3	设计审查	4	第三方技术团队设计审查
	4	方案比选	5	设计顾问比选
			6	公众比选
	5	设计竞赛	7	重点片区城市设计竞赛
知识类	6	实施指南	8	设计实施指南
	7	教育 / 培训	9	论坛 / 沙龙
			10	设计课堂
	8	活动	11	设计节 / 设计周
促进类	9	评奖 / 评级	12	建筑评奖
			13	设计评奖
	10	参与式设计	14	建设项目提案
			15	方案设计 / 征集
			16	认知地图绘制
	11	伙伴关系	17	设计联盟
			18	党建活动
辅助类	12	资金资助	19	公益基金
			20	政府财政

资料来源：作者自绘

4 我国责任规划师的设计治理实践探索

4.1 责任规划师的类型与职责

近年来，北京、上海、广州、深圳、厦门、成都等城市不断探索责任规划师制度实践过程中，出现四种类型的"责任规划师制"。第一类是城市层面的重点片区总设计师、总规划师、总建筑师，其大多由市或区政府聘请的知名设计大师及其团队担任，提供特定重点片区开发建设的规划决策咨询、设计技术咨询、设计方案审查等服务。例如：广州国际金融城顾问总师团队（2012 年至今）、广州琶洲西区电商总部地区城市总设计师团队（2014 年至今）、广州传统城市轴线历史城区总设计师团队（2017 年至今）、深圳超级湾总部基地总建筑师团队（2018 年至今）。第二类是街道层面的责任规划师，其是由区政府统筹、各街道办事处聘用的规划设计技术人员及其团队，例如：北京市 2017 年起推行街道责任规划师制度，全市已有 15 个城区及亦庄开发区的 318 个街道、乡镇和片区共聘任 301 个责任规划师团队。第三类是社区层面的社区规划师、社区设计师，其由区政府和街道办统筹相关规划设计单位、高等院校的专业技术人员以委派或志愿行为进入社区，结合各区特征和重点工作开展形成"一对一"服务，跟踪指导、参与社区规划和行动计划制定、系统指导社区更新。例如：上海 2018 年以来已有杨浦区等 6 个区开展社区规划师工作，广州 2020 年以来在全市推广社区设计师工作，已聘请 272 名社区设计师开展"社区事·专职做""社区事·大师做""社区事·街坊做"三项行动。第四类是乡镇层面的乡村规划师，其由区（县）政府参照政府雇员方式招聘、征选、选调和选派任命，接受市、区（县）规划部门的业务指导和统一管理，按照"一镇一师"原则为每个镇辖区配备一名乡村规划师，为乡镇政府承担规划管理职能提供业务指导和技术支持。例如：成都近十年来先后公开招募了 9 批乡村规划师，共 470 余人次 [10]。

4.2 责任规划师的设计治理实践

以北京责任规划师、广州社区设计师和广州重点片区总规划师制度实践为案例，通过文献资料梳理和实践观察，归纳责任规划师在设计治理实践过程中运用 5 大类 12 项 20 种治理工具的使用性质，并选取代表性实践案例做进一步解释说明（表 2、表 3）。责任规划师在实践过程中不断创新设计方法和设计治理工具，例如利用 VR 设备、特定数据采集器、开发微信小程序等新技术和新设备检测社区物理环境、收集公众意见、协助公众参与设计等；通过社区活动、社会实验等方式观察和研究社区居民对空间的使用习惯；通过搭建多方沟通平台，如设计大师论坛、线上线下沙龙等促进公众和政府管理者、设计师的交流和共识凝练；通过建筑评奖、设计方案评优、宣传展示、设计节等活动向公众传播"良好的设计"理念和优秀实践案例，提升公众的审美和设计知识水平；通过设计审查、设计竞赛、方案征集等活动为特定建设项目进行设计把关、提高设计质量、择优选取设计方案。

我国责任规划师的设计治理实践探索（一）　　　　　　表 2

工具类型		具体名称	使用性质	国内实践案例
证据类	调查	公众意见调查	针对特定地区的居民进行深入走访、入户调查、电话访谈、公众意见收集等，了解在地居民的空间使用需求和偏好	2017 年北京大栅栏延寿街"U"形墙民意调查；2019 年北京大栅栏厂甸 11 号院公共活动空间改造全样本入户调查[11]
		环境监测/调研	对特定街区或社区环境的周期性环境监测，如人流量、温度、相对湿度、噪声、甲醛、PM2.5、PM10、异味等物理环境监测；或街道绿视率、天空可视率、违规停车数等建成环境调研	北京城市象限开发的口袋报告、猫眼象限、蝠音象限等社区环境监测、调查智能工具/微信小程序，对社区建成环境、物理环境进行周期性监测，并形成监测报告[12]
	研究	空间研究	通过社会实验或空间勘探研究城市空间使用规律，形成研究报告作为政府设计决策的参考依据	2021 年广州白云区社区设计师团队开展"冰棒挑战"社区实验，记录儿童行走路径、观察其逗留空间，找出步行空间存在问题，合理设计儿童友好社区 2021 年广州海珠区社区设计师团队走进 55 个长者饭堂进行 15 分钟老人模拟路径实验，分析计算后合理规划新增长者饭堂，优化既有"智慧养老"平台
评价类	设计审查	第三方技术团队设计审查	设计师团队可作为第三方技术团队为政府提供特定项目、特定阶段的设计审查服务	2012—2017 年间广州国际金融城城市设计顾问总师团队对该片区已出让地块的建筑设计方案预审，经总师团队审查后才可提交政府主管部门申请相关建设许可
	方案比选	设计顾问比选	政府聘请的设计顾问对建设工程项目进行设计方案比选，给出比选意见，辅助设计决策	2017—2019 年间广州传统中轴线历史文化街区总规划师对北京路步行街若干节点空间的改造方案进行方案比选
		公众比选	设计师通过展板、讨论会、VR 技术等方式引导公众参与方案比选	2018 年北京大栅栏杨梅竹斜街智慧路灯方案比选加入 VR 与 AR 展示技术，居民踊跃参与方案比选；北京城市象限开发的"梦鱼象限"公共参与式设计工具可辅助公众进行方案比选
	设计竞赛	重点片区城市设计竞赛	通过竞赛方式获得创意好、质量高的城市设计或建筑设计方案，是地方政府普遍采用的一种提升设计质量的做法	城市重点片区的城市设计竞赛/重点建设工程的建筑设计竞赛，如 2017 年雄安新区启动区的城市设计全球招标；2021 年广州南沙：粤港澳创新合作示范区国际竞赛

资料来源：作者整理

我国责任规划师的设计治理实践探索（二）   表3

工具类型		具体形式	目的	国内实践案例
知识类	实践指南	设计实施指南	作为正式工具中设计政策、设计框架的延伸，针对具体地域的设计政策或各层级法定规划和配套城市设计文件的实施方案，能够指导公众的自主改造和发挥一定效力	《广州市老旧小区改造项目引入日常管养参考指引（试行）》《广州老旧小区住宅加装电梯实施指引》
	教育/培训	论坛/沙龙	设计专家和技术人员、政府官员、本地居民通过论坛、沙龙等线上或线下交流会议，达成共同的街区发展愿景与行动理念	2019年北京海淀区学院路"四区融合盐沙龙"线上沙龙活动[13]
		设计课堂	以设计课堂为媒介，向在地居民、城市管理者传播良好的设计理念和设计方法，促进其设计知识提升	2022年广州白云区社区设计师团队联动广州美术学院以环境艺术专业课程为媒介，深入三元里村进行景观设计教学，并面向街道办事处领导和村民进行设计成果汇报会
	活动	设计节/设计周	设计师和社会组织组织策划设计节事活动，面向市民或社区居民传播优秀设计案例	2018年北京海淀区学院路"城事设计节"；2019年北京国际设计周海淀区五道口"城市更新荟"
促进类	评奖/评级	建筑评选	对已建成的建筑进行评价，评选出最美建筑以鼓励良好的设计，评选出丑陋建筑以吸取教训	2010年至今畅言网举办过12届"中国十大丑陋建筑评选"，2020年河南最美建筑评选，2016年开封市举办寻找开封当代最美建筑，2014年湖南湘西州"神秘湘西·最美建筑"评选活动
		设计评奖	设立奖项，表彰并鼓励良好的设计，包括具体项目和相关设计行为，传播好的设计理念	国家优质工程奖、绿色建筑创新奖等国家级设计奖，金匠奖、扬子杯等省市级设计奖
	参与式设计	建设项目提案	设计师提供街区改造项目选点提案，通过公示宣传或讨论会等方式，让公众参与街区整治问题评价和整治项目提案	北京城市象限开发的"云雀象限"公众参与调研工具
		方案设计/征集	设计师提供参与设计的方法或设计方案初稿，让公众参与设计过程与设计师互动、发表设计意见或直接进行设计	2022年广州市黄埔区社区设计师开展了"小小社区设计师——丽上学路"参与式设计系列活动
		认知地图绘制	设计师联合市民志愿者共同完成认知地区、美食地图等绘制	2018年北京海淀区学院路责任规划师团队组织公众手绘地图，形成《学院路街道悦游地图》系列；2022广州南沙区社区设计师举办"速写南沙"活动，组织热心公众手绘蕉门河公园两岸滨水景观

续表

工具类型		具体形式	目的	国内实践案例
促进类	伙伴关系	设计联盟	由区政府规划主管部门牵头，若干街道和设计师团队结成设计伙伴关系，共同推动街区公共空间更新改造工程	北京海淀区学院路五道口街区规划与城市更新设计联盟；北京海淀区泛学院路街区规划与城市更新设计联盟
		党建活动	街道党工委以党建工作为引领，统筹街区、校区、园区、社区联合行动，改善街区环境品质	2022年广州白云区社区设计师工作办公室举办9场"下镇街、进社区"政策宣传活动，并升级改造鸦湖村党群服务中心周边环境
辅助类	资金资助	公益基金	通过社培基金、社区基金等以慈善捐款等公益基金为社区改造提供资金资助	中社社会工作发展基金会社区培育基金出资举办设计方案征集活动：如2021年北京"百个小微空间"项目设计方案征集活动、2019年北京"微空间·向阳而生"朝阳区小微公共空间再生项目设计方案征集活动；"史家胡同风貌保护协会"公益组织平台，以小微资金推动历史文化街区公共环境的微更新
		政府财政	通过政府财政为街区、社区的城市更新工作提供启动经费或实施经费补贴	北京市发改委开展"小型固定资产投资项目立项"创新模式，先申请整笔专项资金，再拆解为100份使用，为街区小微空间更新工作提供支持

资料来源：作者整理

5　中国规划师的角色转型

5.1　规划师的角色转换：从"设计技术人员"转向"责任型设计代理"

近年来，我国在探索城市建设实践工作中，城市规划师、建筑设计师、景观设计师等设计师从传统的"设计技术人员"转换为"责任型设计代理"。其角色分化成管理者、协调者、裁判员、促进者、建议者等多种角色。福雷斯特与萨格（Forester J，1987；Sager T，1994）倡导的沟通性规划和帕齐·希利（Patsy Healey，1998）倡导的协作式规划均强调规划师应"与（with）民众一起工作"充当设计助手，并促进公众参与。泰勒（Taylor N，1999）认为，从物质性规划转向程序性规划的过程中城市规划师扮演管理者和协调者角色。北京市规划和自然资源委员会总结北京责任规划师的6种角色分别为北京首都规划的宣传者、落实规划的督促者、居民意见的倾听者、社区问题的发现者、多方诉求的沟通者和公众参与的组织者[14]。唐燕认为责任规划师是对接基层的规划建议者、设计把关者、问题研究者，更是推动社区和公众参与、促进部门协同的沟通者与行动者[15]。何子张等认为厦门市推行的责任规划师其角色类似于"地段片警"，长期动态跟踪特定片区或社区单元的城市规划设计、建设实施状态，为该地区发展决策提供及时信息[16]。吴若晖认为历史城区总规划师的角色类型特征包括彰显历史文化的规划设计者、创新文化价值的策略提案者、评价方案水准的设计引导者、促进共同行动的协调促进者、把控建成效果的实施监督者、培育在地知识的宣传教育者六位一体[17]。

5.2　规划师的权责重构：从"向上服务"转向"双向赋能"

传统的规划设计更注重向政府提供设计咨询服务，即向上服务；获得政府授权后的责任规划师，不仅为政府提供设计咨询服务，还协助政府面向市场、社会进行设计治理，向街道、社区居民进行设计赋能，即向下服务。一般而言，我国的责任规划师或社区设计师不是一个人，而是一个团队，在地伴随的专业知识加上团队协作精神，有助于激活基层政府、市场主体、设计师群体以及社区成员的交互、搭建多元协商的平台并促成集体共识的设计决策。一旦共同缔造的社区事务得以实现，社区作为共同家园的精神内涵得以提升，设计的社会意义就得以彰显，设计师的社会能力也得到显著提高。因此，街道、社区设计的过程就是社区与设计师双向赋能的共同进步过程（王世福，2022）。

6　结语与展望

在城市治理转型的多元共治背景下，责任规划师成为一种专业技术与基层政府治理、社区治理结合的积极探索，是践行"以人民为中心""人民城市人民建、人民城市为人民"的人民城市重要理念的有益举措，是专业人员了解社情民意、输出专业知识、解决社区问题、满足社区需要的"为人民设计"的过程，其意义在于动态化、日常化地解决城市与社区发展所面临的复杂问题。责任规划师的专业知识在地伴随社区治理与建设，实际上起着分担政府职能、促进公共意识、赋能社区自治的综合作用，需要获得自上而下的设计赋权和自下而上的公众认可，应建立相应的长效机制：自上而下方面，需要相关政策文件、技术指引来明确责任规划师在城市规划建设管理过程中的工作内容与成果采纳程序；自下而上方面，责任规划师虽然有相当程度的行业精神和社会责任作为志愿性支撑，但仍然需要相应的荣誉和权益方面的机制保障。

参考文献

[1] 何艳玲 . 治理框架下的公民参与和发展路径 [J]. 上海城市管理职业技术学院学报，2009，18（4）：17-20.

[2] 张京祥，陈浩 . 空间治理：中国城乡规划转型的政治经济学 [J]. 城市规划，2014，38（11）：9-15.

[3] 刘佳燕，邓翔宇 . 北京基层空间治理的创新实践——责任规划师制度与社区规划行动策略 [J]. 国际城市规划，2021，36（6）：40-47.

[4] CARMONA M, MAGALHÃES C D, NATARAJAN L. Design Governance：the CABE Experiment[M]. New York：Routledge, 2017.

[5] 祝贺，唐燕 . 英国城市设计运作的半正式机构介入：基于 CABE 的设计治理实证研究 [J]. 国际城市规划，2019，34（4）：120-126.

[6] 钟国兴，郭一辉 . 关于"赋能"，很多人的理解可能是个笑话 . 光明网 [EB/OL]. （2020-04-27）. https：//m.gmw.cn/baijia/2020-04/27/33781098.html.

[7] 王世福 . 社区设计师：设计赋能，共同进步 [N]. 南方日报 .2022-3-25（A/02）.

[8] 于长艺，尹洪杰 . 责任规划师制度初步探索——以北京西城为例 [J]. 北京规划建设，2019（S2）：112-116.

[9] 唐燕，张璐 . 北京街区更新的制度探索与政策优化 [J]. 时代建筑，2021，（4）：28-35.

[10] 自然资源部 . 责任规划师来了 [EB/OL]. https：//mp.weixin.qq.com/s/_7QZmXSgkRNHxJbSrvMhPA.

[11] 熊文，朱金城，阎吉豪，等 . 面向安全与健康的大栅栏街道人本治理初论 [J]. 北京规划建设，2020，（2）：153-159.

[12] 崔博庶，茅明睿，张云金 . 面向社区规划的智能工具箱研究与应用——以北京朝阳区责任规划师工作为例 [J]. 北京规划建设，2020，（S1）：136-142.

[13] 田昕丽，刘巍，张及佳 . 街区更新"4+1"工作法的探索——以北京市海淀区学院路街道街区规划为例 [J]. 建筑技艺，2019，（11）：54-60.

[14] 唐燕 . 北京责任规划师制度：基层规划治理变革中的权力重构 [J]. 规划师，2021，37（6）：38-44.

[15] 唐燕，张璐 . 从精英规划走向多元共治：北京责任规划师的制度建设与实践进展 [J]. 国际城市规划，1-16.

[16] 何子张，李小宁 . 探索全过程、精细化的规划编制责任制度——厦门责任规划师制度实践的思考 [A]// 中国城市规划学会 . 多元与包容——2012 中国城市规划年会论文集（13. 城市规划管理）. 昆明：云南科技出版社，2012：262-267.

[17] 吴若晖 . 历史城区总规划师角色特征研究——以广州越秀区为例 [D]. 广州：华南理工大学，2021.

王学海，中国城市规划学会学术工作委员会委员、历史文化名城规划学术委员会委员、山地城乡规划学术委员会委员，上海千年城市规划工程设计股份有限公司总规划师

王学海

乡村振兴中的规划赋能

乡村振兴是十九大提出的国家战略，是关系到我国能否从根本上解决城乡差别、乡村发展不平衡、不充分的问题，也关系到中国整体发展是否均衡，是否能实现城乡统筹、农业农村一体化的可持续发展的问题。但长期以来，乡村规划更多地集中在村庄建设上，规划的重点都聚焦于村庄建设用地范围，涉及的乡村发展产业规划基本上是拿来主义——乡村提什么产业，规划用什么；上级定什么产业，规划附和什么，很少基于众多乡村不同的实际情况分析，与村民和村集体共同协商确定；至于农业产业空间，虽有镇域规划，但农田规划不属于规划范围。这是农村发展长期滞后带来的现实问题，乡村振兴得不到规划行业的积极参与，将严重迟滞农业农村的发展，只有解决规划真正地参与乡村振兴工作，才能破解中国农业农村的现代化难题，将中国未来的发展推向更高的维度。

1 国家政策推进的轨迹

乡村是中国广大的基层，在重视农业的中国，乡村既是国家发展的基本保障，又是社会改革的稳定基础。十一届三中全会全面推动改革开放以后，农村全面推进农村生产经营责任制，取消了人民公社的集体生产方式，迅速调动了广大农民的生产积极性，极大地改变了农村的经济状况和面貌，在改革开放初期，为中国的工业现代化和城市发展提供了强有力的保障。随着中国改革开放的深入，以个体农户为基本农业生产单位的农业生产模式，越来越难以适应农村的进一步发展，相当一部分农村不但难以继续致富，还逐渐地滑向贫困。随着国家经济的持续向好，国家开始逐步重视农村的发展滞后的问题，"三农"问题成为中央关注的首要问题之一，一系列支持农村和农业的政策和举措持续出台。

大力推进"美丽乡村"建设。2005年10月，党的十六届五中全会提出建设社会主义新农村的重大历史任务，提出"生产发展、生活宽裕、乡风文明、村容整洁、管理民主"的具体要求。

社会主义新农村建设。2007年10月，党的十七大提出"要统筹城乡发展，推进社会主义新农村建设"。

特色小镇建设。2016年2月，《国务院关于深入推进新型城镇化建设的若干意见》（国发〔2016〕8号）明确提出：充分发挥市场主体作用，推动小城镇发展与疏解大城市中心城区功能相结合、与特色产业发展相结合、与服务"三农"相结合。

进行"田园综合体"试点工作。2017年2月5日，中共中央一号文件中指出：支持有条件的乡村建设以农民合作社为主要载体、让农民充分参与和受益，集循环农业、创业农业、农事体验于一体的田园综合体，通过农业综合开发、农村综合改革转移支付等渠道开展试点示范。2017年6月5日，财政部下发《关于开展田园综合体建设试点工作的通知》。

十九大全面推进农业农村现代化，确定乡村振兴战略。2020年10月29日，十九届五中全会提出优先发展农业农村，全面推进乡村振兴，强化以工补农、以城带乡，推动形成工农互促、城乡互补、协调发展、共同繁荣的新型工农城乡关系，加快农业农村现代化。

从乡村振兴国家政策推进的轨迹可以看出，农业农村问题已经成为中国发展的首要问题之一，相关支持农业农村发展的政策工具逐步出台。到十九大之后，国家旗帜鲜明地指出乡村振兴就是要实现农业农村现代化，在全国全面消除贫困、达到小康目标之后，持续推进共同富裕的目标。而这一国家战略的确定，是中华人民共和国成立以后提出"四个现代化"目标的继续，在中国基本实现"工业现代化、国防现代化、科学技术现代化"目标的当下，农业现代化还远未达到。农业农村现代化既是延续我国最初建立的国家战略，也是进一步深化改革，推动中国社会发展和经济持续稳定的重要方针。

2　乡村规划的基本体系

2.1　村镇建设规划体系

根据国务院颁布的《城乡规划法》《村庄和集镇规划建设管理条例》的规定，村镇规划是为实现村镇的经济和社会发展目标，确定村镇的性质、规模和发展方向，协调村镇布局和各项建设而制订的综合部署和具体安排，是村镇建设与管理的根据。村镇规划推行后，对全国 500 多万个村庄和 5 万多个集镇的建设发展起到了很好的引领和指导作用。但由于村镇建设牵涉面广，偏重建设指导的村镇建设规划带有一定的缺陷，体现在村镇建设与农业发展的关系不够密切，导致规划布局不合理，重复建设，造成土地资源的浪费，许多乡镇现有建设用地利用率很低，乡镇人均建设用地偏高，耕地保护存在矛盾。一些地区已建成的村镇分布过分密集、规模过小，导致基础设施成本高、效率低，镇区规模难以扩大，中心城镇难以形成，影响了村镇功能的健全和辐射作用的发挥。

2018 年自然资源部成立之后，基于多项规划的统一，对村庄实行了规划覆盖，各村镇均编制了《"多规合一"实用性村庄规划》，但由于时间短，参与机构不够综合，主要还是基于村庄各项用地的现状进行的空间规划，对村庄未来的发展缺乏全局和发展的视野，尤其是经济、社会层面的发展没有进行充分的论证和研究，难以真正指导村庄的可持续发展。

2.2 农业发展规划体系

农业发展规划是国家各级农业主管部门编制的针对辖区范围农业发展的各项目标制定的规划，通常与国家五年发展规划同期，重点内容是对农产品供给、农业结构、农业物质装备、农业科技、农业生产经营组织、农业生态环境、农业产值与农民收入等方面的阶段性发展目标作出规划，主要集中在农业产业，只有较少篇幅和内容会涉及农业生产空间和农村发展。

2.3 农村社会发展规划体系

中国社会科学院是中国哲学社会科学研究的最高学术机构和综合研究中心，各省市均建立有相应的社会科学院，其中的经济学部下属的农村发展研究所就是专门研究农业农村发展问题，其研究成果对各级政府的决策和政策出台有很重要的引导作用。

社会科学院会定期发布中国农村发展报告、中国农村发展指数及中国农村发展指数测评报告，这一系列报告既会对农业农村的现状情况提出综合研究结论，也会对农业农村未来的发展方向和趋势提出预判。虽然社会科学院会研究大量的村庄实体，但研究更聚焦于宏观问题的归纳研究，一般不会对具体的村庄发展做出规划。

2.4 乡村振兴规划尝试

2021 年 2 月，国家乡村振兴局正式挂牌成立，由于成立时间短，现行的各地《乡村振兴规划》基本上是 2018 年编制的，编制主体大部分都是各地发改委，其体例和部门的五年规划相似,主要内容仍然是扶贫工作及巩固扶贫成果。

　　除了以上规划体系,各综合大学也有一些相应的农业农村研究机构,作出了一定的研究成果,综合下来看,面对以农业农村现代化为目标的国家战略,规划尚未集合成有效的应对体系,还处于研究领域分割、实施主体不明确、各自为战的状态。相对来说,国家层面目标清晰,思想统一,但各地方对国家战略认识不够,政策推进、实施力度均较弱,缺少勇于创新的精神。而中国之大,乡村情况之复杂,不上下同心,积极示范,很难推进乡村振兴这一国家战略。

3　高速城市化背景下寂寥的乡村

3.1　农村百年来的缓慢变迁

　　中国是一个有着悠久历史的传统农业大国,但近代中国受到帝国主义、封建主义和官僚主义的压迫,农村黑暗、农业凋敝,广大农民极度贫困。在这样的背景下,20世纪二三十年代曾经兴起了一次规模不小的乡村建设运动,参与团体600多个,设立的示范区1000多个。当时中国的现代工商业正在发展初期,也是中国城市化的起步期,在山东、山西、重庆、广西等地开展了理论与实践结合的乡村建设示范,开展了从乡村组织、乡村文化教育、农业技术、乡村基础设施等方面的改良。这次乡村建设运动由于没有深入地发动农民,难以深刻地改变政府统治,而随着日本入侵中国被打断。

　　中华人民共和国成立以后,立即进行了土地改革和互助合作运动,在初级农业合作社的基础上逐步建立起少量高级农业生产合作社,高级农业生产合作社对农民私有化的土地实行无偿转为集体所有。社员土地上附属的塘、井等水利设施,亦随土地转为集体所有。高级农业生产合作社全年收入的实物和现金在缴纳国家税金、扣除本年度消耗的生产费用、公积金和公益金以后,按照"各尽所能,按劳分配"的原则在社员之间分配。应该说,高级农业生产合作社是集中农业生产要素、发挥农民生产积极性的初步尝试。但就在高级农业生产合作社试行还不满两年,1958年8月在北戴河召开的中央政治局扩大会议上,通过了《关于在农村建立人民公社问题的决议》,正式决定在全国农村中建立人民公社。这一决定是基于全国实现共产主义条件基本成熟的错误判断下作出的,最终导致全国农村出现了一系列问题。

　　十一届三中全会之后,安徽小岗村18户农民签字实行包产到户的农村经济联产承包责任制,取得了良好效果。1980年,中央下发了《关于进一步加强和完善农业生产责任制的几个问题的通知》的75号文件,在全国全面实行农村经济联产承包责任制。这项改革推行后，中国农业发展迅速扭转了多年的颓势，粮食产量连续多年增长，农业农村面貌发生了巨大改变。

进入 21 世纪之后，随着中国改革开放取得巨大成就，国家提出加快建设小康社会的目标，十八大以来，各项扶贫帮困政策不断推进，中国实现了农村整体消除贫困，书写了人类反贫困史的新篇章，给世界解决农村贫困问题提供了中国经验、中国智慧和中国方案。

回顾中国农村的百年变迁，其过程曲折反复，虽然改革开放以来农业农村进步很大，取得了全面脱贫的历史性成就，但农业农村实现现代化，仍为时尚早，与城市化快速发展相对来看，农村的变迁只能用缓慢来形容。

3.2　中国城市化激变

中国改革开放进程中，城市面貌是发生变化最为巨大的层面，城市化率由不足 20% 快速跃进到中等发达水平，尤其是 2000 年到 2021 年，21 年间，城市化率从 36.09% 增长到 64.72%。

在城市化高速发展的同时，城市人口更多地向超大、特大城市集聚，全国 21 个超大、特大城市居住生活了 2.9 亿人，超过全国 20% 的总人口，激烈的城市竞争背后，依靠的是人口的持续发展。因此从 2010 年以后，各城市加大了对人才和劳动力的吸引力度，进一步放开了城市落户的政策。此举改变了原农村劳动力外出打工的形态，原来流动性强的短期劳动力聚集，变成了城市新增年轻人口的常住化，进一步挤出乡村的剩余劳动力，抽走乡村发展的核心要素。

在市场经济中，生产力要素的流动相对自由。现在，从农村向城市流动的通道是畅通的，人口、资金、原材料等都向基础设施健全、市场广大的城市地区集中；而反过来，城市人口要流向农村，住房不能买、农田只能租，农业生产方向（规模、生产产品等）受限，可以说城市与乡村的生产力要素的流动是受阻的。

3.3　寂寥的乡村

与城市快速发展对应的广大乡村区域，在城市化快速发展的同时，展现的是另外一种场面，农业发展缓慢、农业技术进步不大、农村经济不活跃、农村劳动力流失、农村传统社会结构逐渐离散。

现在与城市区域远离的农村，一个最直观的现象就是人少了。人口流失以前还有"386199 部队"之说，即留在农村里大量都是妇女、儿童和老人，青壮年男性都外出打工了。而目前更为真实的情况是妇女也大量外出了，相应的孩子也少了，很多都随父母在工作地就读，这些年龄结构较优的人群从阶段性迁出，逐渐成为永久性迁出，现状留在农村里的主力是年龄五六十岁以上的老人，他们仍在坚守着传统农业的劳作。

伴随着农村人口的流失，乡村的面貌正处在巨变的前夕。很多教育设施撤并，小学只有少数大村还在保留，初中集中到镇上，高中就只有去县城了。很多村庄已经很少见到人群集聚，相应的各种活动也就消失了。相当一部分乡村的产业发展已经停滞，传统农业由于人均耕地少，传统小农生产无法开展现代农业耕作，随着劳动力老化，出现相当数量的农田撂荒；而早年的乡镇企业，大部分在市场中被淘汰，只留下荒废的厂房。

农村由于承载了几千年的历史，积淀的问题其实更多，只不过在整个国家的经济构成中的比例越来越小，这些问题产生时间久，问题分散，在目前的工作重点中，虽然重要但难以迅速解决，也常常被有意无意地回避。

4　乡村振兴亟待解决的问题

4.1　乡村振兴是一场遍及全国的社会大变革

十九大确定全面推进农业农村现代化，确定乡村振兴战略，是从国家战略高度，敏锐地看到了中国农村的发展问题，也从全局、从中国共产党的初心和使命出发，提出消除城乡差别，解决乡村发展不平衡、不充分的问题，实现共同富裕目标。

要实现国家制定的战略目标，乡村振兴不仅仅是乡村建设面貌更新、农业设施及农业生产现代化、农民收入进一步提升等这样一些具体的目标，这一政策是一个长期的推进过程，在实施中要不断地总结实践效果，对出台政策进行修正。因为这是一个涉及广大乡村区域的全面改革创新，需要摸索农业农村发展的最佳组织路径、生产资料集中方式、农村产业发展引导和扶持、农民综合素质培训等，任何一个环节的改革不到位，都有可能让关联的改革工作受到影响，导致乡村振兴目标的落空。

比如农业现代化，首先要将农业生产空间从分散在农户手中集中起来，统一进行现代化改造，这就要结合每一个乡村的实际制定具体的集中方案，以及每一个农户参与的方式，这一过程伴随着对农户的宣传教育、说服倾听，既要形成社会资本、技术、人才进入乡村的良好环境，又要合理保护农民的长远利益和近期收益，需要实施者对政策的全面掌握和对实际情况的精准了解，沟通政府、农户、企业，其实就是一点一滴地推进社会的变革。

2022年的一号文件，进一步加大了种粮补贴，要让种粮的农民和企业获得合理收入，这在思想上迈出了第一步。要实现乡村振兴首先就要从思想上转变，让大家提及乡村就能想到乡村有更好的居住环境、做农业也能赚到钱，虽然不能像城市生活那么丰富，但恬静、优雅、从容；这就要让乡村环境好起来，基础设施健全，公共服务设施齐备，让居住在乡村的人享受到优美的环境和优质的公共服务；还要扶持推进农业生产的现代化，设施农业、机械化农业、农业科技纷纷进入农村，极大减轻农业的劳动强度。

4.2　乡村振兴是全国城镇体系的重新建构

中国的城镇体系一直以来是以行政级别来进行划分，改革开放以来，一些新兴城市的出现改变了全国城镇体系的原有格局，尤其是在沿海发达地区，城镇数量、密度、综合实力等都突破了传统认知和行政定位，一些乡镇无论是从人口规模、经济总量、建成区面积等指标上看，还是从城镇面貌和城镇吸引力，都超过西部的很多设市城市。在这样的情况下，珠三角城市群、"大湾区"、长三角城市群、长江经济带等新概念出现，在探讨新的城镇体系。

乡村振兴会进一步改变全国城镇体系的格局。十九大乡村振兴政策中所提的城乡融合发展，其实就是要打破城乡壁垒，实现人才、资本、技术等各要素的自由流动，城中有乡，乡中为什么不能有城（镇）？

可以预判，在未来县域经济发展格局中，一些镇和村，由于自身的基础条件和发展机遇，会脱颖而出，成为明星的市镇（类似于英语中的 Town），这样的市镇在人口集聚和经济实力上，会毫不逊色于周边的县城。这样一来，难道还要以行政级别来看待，非要把这些市镇在城镇体系中放在县城之下吗？

如果乡村振兴得以实现，必然会在县城外产生这样的一批市镇，零散的乡村会大部分集中到市镇中，或在空间上形成紧密联系的村庄群，那时的乡村里居住的大部分应该不再是以农业为职业的人群，他们确实是居住在乡村，但是因为喜欢乡村的环境而选择乡村，而不是因为职业是农民的缘故。

面对这样的改变，城市规划工作者应该怎样调整现有的城镇体系？或者提前做一些工作来应对这样的改变。

4.3　乡村振兴提的是乡村，谋的是全局

前文提到了新中国成立以后提出的"四个现代化"目标，乡村振兴的实质就是农业农村的现代化，那乡村振兴提到了国家战略高度，其范畴就不仅仅局限在乡村，其实事关中国发展的全局。

县域经济后面的区域涵盖了中国超过 90% 的广大地域，抛开乡村振兴自身的目的意义，就从国家拉动经济发展的"三驾马车"来看，出口、投资、内需都涉

及广大乡村：如果能让广大乡村成为中国富裕的地区，对提振内需无疑推动巨大而且持续；在高铁、高速公路都已独步世界的时候，如何把巨大的产能和资金投入到急需有效的地方，那乡村无疑是比目前已经过热的城镇更好的选择；中国的农业产品在解决了产量之后，结合农业科技的投入，应该在更高品质农产品、更完善农业生产服务、更丰富农产品加工等方面下功夫，这样一来，我国的农业不但可以部分替代进口，还能持续扩大出口。这样的乡村不但不是中央政府需要牵挂返贫、发达都市区需要对口帮扶、广大县域发展无从下手的落后区域，反而成为国家持续发展的基础、发达都市区的市场和供给基地、县域经济发展的主要根基。

中国农业农村是中国发展最不平衡的领域，相当大的区域农业农村还很落后，相当多的人口（4.8 亿）还在农村，只以传统农业视角来解决农村问题没有出路，应集聚各行业优势，聚焦乡村振兴，胸怀"国之大者"，扎实调查、深入研究，着力推出对党和国家决策切实管用的研究成果，提供智力支持。

5　乡村振兴的规划赋能

城乡规划行业在过去的成长中，伴随着中国城市化的快速发展，基本上是以城市发展为主要的服务方向，在村镇规划上只偏重镇区建设规划，改革开放四十余年，为中国的城市建设作出了突出贡献。十九大国家确定乡村振兴战略之后，规划全行业实际投入乡村振兴工作的不多，无论是人力、技术研究、理论探索，都比较滞后。这与城乡规划的行业使命和学术地位并不相符，中国规划师具备的专业素养、技术能力以及理论方法完全应该投入到乡村振兴工作中，在大地上画出优美的蓝图，成为乡村振兴战略中的尖兵。

5.1　规划在乡村振兴中的统筹作用

在研究乡村振兴的各个体系中，城乡规划体系更加超脱于乡村发展的某个局部或某个阶段，既能看到乡村的历史，又能看到乡村的现状和未来；既有规划空间的专业优势，又有具体实施的设计能力；既可以从产业发展空间角度研究乡村振兴，也可以从乡村既有的空间角度选择合适的产业，城乡规划体系能够更加良好地发挥在乡村振兴中的统筹作用。

城乡规划体系的工作方法中本来就强调现状调查，现状调查除了摸清楚乡村的现状情况，也要查找历史资料，掌握乡村的历史沿革。工作方法中也重视其他部门的发展计划和行业要求，以便在规划的空间布局中体现其他部门的专业内容、定位相关设施。这些都保证了规划可以在乡村振兴工作中发挥统筹引领作用。

5.2　规划在乡村振兴中的全面视角

城乡规划体系的另一个优势是全面，城乡规划既能从宏观研究乡村发展，也能从乡村实际建设的微观角度研究乡村。这种全面的视角能从乡村的不同自然特征中找出乡村发展的规律和方向，能从乡村的普遍性情况中抓住乡村发展的主线，能在乡村的现存要素中发现可以突出的要素。规划的专业性就是充分整合各专业，尊重各部门，既有宏观，又要微观，既要全局，又有局部，这样的工作方法对于乡村振兴这样虽然规模不大，但内容并不简单的工作，具有天然的优势。

5.3　规划在乡村振兴中的发展眼光

村镇体系是城镇体系中最为庞大、最为复杂的体系，5 万多个集镇，500 多万个乡村，承载了厚重的历史，积淀了丰富的文化。在中国城市群激烈进化的当下，广大乡村也面临着外部变化的影响和内部分化削弱，固定不变的思维肯定不适应乡村的发展，但参照城市发展的简单增长方式更加不合适，乡村的简单分类方法难以涵盖广大的乡村实际。城乡规划体系的发展眼光，能够从更加广阔的区域研究乡村的未来趋势，以发展的眼光来对现有的乡村用地进行规划，即将建设的项目在空间上定位，未确定的发展先预留下来，弹性控制。

5.4　规划在乡村振兴中的空间管控

乡村振兴中的空间管控是城乡规划体系的优势，无论是产业发展还是村镇环境改善，最终都要落到具体的空间上。在空间管控中，乡村用地中不同用地的空间尺度差异很大，农业用地是一种广袤的开阔空间；设施农业又是一种相对封闭的特殊空间，要满足农业设备和机械的运作；而农产品仓储和加工、农民住房则又是与人体活动尺度相关，尺度不宜过大。在这样尺度差异很大的空间中规划布局，空间尺度转换的把握至为关键，城乡规划体系就能充分发挥对空间尺度熟悉的优势，对乡村振兴规划进行赋能。

5.5　规划在乡村振兴中的方法优势

乡村是在漫长的历史时期中形成的，每一个乡村都具有不同的特征，自然地貌差异、地缘位置差异、气候纬度差异、地方文化差异、民族集聚差异、农业生产差异、发展阶段差异等，会产生千变万化、形态不同、村情各异的乡村。

面对复杂的乡村情况，城乡规划体系既有的工程设计基础、社会研究方法、经济分析手段、文化保护措施、公众参与组织等丰富的研究方法，可以为乡村振兴提供从研究、策划、规划、实施等各个层面的工作支撑。在城乡规划体系不熟悉的农业产业发展方面，也可以与农业科研机构和农业装备厂家进行合作，发挥空间布局的优势，将相应的工作成果一起整合。

5.6　规划在乡村振兴中的研究体系

乡村振兴工作是与原有的农村工作不同的一种创新，相应的工作范畴和内容都还在不断地充实和完善过程中。城乡规划体系虽然一直在进行村镇建设规划，但面对乡村振兴这一全新的工作思路，必须重新认识、重新学习，乡村振兴规划不能再故步自封，必须有勇气迎接时代的挑战。

城乡规划体系应该把村镇建设规划这一部分原有的内容，按照可实施的要求重新修改规划体系，放弃原来照搬城市规划的思路，针对乡村的特征，形成充分尊重农民、尊重乡村现状、敬畏乡村传统的规划思想，与上级政府、村集体和农民一起，共同制定出可指导乡村建设实施的方案。

在乡村振兴的产业发展这一部分，城乡规划体系要勇于创新，不耻下问，向农业专家、农业企业、农业生产能手学习，深入了解现代农业的方方面面，充分认识农业发展的规律，突破农业现代化在空间规划上遇到的阻碍，把与现代化农业相关的要素——生产空间、生产技术、生产设备、投入资金和物流运输、市场销售等充分地融合，形成全面整合的可实施方案。

6　乡村振兴的规划探索

从乡村的演变来看，中国的乡村大都是能工巧匠在漫长岁月里建设出来的，并没有现代意义的乡村规划设计。城乡规划体系要介入乡村振兴规划，必须转变思路，不能再按照原来的村镇建设规划方式，简单照搬城市，做出一些农民看不懂、实施不下去的规划。在今后的乡村振兴规划中，城乡规划体系必须做出新的探索。

6.1　做有用的规划

乡村并不是不需要规划，而是需要有用的规划。一个好的乡村振兴规划，能为城乡发展提供巨大的支持，提供和节省大量资源，特别是在未来资源更加严控的时期，规划的作用就更加突出了。好的乡村规划可以起到以下作用：①摸清乡村资源的家底。乡村里有历史文化、自然山水、建设用地和耕地资源，通过深入的乡村规划把这些资源找出来分析透彻。②精准地管控节约好乡村用地。现有各个层级的规划，只有到乡村规划，才能把乡村用地真正精细地管理好，便于好的产业和人员进入乡村。③规范乡村建设的行为。当下的乡村建设行为多是盲目的、低效的、散乱的，缺少统一的规划具体指导乡村建设。有用的乡村规划能为广大乡村提供技术支持和技术服务，简单实用的规划能为乡村建设节约资金并提高资金效率。④完善农村建设许可的管理。农民建房一直是自己说了算，在城乡融合的过程中，规范建设的管理和确权，能够提升广大农民的物业价值。同时，规范的管理也能消除乡村建房的质量安全问题。⑤提出农村自建房的建设导则，推荐好的设计模板，引导村民提高自建房环境建设质量，共同塑造美丽乡村。

6.2 做乡村发展需要的规划

广大乡村需要的是实际建设，如何透彻理解农民在生产生活中遇到的切身问题，应用专业的知识和系统全面的规划手段，找出问题的症结并加以解决，这就是乡村发展需要的规划。

乡村发展需要的规划首先就要解决乡村产业的空间落位和相关的建设指引，解决乡村产业培育不易、落地更难的问题；其次是针对乡村土地情况复杂的现状，对集体建设用地、宅基地、耕地、林地、草地等用地，进行精细管控和用途的指引；再次是提高乡村人居环境质量，对村镇公共设施和基础设施进行科学的安排，对村民住宅提出建设和改善要求；最后是对乡村的传统文化保护及特色营造。

6.3 与村民一起做规划

要处理好政府、市场与农民的关系，通过政府、市场、农民三方合力，汇聚全社会资源，共同推进和参与乡村振兴。乡村规划与城市规划的很大不同是乡村的大部分用地的使用权是掌握在村民自己手中，乡村规划不能不管村民，完全按政府或企业的设想进行规划。所以要做好乡村振兴规划，就要鼓励村民参与编制村庄规划，形成共建共治共享的局面。村民知道自己想要什么，在明确规划的目的和实施效果后，会积极地执行规划，也更加会遵守自己编制的规划，更加有责任感。

美丽中国离不开美丽乡村，高起点规划的乡村让城乡融合更加美好。乡村振兴重在依靠改革创新，形成可持续的内生发展机制，农村体制改革、机制模式创新、科技创新、品牌创造和营销变革等，都是改革创新的重要方面；要从农民的根本利益出发，在产业发展、文化建设、人才培养和引进、人居环境整治、乡村治理、投融资等方面建立乡村振兴的长效机制。全面推进乡村振兴，面临着一系列重大理论和现实问题，需要越来越多的人重视乡村，投入到乡村振兴这一社会改革事业。具有专业优势的城乡规划师们更应该投入到这项美好的事业，他们的到来会激发农村地区丰富的创造力，美丽的乡村也能激发规划师们无穷的创造力。

冷红，中国城市规划学会理事、学术工作委员会副主任委员，哈尔滨工业大学建筑学院教授、博士生导师，自然资源部寒地国土空间规划重点实验室主任

张天宇，哈尔滨工业大学建筑学院、自然资源部寒地国土空间规划重点实验室，博士研究生

张天宇

冷红

健康视角下社区韧性提升与城市更新响应

1 引言

在全球气候变化、各地灾害频现和疫情迭起的背景下，城市发展和人民健康面临着诸多威胁和不确定性。极端暴雨等灾害性天气使人民的生命安全和健康受到极大威胁[1]，新冠疫情的蔓延也对公众的身心健康带来了巨大影响。除了突发灾害带来的健康威胁外，城市同时还面临着城市化和大规模扩张带来的生态环境退化、人口流动、生活方式变迁等累积性健康压力。因此，如何应对当前复杂的城市健康风险，持续致力于为人民提供安全和适宜健康生活的社会和空间环境，成为当前规划亟需突破的难题。

近年来，针对这一议题，国内外学者和相关组织展开了大量的研究和行动。一方面，针对居民健康水平的提升，健康城市建设已发展成为世界性运动。世界卫生组织（WHO）在 1984 年多伦多召开的"2000 年健康多伦多"大会上首次提出了"健康城市"（Healthy City）概念，并在随后启动了"健康城市项目"（Healthy City Project）[2]。2015 年，美国国家医学科学院在"灾后健康、韧性和可持续"报告中提出"将健康融入所有政策"（Health-in-All-Policies，HiAP）[3]。2016 年，我国将"推进健康中国建设"纳入了"十三五"规划，同年出台了《关于开展健康城市健康村镇建设的指导意见》和《"健康中国 2030"规划纲要》，提出"把健康融入城乡规划、建设、治理的全过程"和"完善公共安全体系""提高突发事件应急能力"等内容，同时明确要求编制实施健康城市和村镇发展规划，广泛开展健康社区建设。此外，学术研究领域也从对健康概念的解读逐步拓展至健康城市指标体系建设，以及通过精细化的数字模型来对城市建成环境进行健康解析和探索健康促进方法等深入研究。Luo JM 等针对中小城市提出了健康城市空间评价指

标体系，其中包括城市形态和交通（UFT）；健康友好型服务（HFS）；环境质量和治理（EQG）；社区和设施（CF）；绿色和开放空间（GOS）；生态建设与生物多样性（ECB）六个主要维度[4]。Lu Heli 等通过遥感城市住宅区地图对不同空间形式的通风情况进行测度，并为预防新冠病毒的气溶胶传播提供建议[5]。Lowe M 通过对澳大利亚健康规划政策的两个案例进行研究，提出构建长期有效的研究—政策—实践伙伴关系，以及将循证规划纳入健康政策[6]。而目前，国内的健康研究仍集中在健康城市概念与属性的解读、公共健康与城乡规划的历史渊源、建成环境与公共健康之间关系，以及规划影响公共健康的作用机制等几个方面[7]，能够具体指导规划实践的领域涉及尚少[8]。

　　另一方面，为应对城市发展的不确定性，韧性同时成为城市建设的重点。2015 年，第三届世界减灾大会通过了《2015—2030 年仙台减少灾害风险框架》[9]，强调了灾害管理思维从"管理灾害"转变为"降低灾害风险和建立韧性"，提出"多战略融合、多政策协调、多群组参与"的指导框架[10]。2016 年，第三次联合国住房和城市可持续发展大会通过《新城市议程》，从住房、交通和环境三个方面提出有利于促进居民健康和韧性城市空间发展的指导原则，强调通过加强城市治理能力，建设"包容、安全、有韧性及可持续的城市和人类住区"[11]。对此，关于韧性的研究先后经历了工程韧性（Engineering Resilience）到生态韧性（Ecological Resilience），再到演进韧性（Revolutionary Resilience）的过程[12]，并逐渐建立起科学的理论框架，对城市规划和管治具有很强的指导作用。其中，Wang JJ 等提出了韧性社会规划指标体系，包括代际社区互动、提供教育和就业机会、提供健康医疗服务，以及环境和生态保护和维护管理的五个主要维度[13]。Pan WJ 等调查了深圳的有机老城区、成熟的城市开放社区和现代城市综合体三种混合用途开放城市街区中的热岛和通风效应，认为城市需要不同街区类型的共存协作来增强城市的适应性[14]。Lotfata A 等对 24 个高感染率样本区域居民进行了问卷调查，提出应通过营建"15—20 分钟步行社区"来增强社区对于新冠疫情导致的活动限制方面的韧性[15]。

　　在此基础上，健康与韧性的研究也存在着相当多的交集，二者的研究方向总体上向着跨界研究和更加综合的方向演进。《柳叶刀气候变化与健康 2030 倒计时》追踪了长期以来气候变化与人类健康的关系[16]。吴一洲等通过对引文空间的分析结果进行研究，发现目前阶段国际健康社区研究前沿更为关注社区的自我调节能力和适应能力[17]。杨立华等讨论了弹性、可持续发展和健康社区三个概念，认为三者相互支持，互为支柱[18]。而目前国际社会所推广的风险应对理念，也已逐渐从应对特定自然灾害的"社区减灾"，发展为向综合、主动、前置响应转变的"韧性社区规划",强调通过综合性社区规划和建设来增强社区的内生力量,提升健康保障和适应性治理能力[19]。因此,在具有较强实践意义的韧性框架中加入健康风险应对,并通过城市更新在规划上进行落实,具有重要的研究价值。

在目前的健康与韧性研究中,社区已成为健康与韧性研究的热点和重点。随着城市多元化治理和居民参与规划程度的提升,相比于区域、市域等宏观视角,社区作为城市最基本的单元结构,其地位和作用日益凸显。其中,《2015—2030年仙台减少灾害风险框架》中提出应以社区的减灾能力建设作为核心主要内容;我国也颁发了《关于加强城乡社区综合减灾工作的指导意见》等文件[20],表达了对社区风险治理的重视。因此,随着当前我国城市更新步入存量改造时期,更应发挥社区在小尺度上自主更新和发展的能动性,通过规划引领不断提高风险治理和适应能力,对健康与韧性社区发展做出响应。

2　健康视角下社区韧性的内涵要素解读

健康社区与韧性社区的研究在多个方面存在一致性和联动性。首先,核心目标一致。尽管两者着眼点不同,但同时强调以"人"的需求为社区规划的核心,关注规划决策对人们长期的福利影响,强调平等、跨部门协作、社区参与和可持续发展原则[8]。其次,规划路径与导向一致。健康社区与韧性社区研究同时强调从物质和社会两个层面上对社区进行"保障性"和"促进性"提升[21]。两者都强调社会组织建构、利益相关者参与和战略制定等一系列环节,即组织和过程导向,而非单一的空间和结果导向[22],同时都强调将规划思维由"指挥控制"转向"学习和适应"[23]。最后,两者存在联动效应,并产生良性循环。更健康的人口有助于发展更强大的社区,而强大且紧密联系的社区能够更好地适应逆境和变化,这反过来又有助于个人和社区未来的健康和福祉[24]。从健康管理的角度来说,韧性提升是健康社区建设的重要途径和抓手,规划不应局限于仅关注单一空间系统或是单一风险类型对健康的影响,更应反思和注重多维度的综合韧性提升[25]。而对社区韧性的发展来说,公共健康则是韧性建设的重要目标之一,公共健康治理的水平也影响着社区和城市的应急能力和适应扰动能力。因此,本文以下从健康发展视角对社区的空间、设施、制度和社会四个维度的韧性进行要素解读。

2.1　空间韧性要素

健康视角下的社区空间韧性要素主要包括空间的格局、环境与功能三个方面。通过营造不易受干扰和易于变化的社区空间和功能结构,提升户外环境,能够提高社区空间的安全水平和适应能力，同时促进居民健康和社区交往。

空间格局主要关注社区组团的规模和建筑群体的布局方式。目前的研究更倾向于认为小尺度街坊更具有灵活性和渗透性，并有益于步行尺度社区的营造，因而更具有韧性，并能够有效促进居民的健康提升[2, 26]。对于建筑群体的布局方式，研究普遍认为相比于点式排布的高层建筑群体，在地块建筑密度相同的情况下，低层围合式布局更有助于缓和气候变化，提高内部空间安全性，并促进居民参与户外活动和交往，提高健康水平[27]。而从更大的空间范围来说，城市中需要多种类型的社区形态共存，来进行相互关联和补充，以增强整体适应性[14]。通过多样化的稳健布局模式的灵活组合，形成社区空间的多中心结构，将不断扩大的低效社区小型化[28]，可有效增强社区的整体韧性。

空间环境关注社区户外空间的舒适度和体验感，以及社区与自然环境的连接程度。首先，应明确当地气候条件，通过合理地引导风向和自然光线进行外部空间设计，营造舒适的社区微气候和适宜各时段使用的户外空间，对于引导居民进行户外活动和适应气候变化具有重要作用。其次，在社区中引入蓝绿空间，对于声学效应、热岛效应、洪涝灾害以及呼吸系统疾病的控制具有重要作用，同时可形成社区灾时避难所和公共卫生缓冲区[26]。此外，通过"社交园艺和园艺疗法"等，建立可互动、可体验的社区自然环境联系方式也有助于提升健康和韧性[29]。

空间功能关注社区用地功能的混合性和使用灵活性，可以分为横向和纵向上的两个层次。从纵向层次上来讲，通过地块细分，形成更小、更细分化的用地结构，易于在社区范围内形成多种功能的混合。而小型地块的独立性使得建筑更易于进行用途改变和翻新，从长远来看更具备兼容性[27]。从横向层次上来讲，通过灵活的平面布局，在同一建筑内的不同平面进行功能分层，引导社区功能的混合多样发展，对于减少日常车行交通、发展稳健的社区经济以及保障对公共卫生事件隔离期间的各项服务具有重要作用。

2.2　设施韧性要素

健康视角下的社区设施韧性建设主要通过建筑设施、道路交通和基础设施三方面内容实现。通过对社区各类基本设施的改进和提升，实现对居民健康和韧性的保障与促进双重效应。

健康视角下的建筑设施韧性关注建筑的可步行性和绿色低碳等新型技术的应用。其中包括营造丰富连续的建筑沿街面和设计可见、有吸引力而舒适的楼梯[30]等方式来促进建筑的步行使用。建筑的绿色低碳技术应用主要通过节省碳排放和能源消耗来降低热岛效应，促进社区整体环境韧性，并通过与新型建筑技术的结

合 [31]，增强建筑工程对各类极端天气的适应能力和防灾韧性能力。

道路交通设施韧性包括社区道路系统的连通度和冗余度，以及社区的慢行交通设施。研究认为，道路规划与土地使用相结合，共同营造低流动性和积极的社区生活方式 [32]，对于提升社区健康和韧性具有重要意义，同时有助于城市公共卫生事件的防控。此外，具有高密度和连通度的路网更有益于小尺度社区的形成，能够提供更多直达的路径从而缩短出行距离，减少交通量，并在紧急时刻提高救灾运输效率。社区慢行交通包括步行和骑行，是促进健康与韧性建设的重点，包括精细化设计的自行车道、机动交通的稳静化设施等硬件设施，以及本地骑行规范的宣传、执法和街道维护，大运量公共交通工具对自行车的分时段容纳等软件措施。

基础设施包括社区的生命线设施以及低影响开发等技术设施的建设。传统研究中，生命线设施建设主要关注社区各项防灾工程的设防标准、设施更新程度、应急救灾物资、避难场所以及冗余供水供电设施等工程性方面 [33]。而目前国外的基础设施韧性研究逐渐转向由各部门、各层级、各区域之间的设施连通性所建立的综合设施韧性 [34]。此外，通过典型的低影响开发技术应用设施与水敏性社区城市设计相结合，创造融入社区公共空间的海绵景观，能够有效减轻现有基础设施的负担，减少洪水灾害所带来的冲击，提升社区生物多样性和气候适应性。

2.3　制度韧性要素

制度是指通过包括法律和监管框架以及文化认知范式所形成的系统管理基础，理论上所有的健康与韧性概念都需要通过相关系统的制度环境来实现 [35]，因此，将健康理念融入制度并构建制度环境的韧性，对于相关理论的实践应用具有重要意义。在我国健康视角下的制度韧性要素内容主要总结为社区应急管理制度体系和多元建设机制两部分。

社区应急管理制度体系关注预案的制定、行动方案的组合以及人员机构的设定，在公共卫生事件期间，还要做好防疫体系的规划建设。相关研究显示，在灾前制定灾后再开发计划的措施，能够有效提升灾后重建的正确性、公平性和参与性 [36]。而在灾后重建工作中，不局限于短期复原，采取更长远的健康发展视角的重建计划能够使未来社区具有更强的韧性 [3]。相比于追求完善的单一计划来讲，强调行动方案的多种组合和优先顺序配置，并加强各部门之间的协调在重建工作中能更有效提高社区重建效率 [37]。

多元建设机制包括鼓励居民参与社区日常的建设与维护，并将健康促进理念融入其中，同时向社区居民提供有效的技术援助，并明确各方角色的职责范围。

在社区营造中，单一主体的建设模式通常缺乏灵活的弹性，忽视多元化的健康人群需求和可能，并且在面对大范围灾害时力量单薄[38]，而忽略居民主观能动性的"家长式"被动救灾模式也可能损害社区的长期韧性构建能力[9]。例如日本在社区恢复工作中，通过建立居民、政府及专家三方参与的社区营造联合协议会，由居民作为社区主体参与计划，政府出台财政、补助计划和法律支持，专家与民间团体建立咨询中心，共同保障社区灾后重建工作[38]。

2.4　社会韧性要素

社会韧性要素所关注的是社区居民的韧性，社会网络是社区的"生命力"和韧性构建的核心[39]。社区健康与韧性建设最终要落实到对"人"的建设上，通过外部环境和制度为社区所提供的改变，一旦与社区中的"人"形成脱节，则无法形成可持续化的效果。综合来看，健康视角下的社会韧性要素，包括社区中的长期公共服务投入和社会资本的培育与拓展两部分。

2.4.1　公共服务

通过长期对与健康和韧性相关的社区公共服务加以培植，包括医疗、教育和健康食品系统等，能够为社区健康发展和韧性构建提供更为长久和可持续性的动力。

社区的医疗保健服务对社区健康与韧性具有重要影响，其中医疗资源的布局评价和配置公平性问题在研究中受到广泛关注。目前研究普遍认为我国城市医疗设施存在社区基层薄弱、空间失衡和总量不足的问题[40, 41]，而将医疗资源有序合理向社区基层下沉对于健康公平和发挥疫情期间的社区防疫主体功能具有重要作用。此外，学习是韧性的基础，国外研究中越来越多地探讨了通过环境教育与灾害教育提升社区居民对健康和韧性的认知，并包括正式教育和非正式教育等不同形式。

"健康食品系统"和"城市农业"作为提升健康的跨领域问题[42]，正在被越来越多的探讨。研究普遍认为城市农业能够补充社区健康食品供应[43]，有效减少生态足迹和"食物里程"，并合理配置食品消费，促进健康公平[44]，同时也具有较高的居民支持率[45]。此外，近期国内学者也关注到了社区中的城市农业对新冠疫情期间外地食品运送困难所导致的食品短缺情况的调节作用[46]。

2.4.2　社会资本

社会资本（Social Capital）已被广泛证明与社区韧性和健康结果相关，并逐渐形成了以"社区资本论"为代表的研究思路，从以个人为中心的社会资本研究拓展到以社会为中心的社会资本研究[47]。其中，社会资本被分为粘合性（Bonging）

社会资本、桥梁性（Bridging）社会资本和连接性（Linking）社会资本三种类型[48]。在社区实践中的具体措施包括鼓励居民参与空间维护，设立时间银行与社区货币，政府扶持兴趣小组会议和团体活动，以及营造社区社交的"第三场所"等[49]，通过对桥梁性和连接性社会资本的重点培育提高社区韧性和健康水平。

3　社区健康与韧性提升对城市更新的要求

基于上述健康视角下社区韧性的提升要素，结合当前我国城市更新的重要背景，为全面提升社区物质与社会韧性，以及居民的整体健康水平，提出当前城市更新的重点任务与导向。

3.1　空间要素更新科学化

对于社区空间韧性提升来说，尽管我们已了解现阶段的提升要素及其包含的内容和一般规律，但在具体落地的过程中，仍需要在地的、科学的大量数据和分析加以支撑，来实现个性化和地方化的具体空间提升策略。因此，城市更新的空间提升重点任务应落在地方性的数据收集、评估和应用方面，通过在地的多领域、精细化的真实数据监测和分析，为更新决策提供依据，形成空间要素更新的科学化系统。

首先，在地的人口健康数据，气候条件、风环境、人群活动特征等多样化数据的监测和收集，以及多部门多领域数据的互通共享是科学化更新体系构建的基础。其次，数字化、智能化的高效分析、风险评估和多方案与多风险模式下的精准模拟比对是科学化规划设计的重要工具。通过对监测和收集到的数据进行各类健康分析和专项分析，建立不同风险模式下的空间方案模拟，能够有效保证规划方案和决策的科学性，提升社区空间环境舒适度和对各类不确定风险的应对能力。最后，系统的实时监测和预警，以及不断的自我调整是城市更新科学化的保障。通过对方案实施后的环境和人口信息持续监测，对新的风险或漏洞快速反应，不断调整更新实施进程，提高社区更新的灵活性和可持续化应对能力。

3.2　设施要素更新冗余化

社区的设施要素更新要求包括分布冗余和技术冗余两个层面。

在分布冗余层面，各类基础设施的分布应重视组团的独立化、组团间的连通化和整体上的去中心化。首先，社区各组团中的设施应具备一定的独立运转能力，包括独立的能源供应、水循环系统、通信保障，以及连接组团内各类功能的完整步行交通等综合设施，一方面在日常情况下可降低城市整体系统的负荷压力，提高整体运行效率；另一方面，在面对重大灾害情况下，可独立运转的社区设施能够缩小整体上被破坏的范围，从而减少灾害损失，提高韧性。其次，加强组团间的联系和促进网络化的形成也具有重要意义。一般情况下，组团间的紧密联系提供了多样化的信息和功能流动；而在紧急情况下，组团间的设施连通性为组团之间的灵活互助和救济提供了可能性，即当某一组团的设施失灵，其功能可由邻近组团进行分散供应。最后，通过各个能够独立运作而又相互联系的组团网络在整体上形成去中心化的分布，同时不断引导大型设施融入当地尺度，共同营造促进健康和具有韧性的社区生活环境。

在技术冗余层面，应加强社区设施对各类创新技术的拓展和应用，通过多样化技术的使用降低对设施容量的要求，提升设施在节约能源、抗震防洪、减碳减排等方面的效能。同时在社区更新过程中，也应适当在空间上为各类设施的技术改进留出余地。

3.3　更新制度自主多元化

社区更新的制度创新为健康和韧性规划的落地实践创造条件。在城市普遍进入存量更新的阶段背景下，社区更新已不再是在空地上进行住区开发，而是需要在复杂的建成社区中，面对多方群体利益的博弈和调和，实现整体上和更多个体的健康与韧性提升。因此，社区必须从制度上进行更新，对各类资源做出合理配置，并对各类健康与韧性风险进行前置响应，提高多元合作效率，实现健康与韧性提升的公平性和正义性。

首先，社区更新制度应通过不断创新来激发自主更新和多元合作，实现"共建共治共享"。目前我国大部分地区，尽管城市更新中政府与市场的公私合作模式已被广泛运用，但仍然面临机制复杂、动力不足等问题，重要的是广大公众与权利主体仍然处于被动地位，被排斥在更新改造之外或只能"象征性参与"[50]。我国几个沿海城市（如深圳）逐步摸索出的一套由政府作为导控者和协调者，市场和权利主体为更新改造主体的治理模式，在将权利主体意愿纳入更新改造的探索上迈出了重要一步，然而也仍然面临更新改造开发不断增容、集中拆建为主、公共服务运营财务不平衡等一系列难题[51, 52]。因而，想要真正从社区本身需求出发，将居民健康与韧性提升作为首要任务，还必须从激励社区的自主有机更新的制度创新上着手。通过引导多方力量、多元创新为居民提供必要的政策许可、专业技术支持、设计施工服务、金融创新产品、监督检查机制等，激活社区自组织更新的内生动力。

其次，社区自主更新应确立健康与韧性规划的组织性和法制性。组织性是指社区应设置管理机构或小组，对健康与韧性建设的空间规划、面对风险时的行动方案、人员配置、重建资金等内容进行详细安排。一方面需要保证预案的灵活性和可持续性，即多个方案和人员机构的自由组合，以实现社区对多种不确定风险的灵活应对；另一方面随着社区的发展和人员的变动对预案进行适时的调整，组织与社区健康治理相结合，平时充分发挥其服务功能，灾时则充分发挥其领导作用。法制性是指通过法律建制和规划管控方法确立社区的健康与韧性规划，以及灾害预案的法律地位，以保证方案的实施效果，形成有力的监察依据，并确保灾害来临时方案不会因人员流动、产权变化、组织换届等因素而导致失效。

3.4　社会资本提升与治理可持续化

健康与韧性的社区更新强调对社会网络的保护，多群体、多文化的社会资本拓展，同时以公众为自治主体形成社区治理的可持续化发展。

首先，对于社会资本的保护来说，社区长期的邻里关系是一种随时间推移不断增值的无形资产，一旦社区更新导致熟人社会被破坏，附着其上的社会关系也会随之消失[52]，即粘合性社会资本的丧失，社区韧性也会因此而大打折扣。因此，在更新过程中，对社会资本的保护应作为规划的重要内容，在更新模式的选择上，应进行综合审慎的考量。而上文所述的居民自组织有机更新模式事实上也正是对社会资本的有效保护措施。

其次，社会资本的拓展应从促进健康与韧性的"认知"和"交互"两个角度进行[9]。"认知"角度是指人们通过学习形成对健康和韧性理念的认识，包括对社区所面临的风险、脆弱性，以及健康的生活方式、社区责任等方面的认知，有助于居民的社区意识和风险意识建立。"交互"则是指居民之间的社会互动和居民与其生活环境之间的环境互动，不同群体间的互动丰富了桥梁性社会资本，居民与政府组织的有效互动增加了连接性社会资本，更有助于实现居民互助与民政合作。因此，社区的更新和治理过程中，应注重对社区各类正式和非正式教育加以培育，建立促进居民交流的平台，加强居民对弱势群体的关怀和社会责任的明确。

最后，构建以公众为主体的自治平台，避免过度依赖城市集中民防和后置响应的"家长式"救灾文化。社区健康和韧性的提升是社区中每个人的责任，而不应仅仅是集中在少数专家和政府官员的手中。长时间以来，我国大部分社区的物业管理缺乏透明的服务和收费标准以及有效的监督机制，社区的自治组织（通常为业主委员会）缺乏有效的决策方式和责任机制，通常无法发挥可持续的自治作用[53]。因此，在社区更新中，需要强化居民自治平台的规则建设和主体地位，促进居民从本地需求出发做出发展决策，对于居民主动提升社区的健康与韧性水平，以及治理的可持续化具有重要作用。

4　健康与韧性社区的城市更新规划响应策略

社区作为基础治理单元，其居民健康水平与韧性能力提升不仅是人民的共同愿望，更对整个城市社会经济的稳定发展具有重要意义。从现实问题上看，目前在健康与韧性社区的具体实践问题上仍需要详细理论框架的指引，并抓住当前以存量城市更新为主要城市建设内容的契机，对社区的健康与韧性规划和管治路径加以明确。因此，本文基于前述对社区健康与韧性要素的分析和社区健康与韧性更新要求的基本原则，从规划编制、导控、管理和治理四个方面，提出可用于指导健康与韧性社区城市更新具体实践的规划响应策略（图1）。

4.1　规划编制：健康风险与韧性评估纳入规划体系

长期以来，我国城乡规划体系中缺乏健康与韧性建设的系统性内容，而健康与韧性的社区更新实践，又需要在精细化的规划引领下进行。因此，需要从上位规划体系与社区更新规划内容出发，强化指导环节，补充相应内容，充分发挥各级规划与专项规划在健康与韧性建设中作为公共政策的引领作用和作为监督审查依据的管控作用，以上位规划作为社区级别健康与韧性更新规划的有效统筹和指导，并以健康风险和韧性评估作为具体更新方案提出的基础和依据。

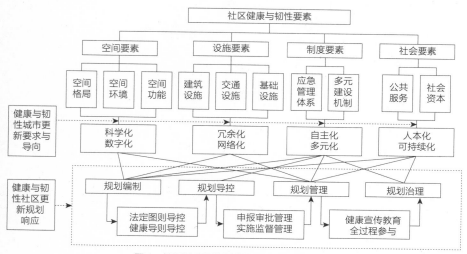

图1　社区健康韧性要素与更新规划响应关系

资料来源：作者自绘

4.1.1　规划编制体系

从规划编制体系上来看，社区级别的健康与韧性更新规划编制应基于省、市级的总体与分区规划的上位指导下进行。在国际经验中，日本在长期遭受地震、台风、火山爆发等自然灾害侵袭的过程中，较早地通过立法为韧性规划的编制和实施创造了具有强大约束效力的法律框架，确保了韧性规划体系的构建。其中，《国土强韧化基本规划》作为最上位的法定规划，指导地方公共团体的国土强韧化地域规划，而地域规划又对该地区的长期展望战略规划、地域防灾规划，以及各类项目规划中的国土强韧化相关部分具有指导作用[37]。纽约市则连续公布了三版城市总体规划，均包含健康与韧性专题的引领内容，并成立了由各领域专家组成的市长韧性办公室（The Mayor's Office of Resiliency）进行研究工作，进一步引领政策制定和跨部门合作[54]。在总体规划的指导下，纽约城市规划部（Department of City Planning, DCP）启动了韧性社区（Resilient Neighborhoods, 2013）规划倡议，直接与洪泛区社区和政府机构合作，根据对沿海洪水风险的评估，重新审视土地使用、分区和开发问题[55]。此外，《城市宪章》中也规定了以社区为基础的法定规划程序，该项规划可由社区公民团体起草，并获得 DCP 的技术援助，由社区委员会和自治市镇委员会审查和批准[56]。

因此，综合来看，由政府进行自上而下的规划引领仍是健康与韧性建设的重要措施。健康与韧性的有效提升必须成为政府的战略性任务，通过各级规划和组织构建进行全方位的推进。目前，我国各大城市正在国家政策引领下，加强推进国土空间规划的"五级三类"体系建设，并与城市更新规划体系之间形成了不同的组合方式，例如上海市将城市更新体系作为专项规划体系，而北京市则将城市更新作为地区类别融入国土空间规划体系[57]。但无论其组合方式如何选择，健康与韧性建设作为影响人民福祉的重要因素，应当纳入各级别的总体规划和专项规划的内容当中，在省、市、分区级规划中分别明确健康与韧性的战略目标任务，逐级传导落实，为社区层面的更新规划编制提供充足的统筹与指导。

4.1.2　规划编制内容

从规划编制内容上看，社区健康风险与韧性评估应是社区更新规划的基础和前提，数据多元化监测收集和智能化分析则是进行评估的必要工具。通过在传统的以生态为主的资源环境承载力评估的基础上，进一步增加对社区本地的健康与韧性风险因素的识别和评估，将其结果作为社区更新开发的适宜性范围、不同风险程度的地块开发强度和其他经济技术指标，以及各类要素重点提升路径提出的科学化依据。因此，一般情况下，规划内容应包括总体目标理念、健康风险与韧性评价、提升社区健康与韧性的更新策略、更新行动计划四项内容。此外，规划也应通过定期的检

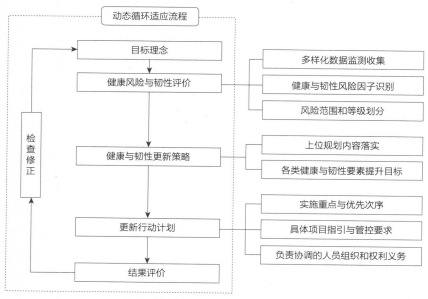

图2　健康与韧性社区更新规划编制内容
资料来源：作者自绘

查和修正形成动态运行的循环流程（图2）。通过将基于本地文化的居民健康与韧性要求融入社区综合性的更新规划编制，并与法定详细规划形成有效衔接，进一步规范和引导社区具体项目的方案设计向健康与韧性提升的方向不断发展。

4.2　规划导控：实施分类导控，强化导则作用

4.2.1　分类导控

从我国各城市的社区更新治理经验和情况来看，尽管以居民为主体的有机更新模式已经有个别案例的出现，但目前还难以做到全地域的推广，集中拆迁改造模式仍将持续存在。因此，以健康与韧性发展为目标的社区更新应在政府整体统筹的基础上，对两类不同模式进行分类的更新治理。

其中，拆迁改造类社区更新需要通过强化规划导控来形成对地块开发的强约束力，避免市场以短期经济利益为核心而导致对社区健康与韧性建设的忽视，进而使公共利益受到损害。在管控过程中，可通过广泛参与的健康与韧性改造专题设计，从中提取空间健康与韧性方面的建设要求、设施配套标准等，纳入社区更新规划的法定图则，并将社区应急管理和重建资金的配置标准以土地产权转让的开发条件赋予市场主体。例如纽约市在经历飓风桑迪之后，为泛洪区制定了特殊分区区划（Flood Resilience Zoning），要求分区内的建筑物进行韧性改造[58]。部分潜在受灾社区通过引入巨灾保险与政府打分系统挂钩的政策，加强政府对社区应急事件的管理[28]，并在风险程度较高的社区建设过程中加入了强制投保的开发

条件来应对灾害[36]。

　　而自主更新模式则需要政府强化规划指引和宣传鼓励内容，充分激发居民的更新意愿，并不断提升对其更新进行扶持的各类金融、政策和技术服务，适当简化程序，强化公众自主更新能力。

4.2.2　强化导则作用

　　在规划导控的过程中，还应不断增强导则的作用发挥。在城市整体层面，将健康与韧性内容和理念融入城市设计导则、街道设计导则以及各类建筑设计导则之中；在社区层面，将健康与韧性社区规划设计导则融入 15 分钟生活圈规划导则，或与其他专项规划设计导则共同形成综合的社区规划设计系统指南。平时作为社区健康与韧性更新项目的技术指引和政府方案审查的参考依据，帮助政府、开发商和社区居民提升健康和风险意识，并在灾时作为社区提供应急管理和重建工作的工具包，提升社区的风险应对能力。此外，在更新动力不足的情况下，还可对于将导则提倡内容或与健康韧性有关的新兴技术纳入建设方案的项目辅以开发激励手段，在明确标准的前提下，进行容积率奖励或开发权转移等措施。

　　而"循证设计 + 实践总结"的策略结构，有助于导则本身的可持续完善和多元协作。纽约的《公共健康空间设计导则》首创了这一模式，将其中的设计策略按循证研究力度的不同，分为已被充分证据支持的策略、有待被新兴证据支持的策略以及被行业公认为是最佳实践的策略三类，通过补充文件的持续发布，为吸收新的研究和实践经验留出通道，同时也直接促进了大量研究和跨学科研究的进展[59]。此外，导则也应针对公众发布精简和可读性更强的版本作为具有广泛受众的资源和参考指南，有助于开发商和社区居民根据自身情况衡量更新成本和收益，做出更清晰明确的选择和决策。

4.3　规划管理：健康与韧性融入全周期更新管理

　　社区的健康与韧性更新建设，除了在规划编制上的引领和实施开发过程中的导控，还需要对更新计划中的各个实际项目进行全生命周期的管理。我国目前的城市更新在全周期管理方面普遍关注方案中公共要素的建设实施和运营[60]，以及经营性用地和工业用地的土地污染治理[61]，但针对社区类型的综合性健康与韧性内容管理仍然匮乏。

　　在更新项目申报与方案设计阶段，应对项目进行筛选，对于风险区域内的项目或重点项目方案除了应符合规划要求内容之外，还应将项目健康影响评价和应急管理预案纳入申报标准。健康影响评价要求项目分析其方案所涉及的各个要素（包括对土壤环境，空气质量、噪声、风环境、阴影等空间环境，交通环境和其他社会经济环境），描述其方案对社区公众健康、特殊人群健康以及健康公平产生的潜在积极和消极影响 [62]。通过定量和定性评价，对其开发建设的受影响人群、对健康影响的程度和缓解措施加以明确，为公众和决策者提供判断依据 [63]。应急管理预案要求项目方案考虑公众安全内容，针对项目地区所面临的各种威胁和风险，对应急空间与设施（包括对最低限度生活设施的确保）、物资储备与供应链、次生灾害控制、各项行动方案与人员组织和重建资金五项内容加以明确，最大限度提升社区和各个独立组团内的自主应急救灾和快速应对能力。此外，方案的审查机构也应出具相关的项目健康影响评价和应急管理预案的操作指南和标准，作为相应制度配套。

在更新项目审批阶段，依据城市更新的宏观要求和社区规划的管控与引导内容，以及健康与韧性的各类配套标准和特殊地区的其他要求，对各项目进行审查。对于其薄弱环节提出修改意见，对于符合要求的项目建设加以公示。将项目的潜在健康影响以及决策的原因告知公众，并提供预防或缓解健康负面效应的建议。同时促进公众和使用者了解应急预案内容，并参与到应急响应的行动中来。

在更新项目实施与后续监管阶段，规划部门应对建设过程进行定期检查，并设置有效的公众检举和反映渠道。确保项目实施过程中对规划的健康与韧性建设内容按照要求加以落实，且施工过程符合标准，没有造成新的健康与韧性影响风险。在项目建成后，对其空间维护、健康设施运行、应急管理储备等方面进行持续监管，保障更新项目对社区健康与韧性的长效促进作用。

4.4　规划治理：多元平台构建，培育社会资本

社区健康与韧性更新注重对于"人"的培养，社区居民主体的参与和社会资本的培育同样需要体现在规划治理的全过程之中。通过政府基层部门、社区居民、研究团队和运营商之间的多元互动平台构建，在各个过程发挥有效作用，培养社区共同意识，加强社区成员与组织管理和决策机制，强化居民在更新过程中所发挥的主观能动性。

在规划前期沟通阶段，应首先注重对居民的健康与韧性教育，通过多元化平台进行沟通和宣传，以充分调动其主动更新的积极性。例如纽约市在制定气候韧性战略规划和区划变更提案后，将主要内容概述在可读性较强的图形海报上，并制作宣传视频分享有关洪水风险和抗洪建筑要求的信息。同时，通过网络地图绘制工具 Flood Hazard Mapper 向公众全面描述威胁城市的沿海洪水灾害，以及在未来可能如何随着气候变化而增加 [64]。在政府网站的常见问题解答栏目中，对人们关心的问题加以简单清晰地描述和解答，例如"什么是沿海洪水？什么是内陆洪水？我需要在什么时候让我的家有韧性？我怎样才能通过小的改变使我的家更

有韧性？"等等 [65]。通过结合多种宣传形式，对人们所面临的风险、所关心的实际问题，以及能够做出的改变加以普及，使人们真正关心自身的健康与韧性水平，以及他们所在的社区发展。

在规划方案设计阶段，应通过有效的沟通协商平台融入多方主体的参与，并重点发挥居民在其中的主导作用。纽约市启动了 PLACES（Planning for Livability，Affordability，Community，Economic Opportunity and Sustainability）社区计划，由 DCP 和其他机构共同与社区居民、利益相关者和民选官员合作，强调通过优化服务和混合收入住房进行社区营造 [66]。在德国的公园"开拓性项目"建设活动中，某市从居民的 270 份申请中最终提出 19 个成功的试验性方案，政府、工作组与居民的合作方式由"为他们设计"转变为"他们自己设计"，从而提供了更高质量的开放空间，促进居民的户外活动和交往 [29]。目前，"社区规划师"制度在我国上海和深圳等城市有着较多的实践经验和较好的实践效果，在社区的微更新改造过程中发挥了重要的"协调者"和"研究者"作用，推动着整个更新的沟通和协调运行 [67]，是社区健康与韧性建设过程中值得推广的有效制度。

最后，在更新建设和维护阶段，还需要加强政府与居民之间的有效沟通。一方面，建立居民的意见反馈渠道，并不断做出相应改进；另一方面，通过多样化和多种形式的活动举办，以及探索居民公约、时间银行、社区都市农业等途径，鼓励不同行业、不同年龄和不同收入阶层的居民充分参与空间的改造和维护过程中，促进其建立交往并形成共同意识和责任意识。而这一过程本身又成为一种非正式化的教育过程，对社区中的儿童、青少年的社区感培育和身心健康发展具有重要的意义，同时也保证了社区空间维护的可持续性，建立"共治、共享"的治理机制。

5 结语

健康与韧性两者息息相关，已越来越不可分割。在社区发展中，需要重视各方面要素在促进健康与韧性有效结合方面的重要作用。在本文中，对健康视角下社区的空间、设施、制度和社会四类韧性要素进行了具体解读，并结合当前存量城市更新的背景，对社区健康与韧性提升过程中的重点更新任务和原则加以明确。最后，提出对社区健康与韧性城市更新在规划编制、导控、管理和治理四个方面的响应策略框架。当然，在各地城市更新的具体实践中，还需要根据当地情况与特征加以具体调整和填充。总之，应充分抓住实施城市更新行动的机遇，明确健康与韧性目标对于社区发展的重要意义，以健康与韧性的社区规划为"人民城市"建设赋能和添砖加瓦。

参考文献

[1] https：//zh.wikipedia.org/wiki/2021%E5%B9%B4%E6%9C%88%E6%B2%B3%E5%8D%97%E6%B0%
     B4%E7%81%BE.

[2] 王兰，廖舒文，赵晓菁 . 健康城市规划路径与要素辨析 [J]. 国际城市规划，2016，31（4）：4-9.

[3] Kennedy M，Gonick S，Meischke H，et al. Building Back Better：Local Health Department
     Engagement and Integration of Health Promotion into Hurricane Harvey Recovery Planning and
     Implementation[J]. International Journal of Environmental Research and Public Health. 2019，16（3）：
     299. https：//doi.org/10.3390/ijerph16030299.

[4] Luo J.M.，et al. Developing a Health-Spatial Indicator System for a Healthy City in Small and Midsized
     Citiesn[J]. International Journal of Environmental Research and Public Health，2022，19（6）.

[5] Lu H.，et al. Very high-resolution remote sensing-based mapping of urban residential districts to help
     combat COVID-19[J]. Cities（London，England），2022，126：103696-103696.

[6] Lowe M.，et al.Evidence-Informed Planning for Healthy Liveable Cities：How Can Policy Frameworks
     Be Used to Strengthen Research Translation?[J]. Current Environmental Health Reports，2019，6（3）：
     127-136.

[7] 田莉，李经纬，欧阳伟，等 . 城乡规划与公共健康的关系及跨学科研究框架构想 [J]. 城市规划学刊，2016
     （2）：111-116. DOI：10.16361/j.upf.201602014.

[8] 李志明，张艺 . 城市规划与公共健康：历史、理论与实践 [J]. 规划师，2015，31（6）：5-11，28.

[9] Imperiale，AJ，Vanclay，F. Conceptualizing community resilience and the social dimensions of
     risk to overcome barriers to disaster risk reduction and sustainable developmentn[J]. Sustainable
     Development，2021，29：891-905. https：//doi.org/10.1002/sd.2182.

[10] 范一大 . 我国灾害风险管理的未来挑战——解读《2015—2030 年仙台减轻灾害风险框架》[J]. 中国减灾，
     2015（7）：18-21.

[11] 冷红，赵慧敏，邹纯玉，等 .《新城市议程》应对气候变化引发的健康风险的规划行动及其启示 [J]. 规划师，
     2021，37（7）：13-20.

[12] 邵亦文，徐江 . 城市韧性：基于国际文献综述的概念解析 [J]. 国际城市规划，2015，30（2）：48-54.

[13] Wang J.J.，N.Y. Tsai.Contemporary integrated community planning：mixed-age，sustainability and
     disaster-resilient approaches[J]. Natural Hazards.

[14] Pan W.J. What type of mixed-use and open? A critical environmental analysis of three neighborhood
     types in China and insights for sustainable urban planning[J]. Landscape and Urban Planning，2021，
     216.

[15] Lotfata A.，A.G. Gemci，B. Ferah. The changing context of walking behavior：coping with the
     COVID-19 Pandemic in urban neighborhoods[J]. Archnet-Ijar International Journal of Architectural

Research[J].

[16]   冷红，李姝媛. 应对气候变化健康风险的适应性规划国际经验与启示 [J]. 国际城市规划，2021, 36（5）：
       23-30. DOI：10.19830/j.upi.2021.332.

[17]   吴一洲，杨佳成，陈前虎. 健康社区建设的研究进展与关键维度探索——基于国际知识图谱分析 [J]. 国际
       城市规划，2020, 35（5）：80-90. DOI：10.19830/j.upi.2019.463.

[18]   杨立华，鲁春晓，陈文升. 健康社区及其测量指标体系的概念框架 [J]. 北京航空航天大学学报（社会科学
       版），2011, 24（3）：1-7. DOI：10.13766/j.bhsk.1008-2204.2011.03.022.

[19]   钟晓华. 纽约的韧性社区规划实践及若干讨论 [J]. 国际城市规划，2021, 36（6）：32-39. DOI：
       10.19830/j.upi.2021.515.

[20]   刘佳燕，沈毓颖. 面向风险治理的社区韧性研究 [J]. 城市发展研究，2017, 24（12）：83-91.

[21]   单卓然，张衔春，黄亚平. 健康城市系统双重属性：保障性与促进性 [J]. 规划师，2012, 28（4）：14-18.

[22]   刘正莹，杨东峰. 为健康而规划：环境健康的复杂性挑战与规划应对 [J]. 城市规划学刊，2016（2）：
       104-110. DOI：10.16361/j.upf.201602013.

[23]   孙文尧，王兰，赵钢，等. 健康社区规划理念与实践初探——以成都市中和旧城更新规划为例 [J]. 上海城
       市规划，2017（3）：44-49.

[24]   Wulff K., D. Donato, N. Lurie. What Is Health Resilience and How Can We Build It?[J]. Annu Rev
       Public Health, 2015（36）：361-374.

[25]   张天尧. 生态学视角下健康城市规划理论框架的构建 [J]. 规划师，2015, 31（6）：20-26.

[26]   Lu Y.W., et al. Risk reduction through urban spatial resilience：A theoretical framework[J]. Human and
       Ecological Risk Assessment, 2021. 27（4）：921-937.

[27]   David Sim. 柔性城市：密集·多样·可达 [M]. 王悦，等译. 北京：中国建筑工业出版社，2021.

[28]   马超，运迎霞，马小淞. 城市防灾减灾规划中提升社区韧性的方法研究 [J]. 城市规划，2020, 44（6）：
       65-72.

[29]   卡特琳娜·巴克，安琪·施托克曼. 韧性设计：重新连接人和环境 [J]. 景观设计学，2018, 6（4）：
       14-31.

[30]   萧明. "积极设计"营造康体城市——支持健康生活方式的城市规划设计新视角 [J]. 国际城市规划，2016,
       31（5）：80-88.

[31]   于佳佳，高波，于忠，等. 碳中和背景下"绿色建筑"内涵新思考 [J]. 四川建筑，2021, 41（S1）：192-
       193.

[32]   Wen L., et al. Solving Traffic Congestion through Street Renaissance：A Perspective from Dense Asian
       Cities[J]. Urban Science, 2019, 3（1）.

[33]   郭小东，苏经宇，王志涛. 韧性理论视角下的城市安全减灾 [J]. 上海城市规划，2016（1）：41-44, 71.

[34]　Andreas Huck，Jochen Monstadt，Peter Driessen. Building urban and infrastructure resilience through connectivity：An institutional perspective on disaster risk management in Christchurch[J]. Cities，2020，98：102573. https：//doi.org/10.1016/j.cities.2019.102573.

[35]　Garschagen M. Resilience and organisational institutionalism from a cross-cultural perspective：an exploration based on urban climate change adaptation in Vietnam[J]. Natural Hazards，2013，67（1）：25-46.

[36]　万小媛，张纯，满燕云. 防灾规划体系在社区重建中的作用：美国北岭的案例 [J]. 国际城市规划，2011，26（4）：10-15.

[37]　邵亦文，徐江. 城市规划中实现韧性构建：日本强韧化规划对中国的启示 [J]. 城市与减灾，2017（4）：71-76.

[38]　梁宏飞. 日本韧性社区营造经验及启示——以神户六甲道车站北地区灾后重建为例 [J]. 规划师，2017，33（8）：38-43.

[39]　颜文涛，卢江林. 乡村社区复兴的两种模式：韧性视角下的启示与思考 [J]. 国际城市规划，2017，32（4）：22-28.

[40]　申立，陆圆圆. 基于韧性提升的医疗卫生设施布局优化研究——以上海为例 [J]. 上海城市管理，2022，31（1）：11-17.

[41]　李漱洋，蔡志昶，唐寄翁. 健康韧性视角下社区医疗设施空间布局分析——以南京市中心城区为例 [J]. 现代城市研究，2021（7）：45-52，59.

[42]　唐燕，梁思思，郭磊贤. 通向"健康城市"的邻里规划——《塑造邻里：为了地方健康和全球可持续性》引介 [J]. 国际城市规划，2014，29（6）：120-125.

[43]　Säumel I.，S. Reddy，T. Wachtel. Edible City Solutions—One Step Further to Foster Social Resilience through Enhanced Socio-Cultural Ecosystem Services in Cities[J]. Sustainability（Basel, Switzerland），2019，11（4）：972.

[44]　Monardo B.，A.L. Palazzo. Challenging Inclusivity Urban Agriculture and Community Involvement in San Diego[J]. Advanced Engineering Forum，2014（11）：356-363.

[45]　付君赛，蔡知整. 街区更新及城市微空间创新探索——基于绿色生活需求的社区农业空间认知态度研究 [J]. 现代园艺，2021，44（14）：43-46. DOI：10.14051/j.cnki.xdyy.2021.14.018.

[46]　吴元君. 高质量高效率保障食品安全——城市食品规划的实施策略研究 [C]// 中国城市规划学会. 面向高质量发展的空间治理——2020 中国城市规划年会论文集（13 规划实施与管理）. 北京：中国建筑工业出版社，2021：553-560. DOI：10.26914/c.cnkihy.2021.031714.

[47]　李雪伟，王瑛. 社会资本视角下的社区韧性研究：回顾与展望 [J]. 城市问题，2021（7）：73-82. DOI：10.13239/j.bjsshkxy.cswt.210708.

[48] Poortinga W. Community resilience and health：The role of bonding，bridging，and linking aspects of social capital[J]. Health & Place，2012. 18（2）：286-295.

[49] Aldrich D.P.，M.A. Meyer. Social Capital and Community Resilience[J]. American Behavioral Scientist，2014，59（2）：254-269.

[50] 林辰芳，杜雁，岳隽，等. 多元主体协同合作的城市更新机制研究——以深圳为例 [J]. 城市规划学刊，2019（6）：56-62.DOI：10.16361/j.upf.201906007.

[51] 缪春胜，李江，水浩然. 从大拆大建走向有机更新的规划探索——以《深圳市城中村（旧村）综合整治总体规划（2019—2025）》编制为例 [C]// 中国城市规划学会. 面向高质量发展的空间治理——2021 中国城市规划年会论文集（02 城市更新）. 北京：中国建筑工业出版社，2021：802-810. DOI：10.26914/c.cnkihy.2021.029630.

[52] 赵燕菁，宋涛. 城市更新的财务平衡分析——模式与实践 [J]. 城市规划，2021，45（9）：53-61.

[53] 司马晓，赵广英，李晨. 深圳社区规划治理体系的改善途径研究 [J]. 城市规划，2020，44（7）：91-101，109.

[54] 钟晓华. 纽约的韧性社区规划实践及若干讨论 [J]. 国际城市规划，2021，36（6）：32-39. DOI：10.19830/j.upi.2021.515.

[55] https：//www1.nyc.gov/site/planning/plans/resilient-neighborhoods.page.

[56] https：//www1.nyc.gov/site/planning/planning-level/community-info/community-planning.page.

[57] 杨慧祎. 城市更新规划在国土空间规划体系中的叠加与融入 [J]. 规划师，2021，37（8）：26-31.

[58] https：//www1.nyc.gov/site/planning/zoning/districts-tools/flood-text.page.

[59] 刘天媛，宋彦. 健康城市规划中的循证设计与多方合作——以纽约市《公共健康空间设计导则》的制定和实施为例 [J]. 规划师，2015，31（6）：27-33.

[60] 《上海市城市更新规划土地实施细则》. http：//www.shpt.gov.cn/guituju/zw-zcyj/20181123/355958.html.

[61] 陈韵，黄怡. 工业地区更新的环境风险及其控制机制——以上海为例 [J]. 上海城市规划，2020（4）：98-105.

[62] 丁国胜，黄叶琨，曾可晶. 健康影响评估及其在城市规划中的应用探讨——以旧金山市东部邻里社区为例 [J]. 国际城市规划，2019，34（3）：109-117.

[63] 王兰，凯瑟琳·罗斯. 健康城市规划与评估：兴起与趋势 [J]. 国际城市规划，2016，31（4）：1-3.

[64] https：//www1.nyc.gov/site/planning/plans/climate-resiliency/climate-resiliency.page.

[65] https：//www1.nyc.gov/site/planning/plans/climate-resiliency-faq.page.

[66] https：//www1.nyc.gov/site/planning/plans/places.page.

[67] 刘思思，徐磊青. 社区规划师推进下的社区更新及工作框架 [J]. 上海城市规划，2018（4）：28-36.

张 黄
勤 玫

黄玫，中国城市规划学会规划实施学术委员会委员，自然资源部国土空间规划局二级调研员

张勤，中国城市规划学会常务理事、学术工作委员会副主任委员、区域规划与城市经济学术委员会委员，杭州市规划和自然资源局副局长

城市体检评估服务"人民城市"导向的规划转型和空间治理

1 引言

2019 年 11 月，国家领导人在上海杨浦滨江公共空间考察时，指出"人民城市人民建，人民城市为人民。在城市建设中，一定要贯彻以人民为中心的发展思想，合理安排生产、生活、生态空间，努力扩大公共空间，让老百姓有休闲、健身、娱乐的地方，让城市成为老百姓宜业宜居的乐园"。"人民城市"是城市从规划到建设、管理贯穿全过程的理念，更是在规划的编制、审批、实施、监督的全生命周期都要秉持的理念。回溯到 2017 年 2 月，国家领导人在北京考察时，首次提出要对城市开展体检评估，这是将"规划评估"这个概念理论化、战略化的重要指示，意味评估这一在规划中承上启下的环节，开始发挥重要作用，不再是形式主义的走过场，也不再是规划的附庸，它对规划制定、修改等的重要性被重新赋予。规划作为对未来不确定性的确定性安排，本来就有一定概率的偏差，如果没有评估这一工具去测度、调校，也就失去了规划意义。同样，通过规划去赋能"人民城市"，更需要引入评估工具，量化评估人民的感受，使主观的幸福感转化为客观、可视、易懂的指标，也更容易转化为下一轮规划制定、实施的成果，作为空间治理工具实现"人民城市"的规划目标。

2 城市体检评估工作兴起的时代背景

在现代规划起源的西方，1950 年代起，规划评估思想伴随理性规划理论的盛行逐步建立并开始实践。同期，美国开始了公共政策的评估，1951 年美国学者

拉斯韦尔首次提出政策科学概念，政府在往后长期实践中认识到政策评估的重要性。1978 年联合国环境与发展大会"可持续发展（Sustainable Development）"理念第一次在国际社会被正式提出，基于对政府决策影响可持续发展的效率、影响社会公平正义的关注，人们更加意识到规划评估工具的重要性。西方各国都在不断实践规划评估，逐步建立起一套规划评估体系。苏建忠、杨成韫总结英国规划评估体系可供我国借鉴的地方主要包括：要形成规划评估的责任机制，要有统一详细的技术指导，明确各层级规划评估的管理主体，建立信息汇总、公开和成果使用机制 [1]。汪军、陈曦认为英国规划评估成功主要是因为其制度设计相对严密、技术支持较为周全 [2]。宋彦等考察发现西雅图的规划评估项目通过每隔 5 年对一些设定的指标（如空气质量、出行时间等）进行监测，帮助修正规划目标，改善人们的生活质量；发现芝加哥、华盛顿等地的规划评估过程还可以帮助促进不同利益团体间的沟通，淡化或解决这些利益团体之间的矛盾 [3]。当然，国外虽然规划评估监测工作开展得早，但由于制度不同，并非一定比国内做得好。王如昀比较了伦敦与北京的规划评估监测，发现伦敦更关注新建项目的指标，导致对开放空间等需要全面监测的指标非全口径，还存在诸如数据不闭合、发布有延时等情况 [4]。

现代规划在国内发展历经了多个阶段，从城市规划，到城乡规划、土地利用规划，再到国土空间规划，规划评估作为重要规划工具的认识也在实践中不断加深。《城市规划条例》《城市规划法》未出现对"规划评估"的法定要求，不过地方实践中开展了对规划实施的阶段性总结，比如早在 1960 年 4 月北京市规划局上报市委《北京市总体规划执行情况的报告》，这是目前已有资料中北京市第一次对总体规划实施情况进行比较全面的总结 [5]，可以算是规划评估的前身。《城乡规划法》首次将"规划评估"纳入法定程序，属于规划修改的重要程序环节 ❶。《土地管理法》要求开垦土地需进行"评估" ❷，但这里的"评估"并非对规划的评估，仅是对开垦行为的评估。

法规和规范性文件方面，城乡规划体系在城市总体规划和省域城镇体系规划两个层面对规划的实施评估内容进行了规定。2009 年《城市总体规划实施评估办

---

❶《城乡规划法》第四章"城乡规划的修改"第四十六条"省域城镇体系规划、城市总体规划、镇总体规划的组织编制机关，应当组织有关部门和专家定期对规划实施情况进行评估，并采取论证会、听证会或者其他方式征求公众意见。组织编制机关应当向本级人民代表大会常务委员会、镇人民代表大会和原审批机关提出评估报告并附具征求意见的情况"。

❷《土地管理法》第四十条"开垦未利用的土地，必须经过科学论证和评估，在土地利用总体规划划定的可开垦的区域内，经依法批准后进行。禁止毁坏森林、草原开垦耕地，禁止围湖造田和侵占江河滩地"。

法（试行）》第十二条对城市总体规划实施评估报告的内容进行了规定 ❶，《关于落实〈国务院办公厅关于印发城市总体规划修改工作规则的通知〉有关要求的通知》❷也强调要完善规划评估机制。2011 年《关于加强省域城镇体系规划实施评估工作的通知》规定省域城镇体系规划评估报告内容要求 ❸。可以看出这一时期的规划评估主要还是针对规划本身，以及规划的制度建设，是为了调整规划实施的基本保障措施。同时，由于关注的是规划本身，尤其是宏观层面的规划，城市总体规划和省域城镇体系规划，并没有关注到规划实施的结果，因此也很难反馈到实施性的控制性详细规划，更多是形式大过本质。

国家领导人 2017 年 2 月考察北京市城市规划建设工作时强调城市规划建设做得好不好，要用人民群众满意度来衡量，要求健全规划实时监测、定期评估、动态维护制度，建立城市体检评估机制。这是"城市体检评估"的第一次提出，并在《北京城市总体规划（2016 年—2035 年）》的实施中得以进一步细化，2035版总规批复后每年北京都对上一年的规划实施进行体检，体检报告报首都规划建设委员会审议，五年进行一次评估，2022 年是第一次"五年评估"。由于北京市总规是中央批复，首都规划建设委员会的组织架构也是中央政治局委员双牵头，因此北京的实践对于全国而言，是一种引领，代表着中央对城市体检评估工作方向的把握。

2018 年机构改革后，"多规合一"的国土空间规划体系建立，自然资源部在

---

❶ 主要包括：（一）城市发展方向和空间布局是否与规划一致；（二）规划阶段性目标的落实情况；（三）各项强制性内容的执行情况；（四）规划委员会制度、信息公开制度、公众参与制度等决策机制的建立和运行情况；（五）土地、交通、产业、环保、人口、财政、投资等相关政策对规划实施的影响；（六）依据城市总体规划的要求，制定各项专业规划、近期建设规划及控制性详细规划的情况；（七）相关的建议。城市人民政府可以根据城市总体规划实施的需要，提出其他评估内容。

❷ 四、完善规划实施评估机制，提高城市总体规划修改工作的系统性和科学性。要完善规划实施评估和动态维护工作机制，定期对城市总体规划实施情况进行总结、评估和反馈，有计划、积极主动地分析研究城市总体规划实施面临的新情况、新问题，总结规划实施的经验教训，提出修改完善的意见和建议，减少被动、盲目修改规划的现象，提高城市总体规划在实施过程中的动态适应能力，保持城市总体规划对城市发展建设的指导和统筹作用。

❸ 包括三方面：（一）省域城镇体系规划实施绩效和存在的主要问题。包括：规划批准以来，省、自治区人民政府和相关部门为深化、落实规划所做的主要工作及取得的成效；规划政策措施执行情况；规划在省级层面的统筹协调作用及在下层次规划中落实的情况；规划目标实现情况；规划实施中存在的主要问题；对规划实施情况的分项评价和总体评价等。（二）新时期实施省域城镇体系规划面临的新形势和新要求。包括：规划实施的内在机制和外部环境的变化情况，及其对实施省域城镇体系规划的影响；近年来城镇化发展的新特点和城镇化进程中的新情况、新问题，对改进省域城镇体系规划提出的新要求等。（三）下一步工作建议。包括：针对评估结果提出近期实施省域城镇体系规划的重点工作和政策建议；进一步健全规划实施机制、完善规划实施手段的措施；加强和改进省域城镇体系规划工作的思路等。

国土空间规划体系建立中率先建立了国土空间规划城市体检评估机制。2019 年印发《关于开展国土空间规划"一张图"建设和现状评估工作的通知》(自然资办发〔2019〕38 号），提出要开展市县国土空间开发保护现状评估工作，在北京实践的基础上从 6 个方面提出了 88 个指标；2021 年通过对全国 107 个现行国审城市的两年实践完善并印发行业标准《国土空间规划城市体检评估规程》TD/T 1063—2021（以下简称《评估规程》），设置了安全、创新、协调、绿色、开放、共享 6 个维度，122 项指标（含 33 项基本指标和 89 项推荐指标），部署所有省（自治区、直辖市）开展工作，通过系统上报评估报告；同时，部一级基于部级自有数据对 107 个现行国审城市开展体检评估，省级部署开展其他城市（含县）以及省一级的总体评估工作，在实践应用上已有了三年多的探索。

回顾城市体检评估在我国的发展，其源自于规划评估，发展于规划评估，从内涵、外延来说大于规划评估。规划评估的内涵主要聚焦于规划本身，城市体检评估不仅聚焦于规划本身，更多的是对整个城市规划建设的结果进行评估，其对象是城市。外延上，规划评估是针对规划修改，最早的法定要求见于《城乡规划法》，是规划修改的前置程序要求，对规划的实施进行评估，对规划修改的可行性进行评估；而城市体检评估，则一般分为"一年一体检，五年一评估"，从周期上看，定期的要求更为具体，每年的这次体检也更多的是对规划实施的年度计划进行一次评估，其导向的结果不一定是规划本身的修改调整，更多的是对城市规划建设的年度结果检验。也正因为上述内涵、外延上的变化，以及形式的规范化、周期性，类似于人每年度的健康体检，才得以发展更名为城市体检评估。

当然，由于目前城市体检评估的应用仍处于过渡期，概念与《城乡规划法》法定要求存在一定差别。在"多规合一"改革中，城市体检评估的概念、要求和程序仍未有立法进行固化。因此，回顾其历史发展过程，总结各地的实践经验，对其作用、地位进行理论化提炼，对于未来将要发布的《国土空间规划法》立法将城市体检评估法定化具有深刻的意义，对于探求规划本身之于城市发展、人民安居乐业的促进作用也具有长远的意义。

3　城市体检评估实践在促进空间治理改善民生方面发挥的作用

"人民城市"理念最核心的一点在于什么是人民所需、所追求的，怎样才能代表人民群众最广泛的利益。党的十九大报告已明确指出"中国特色社会主义进入新时代，我国社会主要矛盾已经转化为人民日益增长的美好生活需要和不平衡不充分的发展之间的矛盾"。在现阶段，物质空间的规划建设的主要矛盾，首先是涉及公共利益的相关问题是否能够满足人民群众的需要。

《评估规程》立足人民群众需求，设置了"共享"方面"宜业、宜居、宜乐、宜游"四类共 29 个指标，聚焦社区生活圈内工作、生活、休闲、娱乐方面需求的满足，对"安全""创新""协调""绿色""开放"等其他方面也均设置了相应指标。各地在《评估规程》的指导下除了常规动作，还根据当地情况因地制宜作了调整，开展了一些有地方特色的专项评估。以下从生态环境、历史文化保护、产业更新等方面简要概述各地的实践探索。

3.1 生态效益的转化有助于提升老百姓的幸福感

促进人与自然和谐共生是空间治理最重要的目标，生态效益从一定程度上来说是为人服务的，生态环境作为人居环境的重要载体，它的可持续决定了人居环境的可持续。因此从这个角度来说，生态效益的评估监测是空间治理回应"人民城市"理念的基本保障。

如，深圳在体检评估时聚焦生态空间监测评估，探索形成生态空间"基础调查——监测评估——决策支持"工作模式和技术体系，打造兼顾深度预控和温度关怀的城市生态空间体检"深圳范式"[6]。2005 年深圳颁布《深圳市基本生态控制线管理规定》（深圳市人民政府令第 145 号），在全国率先提出并划定基本生态控制线，全市总用地的 50% 被划入其中。十余年来，划定的基本生态控制线产生了如何的生态效益，亦是规划中人与自然环境和谐共处的评估。2016 年在此基础上进一步规范了生态方面的管理，印发《关于进一步规范基本生态控制线管理的实施意见》（深府〔2016〕13 号）。在 2019 年的体检评估中，深圳重点聚焦生态微观监测，对微观尺度下的典型区域的生态空间变化开展局部监测评估。在深圳这样的超大城市内，受人口规模大、人口密度高的影响，生态空间很容易受到挤占，即使未被完全挤占，也极易对生态空间内的生态系统造成破坏。人与自然和谐共处的难度远大于人口规模小、人口密度低的中小城市。但是，生态系统的可持续发展是绿色宜居城市的魅力所在，要经济效益还是生态效益可能是个问题，但是对于深圳，通过体检评估、人地互动，在探索多样化人类活动模式，降低对生态系统的干扰。体检评估中利用城市关注点（POI）、灯光遥感、交通刷卡、手机信令等新型数据，构建模型算法监测生态空间内人类活动强度，使深圳高密度建成环境下人类活动与生态空间互动紧密，又减少负面影响。评估实践为后续的政策制修订，特别是国土空间保护、治理修复以及深圳的生态控制线管理提供了依据。

3.2　延续历史文脉是满足人民群众精神文化生活需要

中央历来重视历史文化保护问题，多次指出，历史文化遗产承载着中华民族的基因和血脉，不仅属于我们这一代人，也属于子孙万代。《评估规程》在"安全"部分中专门设置了"文化安全"三个指标❶，重点关注历史文化保护的情况。不过指标设置上主要关注的还是数量上的保护，对质量上的保护由于难以量化，并没有涉足。地方在实践中，围绕这些方面进行了拓展。

如沈阳[6]，针对本体保护、活化利用和风貌塑造三个方面，从顶层设计到具体实践，构建了由资源评估体系、工作评估体系共同组成的体检框架。最有特色的是沈阳建立了保护利用的评估指标框架，历史文化遗存的价值不仅在保护，更在利用，是在保护前提下的利用，使历史文化遗产发挥作用，更好地满足人民群众精神文化生活需要，这也是中央近年来大力倡导的，僵化的保护不利于保护本身。沈阳的遗产保存利用评估指标体系包括区位条件、使用功能、建筑质量、景观环境和配套设施五大方面，尤其是建筑质量和景观环境更是对质量方面进行了重点关注，是从量变到质变的一次有益探索。

相较于沈阳，《杭州市历史保护类规划实施评估》是国内首次针对历史保护类规划体系的整体实施评估[7]，这项评估工作有针对性地研究了城市在历史文化保护工作系统中的政策机制保障，从评估视角出发系统审视保护工作运行和历史文化在可持续发展中的作用。

对于"人民城市"理念的落实，不仅包括物质文明也包括精神文明，人民群众的精神寄托往往是由物质世界的空间承载的。传统西方城市中的教堂、广场，中国乡村的祠堂、水塘，都构成了人们记忆的场所，寄托对先人、故去时光的思念。因此，场所的保留应当是系统性，而非孤立，应当是活生生，而非博物馆式的。专项评估中开始关注这一方向，是规划工作关注非物质方面的物质化显现。

3.3　产业更新推动社会高质量发展、人民高质量生活

城市作为社会经济活动最为集中的场域，最初即是因为生产而聚集，城市中生产与生活是不可分割的两面，因生产而聚集、因聚集而生活，所以"人民城市"理念不能不考虑经济效益的体现。我国现正处于经济转型发展阶段，从高速转向高质量，"内外"双循环的格局，都需要产业更新换代，淘汰落后产能、推动供给侧结构性改革，在更新前，评估工作也发挥了重要作用。

---

❶　包括 A-06 历史文化保护线面积、B-10 自然和文化遗产（处）、B-11 破坏历史文化遗存本体及其环境事件数量三个指标。

如昆山[8]，作为全国县域经济的领头羊，以制造业立市强市，它在将产业用地更新作为破解资源要素瓶颈、提升城市功能品质之初，率先构建了评估体系，以空间综合效率、运营效率等筛选地块，评估得分，划分更新类型，提出保留提升、整治更新、建议腾退等更新方式，进而推进产业更新，实现产城融合的新发展模式。打造多维需求模式，探索建设具备公交场站、商业配套、公共服务、租赁住房等多种功能的"工业邻里中心+"，促进职住平衡。这是经济效益与社会效益的双赢，是体检评估在聚焦产业更新的同时兼顾人民群众生活需求的成果。

又如闻名世界的商贸城市义乌[6]，在评估时更加注重商贸城市特征，侧重从"融入全球，开放型经济水平持续升级""要素统筹，刚性管控倒逼转型发展升级""创新驱动，多元商贸动力齐头并进""空间转型，建设品质与集约水平提升"四大维度，量化评估城市转型发展的变化和成效。具体评估重点包括对外贸易、贸易方式、开放体系、数字贸易、贸工联动、创新环境等方面，将经济指标与空间建设的相关指标联系起来。

3.4　社会满意度评价体现"人民城市人民建"

《评估规程》附录E提出了"规划实施社会满意度评价"，这是社会满意度评价在标准规范制订上的初步尝试，对规范社会满意度评价的方式、内容及应用等方面具有积极的作用。从各地的评估报告来看，普遍都按照《评估规程》的要求开展了满意度调查，也进行了图表分析，对城市体检评估以人民为中心的导向起到了积极意义。

但从分析的结果看，抽样调查很少做到全年龄段，这与调查的方式有很大关系。目前常用的调查方式不论社会满意度还是规划方案的公示征求意见，采取的都是网络方式，手机app、电脑网页端等，对于较少上网的群体，如老年人和儿童，显然无法做到覆盖。而且网络方式的传播采集评价也会受发起人朋友圈、官方网站固定对象的影响，有一定的职业偏差、区域偏差。由此产生的评价分析结论也必然会受到一定的影响。

因此，社会满意度评价的调查应该是一项很专业的调查工作，对于发起人而言，很难凭一己之力做到全覆盖或样本的代表性，那么借助专业调查团队的力量，如借鉴西方较为成熟的电脑辅助调查（CATI）等方式[9]，构建充分尊重民意的多渠道调查方法体系，也是开展这项工作时规划团队应提前谋划的内容。如，针对规划实施项目结果的服务对象，界定不同人口结构的抽样比例，包括年龄、性别、职业、地区等，可采取电话调查、居委会入户调查、责任规划师宣传调查等多种方式，收集样本信息，并通过多因素法构建分析模型，体现科学性。

4　城市体检评估的意义与发展趋势

4.1　城市体检评估的意义

4.1.1　城市的系统性决定了城市体检评估的系统性

城市是一个复杂的巨系统。恩格斯在《英国工人阶级状况》一书中将城市空间组织变化与资本主义的发展以及工人阶级的形成结合在一起；亨利·列斐伏尔的"空间政治学"认为，城市空间是生产关系的集中场域[10]。这些著名论断都指向一个事实，城市空间不是单纯的空间，它是各种关系的物质载体，因此，它所反映出来的也不是单纯、表面的物质空间关系，更是各种关系在物质空间上的表现。认识到这一点，有助于规划师在解决空间问题时，跳出物质空间关系本身，站在城市这个复杂的运行系统中，去审视规划所能发挥的作用。换句话说，解决规划问题不能靠规划本身，同样，城市体检评估的意义在于发现空间的系统性问题，分析提出规划能提出的系统性解决方案，剩下的部分可以通过更加综合的城市运营管理手段措施去解决。未来，城市体检评估的反馈机制将向精细化发展，分类处置成为厘清事权的关键。

4.1.2　城市体检评估是规划制定、实施、监督全周期中承上启下的重要一环

《中共中央 国务院关于建立国土空间规划体系并监督实施的若干意见》在"监督规划实施"一节明确"建立健全国土空间规划动态监测评估预警和实施监管机制"，要求"建立国土空间规划定期评估制度"，通过评估"对国土空间规划进行动态调整完善"。这是从中央文件层面确定城市体检评估作为规划监督的重要组成部分。城市体检评估之所以成为"多规合一"的国土空间规划体系建立初期"监督"阶段最先推动的工作，并成为国土空间规划标准体系中第一批获批的行业标准，一是因为城市体检评估在理论上有研究基础，在国内外亦均有实践基础，二是城市体检评估在行政上已经被赋予了重要地位，法律层面有法定的"规划评估"作为其发展前身。

因此，城市体检评估是规划制定、实施、监督全周期中承上启下的重要一环，是对过去现状的总结，也是规划制定前基础研究的重要组成部分，更是未来发展方向预估的基础。国土空间规划作为公共政策，规划实施将对城市空间乃至社会生产生活产生重大影响。因此，规划制定的前评估意义必须重视，不仅是宏观层面的总体规划，还包括实施性强的详细规划，都直接影响百姓生产生活。这就要求规划制定前的基础研究既宏观全面又聚焦所需，致广大而尽精微。城市体检评估工作在其中承担了对现状的全面评估任务，也要遵循以上原则，站在区域看城市，站在城市看区块，并专注人民群众所需，在空间资源的开发利用上努力实现"人民城市"的理念，发挥空间治理工具的重要作用。

4.1.3　城市体检评估不仅是对规划本身也是对规划实施效果的重要监督方式

城市体检评估是对规划本身是否适应发展、对规划实施是否按照规划制定的监督、评估，其实包括了两个方面，即一方面检验规划本体实质，另一方面检验规划实施的程序、时序。因此，尽管现阶段城市体检评估的对象明确是国土空间总体规划，但仍需一分为二地去分解工作任务。规划本体实质的评估体现在规划实施后的现状，是不是改善了民生、以人民为中心，使城市更加宜业宜居宜乐宜游。规划实施的程序、时序的评估体现在规划制定的合理性、规划实施的安排进度等，是不是急人民之所急，而非面子工程的展示，在空间治理时把人民的需要放在最重要、最靠前的位置。

4.1.4　城市体检评估助力规划转型成为空间治理的重要手段

政府职能转变从管理转向治理，治理和管理一字之差，体现的是系统治理、依法治理、源头治理、综合施策 ❶。管理突出管理主体的权威性、强制性，自上而下；治理则强调治理各方的参与性、协调性，平行作用 [12]。"多规合一"规划改革历程也同样经历从管理到治理的转型发展，在这一过程中，城市体检评估充当了重要角色，用量化的手段跟踪规划实施的效果，用调查的方式获取人民群众之所需，之所急。治理的多方参与在城市体检评估得到应用，通过城市体检评估使空间治理的目标导向更加明晰，也更了解"人民城市"在现实中的具体映射，能够充分发挥规划作用。

如，新加坡在 1970 至 1980 年代为决策是否建设地铁 [11]，经历了长达十年的评估，政府主导、专家论证、公众参与，最终达成了共识，在新加坡全岛建设了以地铁为骨干的高质量公共交通网络，实现了经济效益和社会效益的共赢，奠定了新加坡城市发展的基本框架，服务了新加坡全民。评估在此起到了助力空间治理的重要作用，通过评估，把经济账、社会账算明白，通过开展电视大辩论引导公众关注了解、并参与到其中，这对最终共识的达成起到了关键性作用。

4.2　基于实践和国情改进因素的思考

4.2.1　对作用的认识应更深入

认清城市体检评估的本质才能发挥其作为空间治理工具的作用。从实践来看，城市体检评估仍具一定局限性，有些是由体检评估这一规划工具本身的定位造成的，有些是由规划系统性构建造成的，还有些是由技术方法造成的。正确认识城市体检评估的工具属性，"知道自己不知道"，是跳出城市体检评估这种单一规划

---

❶ 《习近平总书记创新社会治理的新理念新思想》。

工具本身，发挥"规划赋能人民城市"最大效用的前提。

城市体检评估是规划监督的一种重要手段，由于监督本身的定位是监督规划编制、审批、实施各环节的程序性问题，以及监督规划实施的效果问题，因此它的定位是基于已有成果的查缺补漏、提高完善和规范上，而非新建重构。通过城市体检评估发现并提出新的需求，对于现阶段的城市体检评估而言，在制度上有一定的先天缺陷。因此，清晰定位城市体检评估工具，不扩大其作用，在有限范围内提升其作用，是当前阶段工作的重点。

4.2.2　事权体系应更健全

国土空间规划城市体检评估的对象是城市及其组织编制的国土空间规划，因此其中需要考虑的首要问题，就是"谁来评估，为谁评估，评估成果为谁所用"。现行的法律《土地管理法》《城乡规划法》赋予各级政府编制、审批、实施、监督空间规划的权力和责任，即定义了国土空间规划权的内涵，限定引导使用权人开发利用国土空间资源的权力[12]。城市体检评估作为国土空间规划监督环节的重要工具、手段，自然体现了地方政府行使国土空间规划权的各种考量，还体现上级政府对下级政府监督时行使国土空间规划权的各种导向。而中央政府提出的"人民城市"理念，赋予了城市最高的服务目标，即人民，既然人民是城市发展终极服务对象，那么人民的意志是不是应该在规划各环节中予以体现？也因此可以看出城市体检评估既不是中央政府的完全事权，也不是地方政府的完全事权。如果城市体检评估只体现其中一方的事权，就无法完全地发挥其作用，体现"人民城市"理念赋予的意义（图 1）。

对于城市（空间）而言，在开展城市体检评估时需要分清事权，厘清哪些是当地政府应做的评估，哪些是上级政府履行监督职责时应做的评估。不仅如此，对于"人民城市"理念的实现，人民的需求也是重要的评估导向。对于过渡期的城市体检评估实践，《评估规程》明确的是城市体检评估由当地政府组织，自然资

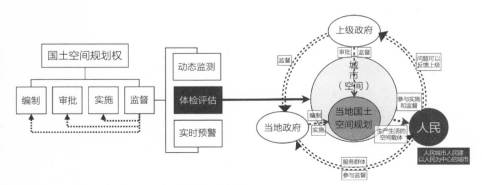

图 1　"人民城市"体检评估关系图

源主管部门具体实施，可采取自评估和第三方评估方式。对于上级部门的评估没有明确开展的程序要求，但强调了评估成果的应用。这导致在实践中具有一定的局限性，即用选手提交的答卷作为下一步考核选手的依据，因此，实际上，自然资源部在开展 2019、2020 年度的城市体检评估工作时，还根据部级掌握的数据对重点城市开展了评估，一定程度上解决了自评估的局限性。

对于未来的城市体检评估而言，事权划分将越来越影响工作开展的科学性、客观性及目标性。厘清每个层级、每种类型的城市体检评估的主体、客体以及工具，充分发挥规划工具主要手段和辅助手段的作用，借助一些专业机构的专业化的分析研究，为目标导向的决策奠定坚实的数据基础。

4.2.3 为民服务导向应更清晰

"人民城市"目标导向下城市体检评估指标值与市民期望值存在一定的差异。目前《评估规程》指标体系包括了直接与民生相关的指标，但是相关数据的获取有赖于统计数据、部门数据以及大数据等相对客观的来源，计算所得的指标数值如何反映与市民期望值的匹配度，还没有相关的研究实践。这就有如天气预报中播报实际温度与体感温度的区别一样，体感温度不仅取决于客观的实际温度，还取决于风速、湿度等其他影响体感的要素。同样，评估指标值要真正反映市民的需求、达成市民的期望，还不能仅仅开展实际物质空间上的量化测度，还要开展一些主观的体现心理感受度的调查。这是精细化空间治理的前提，更是"人民城市"理念贯穿规划全过程的必需。通过加入心理感受度的调查评价，使物质空间的量化测度更接近真实需求，而不仅是指标上的达成。

4.3 城市体检评估发展趋势将更专业化、体系化

评估成果通常包括总体结论、规划实施成效、存在问题及原因分析、对策建议等，最终的落脚点在直接的规划对策建议上。规划对策建议的系统性决定了其可行性和落地性。正如人体的体检一样，实验室指标的异常并不能直接得出病症的判定，也不能直接开出对症处方。由于城市也像人体一样，系统内的相互关联也许不会直接表现出来，但达到某个阈值就会发生质的变化。

提出规划对策建议时需要系统考虑、统筹解决，将指标表现的异常情况翻译成规划的空间语言，并嵌入规划，系统寻找最佳解决方案。如，经评估每千人医疗卫生机构床位数不足、市区级医院 2 千米覆盖率低，指标异常得出的直接结论是需要增加医院、需要增加床位。那么，增加哪类、哪级、多少床位的医院，是综合医院还是专科医院，与医疗系统的发展规划如何衔接，邻避效应的考虑，交通系统的组织，空间形态的协调。后面这些考虑要素可能还远未能解决这一指标

异常。甚至，尽管上述两个指标也是正常的，但是人民群众仍然体感看病难、看病不方便。该例子其实很常见。人民城市建设过程中的方方面面，都远不是单线程、单向性问题。识别物质空间层面能解决的问题，从评估指标出发，构建科学的算法模型，细化分析对象的需求，找到背后的规划实施原因，这是规划评估环节能做到的第一步。第二步考虑到规划制定的链接路径，将评估结论翻译为空间语言，是规划从制定到实施的关键。

伴随着规划转型，从空间管理到空间治理，城市体检评估制度也在实践中不断深化完善，从单项维度的为规划而评估，到多项维度的为实施成果而评估，再到专注某一领域的专项评估，形成全方位的体系型城市体检评估模式，以人民为中心的终极目标在"人民城市"规划建设理念中越来越显化。从经济效益、生态效益、社会效益，再到综合效益的整体平衡，从忽略个体到针对性地重视不同群体，城市体检评估在民生改善问题的反馈机制中也起到了目标导向作用。专业化、体系化的城市体检评估体系的不断健全完善，对于针对不同类型问题的解决，具有积极意义。

5　城市体检评估更好地反映民意、体现民意、落实民意

5.1　把握好数字时代下数字技术对城市体检评估的支撑作用

5.1.1　发挥国土空间规划"一张图"信息系统在空间治理的技术支撑作用

统一底图、统一标准、统一规划、统一平台的"四统一"[13]，是落实新时代"多规合一"国土空间规划的基本原则和基本保障。在统一平台"国土空间基础信息平台"之上建立统一的国土空间规划"一张图"信息系统[14]，在"一张图"系统中利用地理空间调查信息、空间权属信息、规划图层信息、审批许可信息，甚至辅助引入的大数据等信息，支撑开展体检评估工作，是规划适应数字时代最基本、也应最先开展的工作环节。

数字时代的城市体检评估工作同样被赋予数字化特性，构建了可量化、可测度的指标体系，评估结论也具有可视化、可比较的特征。"人民城市"理念下的城市体检评估指标体系能否真实体现民意，不仅依赖于各类数据的权威和全面、感知信息的及时性，还依赖于人民群众的参与度、获取民意样本的代表性和覆盖率，而这些都离不开数字底盘，也就是信息平台、"一张图"信息系统的全面支撑。

国土空间规划"一张图"信息系统是覆盖全域、动态更新、权威统一的规划资源体系，各类社会、人口、经济、产业、建筑、开敞空间、基础设施、公

共服务设施等信息经三维立体的空间化处理、分析，落到精准的国土调查底图上，叠加各级各类法定的规划成果数据，再积累自然资源和规划全周期流程的管理信息，已具备全面、权威、强大的数据池，发挥这些数据的作用，利用"一张图"信息系统开展城市体检评估，也是"一张图"信息系统基本功能的应有之义。

民意信息的收集，前提是规划的公开公示，是民众对规划的了解，依托"一张图"信息系统公众版是扩大民众知情权、加强参与权和监督权的有效手段。虽然具有一定的局限性，但通过信息系统的不断完善、载体的不断扩展，以及手段、渠道的逐步全面覆盖，"一张图"信息系统必将为城市体检评估提供更为全面的支撑，城市体检评估也必将带动"一张图"信息系统为国土空间规划全生命周期管理发挥更大的作用。

5.1.2 "大"数据如何包罗住市民个体的"小"需求

人民是个抽象的词，是由一个个具象的人构成。虽然空间具有政治属性，但在"人民城市"的基本要义中，城市空间是要服务每一个生活在其中的人，因此每个人的背景、需求都很重要，都应该被关注到。大数据时代下，个体信息和需求有很大可能被"平均"或"稀释"。因此，城市体检评估作为规划监督的重要手段，调查民意时，在对待宏观问题时需要考虑抽样信息的全面性，对待区块的微观问题时需要考虑抽样信息的针对性。

如，针对老龄人的适老化专项体检评估，就不能仅仅在网络上、手机上开展调查评价，老龄人本身就不是很适应网络、手机等数字时代的产品应用，数字鸿沟对于部分老龄人可能是不可逾越的，如果评估仍仅以这种形式开展，就失去了针对性，失去了调查意义。

又如，目前宜居方面的体检评估指标，也即 15 分钟社区生活圈内各种公共服务设施的覆盖率，基本是引入物质空间数据和兴趣点大数据等，并没有导入该社区居住人的背景调查、需求调查进行匹配，可能会出现该社区确实幼托机构覆盖率不足，但实际社区居住人老龄化程度很高，一些民办的社会托幼机构已自主转型为托老机构，如果不去实地调查，很难在城市体检评估的大数据中识别出这类小需求，反而是针对性更强的企业市场调查数据满足了这一点。

如何使抽样的信息收集更具全面性和针对性，是调查方式需要考虑的问题。分析、转化大数据，客观的数据要叠加主观的民意调查分析，设计好调查问卷、调查方式，关注对象个体的特殊性，或在一定区块内的普遍性，才能做到利用"大"数据包罗住人民"小"需求，真正的规划赋能"人民城市"。

5.2　打通城市体检评估向规划制定、实施的转化路径

城市体检评估要摆脱形式化、程式化、附件化，在国土空间规划全周期管理中发挥更大的作用，最重要的关键点是做实城市体检评估成果向规划制定、实施的转化，这也是规划赋能"人民城市"的基本要义。规划是空间治理的工具，实现的手段是规划实施，保障实施效用的措施是城市体检评估。

5.2.1　注重服务对象是城市体检评估成果应用体现"人民城市"的重要准则

《评估规程》在评估成果应用方面进行了规定，一方面由上级部门将其与管理业务挂钩，如审批、督察、考核等，另一方面由本级政府应用于规划编制、调整和城市综合事项决策等，以及公开后保障老百姓对规划实施的知情权、参与权与监督权。应用方面涉及了三大主体，较为全面，不过从规定的侧重点，也可以看出评估成果更多应用在规划本身及相对应的政府内部事务上，老百姓对于评估成果应用的参与度并不高。知情权、参与权与监督权都是处于从属地位的权利，本身并不能产生主导影响与反馈。这也是规划发展至现阶段，规划实施与规划评估之间、规划评估与规划目标之间，民意体现度的局限性。

如何利用规划赋能"人民城市"，在规划中更多地融入民意，在"规划评估—规划目标—规划制定—规划实施"的双向循环路径中（图2），"评估如何做""评估成果如何用"起到了关键性作用。其中，"评估成果如何用"在现阶段仍具有一定的局限性，评估出来的短板问题、缺项问题，不能仅仅依靠规划部门的规划去解决，还需要政府通过系统性的决策调整去解决。虽然单一的规划工具是发现空间问题的重要手段，但对于解决问题而言仍具有局限性，解决问题需要综合施策，这也是空间治理的基本要求。

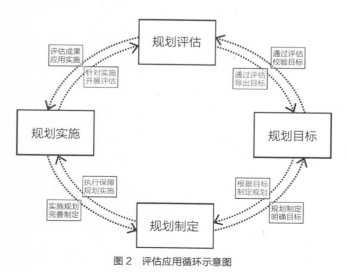

图2　评估应用循环示意图

5.2.2 统筹城市规划建设管理，明确城市体检评估发现问题的分类处置原则

城市体检评估成果的应用，不仅是国土空间规划编制的基础，也是对现行规划的实施监测。通过城市体检评估去检验上一轮规划、建设、管理等前序环节是否有未完成、未到位、效果不佳等问题，以调整新一轮规划、建设、管理等后续环节的开展。还需要明确城市体检评估发现问题的分类处置原则，并非所有问题都能够在规划环节得以解决。

（1）规划问题。"人民城市"是以人民为中心，民生改善类别的评估在其中占到很大比例，有针对性地去开展城市体检评估，得出的结论成果，需要反馈到不同类型、层级的规划去解决。大范围、大区域的结构性调整需要在总体规划中完善，小范围、小片区的补足改善类调整需要在详细规划中实施，而急需、迫切的问题还应当考虑尽快列入近期规划的建设时序中。

（2）建设问题。规划层面并不能解决诸如建设标准规范导致的落地难问题，特别是老城区、城市更新项目等，很多无法用新建的建设标准规范去套用，这种情况就要依靠建设层面去解决，或提高技术手段、增加防护或其他方式。另外，如有安全隐患或超期服役导致运行能力下降的基础设施，那么就应当聚焦在反馈—实施机制上，由相关建设主管部门制定维修更新计划，新建补足老城区的基础设施。

（3）管理问题。除以上两者以外，还有一种情况是管理上的问题，比如极端气候条件下灾害的预警，就不能依靠不断提高规划建设标准去抵御防范风险，成本过高不具有可操作性，可以依靠预警等级管理预案去解决，所有类似防灾的规划建设除了要考虑本应的安全风险要素，还有就是与建设成本、运行成本之间的平衡。因此，城市体检评估反馈的不足在规划、建设层面问题之外，还有第三条路径就是管理问题，通过优化风险预警和部门联动的预案来解决。

5.2.3 推进城市体检评估成果与详细规划、近期规划动态调整的维护机制

《评估规程》明确城市体检评估的对象是国土空间总体规划，这点作为体检评估的试水者、开拓者的北京也是这样确定对象的。但从城市体检评估指标体系来看，特别是在年度体检时发现的问题，更多时候是需要反馈到详细规划或近期规划、年度计划去动态调整维护的。

国土空间总体规划的编制周期较长，解决的是城市空间结构、安全底线等宏观问题，由上级政府甚至国务院审批，有规划期限。详细规划是面向实施的规划，细化落实总体规划的底线要求，是规划实施的法定依据，由本级政府审批，没有规划期限。从两类规划的相互关联看，城市体检评估指标体系虽然针对总体规划，但并非需要都从总体规划去解决，更多时候只要局部的调整、优化，就可以达到

"四两拨千斤"的效果，解决大问题。因此，通过规划修编、调整等方式，通常优先考虑在详规层级去解决，或从近期规划时序去考虑，动态维护解决。

对于"人民城市"最直接的民生改善问题的解决，更需注重规划建设时序。什么是当下急需的，以及规划虽然已制定但由于各种原因未能实施，在实施前的这段时间如何使用规划工具，通过规划实施提高生态效益、社会效益、经济效益，以实现综合效益现阶段的最大化，实现高质量发展，规划赋能"人民城市"。

参考文献

[1] 苏建忠，杨成韫.英国和加拿大规划监测评估的最新进展及启示 [J]. 国际城市规划，2015，30（5）：52-56.

[2] 汪军，陈曦.英国规划评估体系研究及其对我国的借鉴意义 [J]. 国际城市规划，2019，34（4）：86-91.

[3] 宋彦，江志勇，杨晓春，等.北美城市规划评估实践经验及启示 [J]. 规划师，2010，26（3）：5-9.

[4] 王如昀.伦敦与北京城市体检评估机制比较 [J]. 北京规划建设，2020（6）：180-182.

[5] 张子玉.从规划实施阶段性总结到城市体检——新中国成立以来北京城市总体规划实施评估工作回顾 [J]. 北京规划建设，2021（4）：199-201.

[6] 自然资源部国土空间规划局.国土空间规划城市体检评估案例选编 [M]. 北京：中国地图出版社，2022：149-156，278-288，379-391.

[7] 汤芳菲.推进实施评估，健全历史文化名城全周期保护管理体系——浅谈广州和杭州的前沿探索 [Z/OL]. 名城保护动态.（2021-11-26）.

[8] 昆山自然资源和规划局.昆山：以产业更新优化空间格局 赋能城市高质量发展 [Z/OL]. 中国国土空间规划.（2022-01-24）.

[9] 林竹.西方民意调查的发展及其对中国的借鉴 [J]. 社科纵横，2007（5）：42-43.

[10] 亨利·勒菲弗.空间与政治 [M]. 李春，译.上海：上海人民出版社，2008.

[11] 全国干部培训教材编审指导委员会.城乡规划与管理（科学发展主题案例）[M]. 北京：人民出版社，2011.

[12] 黄玫.基于治理和博弈视角的国土空间规划权作用形成机制研究 [M]. 北京：中国建筑工业出版社，2021：22，35.

[13] 中共中央办公厅，国务院办公厅.关于在国土空间规划中统筹划定落实三条控制线的指导意见 [Z]. 北京：中共中央办公厅，国务院办公厅，2019.

[14] 国家市场监督管理总局，国家标准化管理委员会.国土空间规划"一张图"实施监督信息系统技术规范（GB/T 39972-2021）[S]. 北京：国家市场监督管理总局，国家标准化管理委员会，2021.

周建军，中国城市规划学会学术工作委员会委员，浙江舟山群岛新区总规划师

陈鸿，中国生态城市研究院技术创新所所长，正高级工程师

田乃鲁，舟山市自然资源和规划局普陀山分局副局长

田乃鲁　陈鸿　周建军

舟山群岛新区"五个城市"体检评估探索
——基于对标新加坡海上花园城市的国际视角

1　引言

　　党的十八大以来，党中央将生态文明建设纳入中国特色社会主义"五位一体"总体布局和"四个全面"战略布局，提出了一系列新思想、新理念、新战略。从19世纪60年代开始，新加坡把建设"花园城市"作为基本国策，并在之后的几十年中，围绕花园城市做了精心科学的规划和长年不懈的努力，取得了举世瞩目的成效，对指导其他花园城市建设具有重要借鉴意义[1-3]。

　　国外很多国家已经建立了完善的规划实施评估机制，具有丰富的规划评估实践经验；而中国规划实施评估机制起步较晚[2-8]，城市体检成为规划评估的新模式，且当前研究主要集中在工作组织、指标数据、分析领域与方法、数据平台等方面。过去几十年，我国城乡规划缺少实施评估机制，部分城市规划设施效果欠佳，城市建设存在私搭乱建、城市空间无序开发、交通拥堵严重、环境污染等问题。2011年，深圳市城市发展报告首次提出"城市体检"概念；2015年，中央城市工作会议提出"建立常态化的城市体检评估机制"的要求；2017年9月，北京城市总体规划公示内容中明确提出建立"一年一体检、五年一评估"的城市体检评估机制；2019年自然资源部发布了《关于开展国土空间规划"一张图"建设和现状评估工作的通知》，部署各地开展国土空间规划体检评估工作。同时，住房和城乡建设部连续三年开展了"城市体检"试点城市工作[5-13]。无论政府还是学者均已开展城市体检的研究和实践工作，但国际视角的比较研究很少[6, 8-16]。卢明华等人通过对国内研究工作进行梳理认为当前研究城市体检聚焦在整体研究，缺少对城市定位部分体检评估的专门研究，并通过国际比较视角对2020年北京"四个

中心"进行体检研究，为北京市未来"四个中心"提供了方向[4]。

　　舟山独特资源禀赋享誉国内外，被誉为"千岛之城"，与新加坡具有相似的地理环境与气候条件。本文将基于新加坡丰富的花园城市建设经验，对舟山"五大领域"建设进行体检评估，分析取得的成效与存在的不足，并对"十四五"规划期间舟山"五个城市"建设提出方向和建议，更好地指导海上花园城市建设。

2　新加坡规划评估实践

2.1　新加坡规划体系

　　新加坡分工体制权责明晰，城市规划编制由市区重建局 URA 负责，通过战略性的概念规划（Concept Plan）和实施性的总体规划（Master Plan）形成二级规划体系，进而推进土地售卖及发展管制等，反映和落实各部门的用地需求。总体规划得到特殊和详细控制规划（SDCP）的支持[8]。

　　详细控制规划是开发控制计划，包括公园和水体、公共空间、有地住宅区、街道街区、围护结构控制、建筑高度和城市设计、保护区、受保护的建筑物和纪念碑、连通性和地下计划，由主管当局发布。与总体规划不同，详细控制规划是非法定规划。它们为特定的开发领域提供指导方针和控制。

2.1.1　概念规划

　　概念规划具有综合性和长期策略性，规划期限为 30—50 年，每十年回顾及修编一次。从战略层面对新加坡空间发展的总体部署，是指导土地利用和公共建设的纲领。强调以人为本和可持续发展的理念，紧紧围绕衣、食、住、行、乐等民生问题而展开。概念规划主要包括制定城市长远发展的目标和原则，明确总体城市结构、空间布局和基础设施体系等宏观内容；从宏观和战略角度看待土地用途，平衡不同的土地需求；协调和指导公共建设，确定重大的公共开发计划，并为实施性规划提供依据。到目前，共形成了 1971 版、1991 版、2001 版、2013 版四版概念规划。

2.1.2　总体规划

　　总体规划（MP）是法定土地使用规划，指导新加坡未来 10—15 年的中期发展；每五年审查一次，将概念计划的广泛长期战略转化为指导土地和财产发展的详细计划。总体规划显示了新加坡可允许的土地用途和密度。

2.2　新加坡规划评估与修编

　　概念规划每 10 年进行一次审查，以确保它们继续与服务当代和后代新加坡人的需求和愿望相关。这包括考虑不断变化的趋势和不断变化的全球环境。在最新的长期规划检讨中，市区重建局将根据长期出现的趋势和可能性制定土地使用规划和策略。其目的是为新加坡的未来做好准备，确保子孙后代拥有满足未来土地使用需求的选择和灵活性，并将新加坡塑造成一个更加可持续和宜居的城市。回顾评估工作由国家发展部领导下的概念图工作委员会负责协调，40多个政府部门分别对各领域提出研究报告。在此基础上，由URA领衔，与多个政府机构合作进行统一汇总修订编制。

总体规划修订：总体规划（MP）每五年审查一次，将概念规划的广泛长期战略转化为详细规划，以指导土地和财产的发展。新的总体规划会不定时修改，对总体规划的修订源于不符合2019年总体规划中的土地用途或强度的开发建议、总体规划中的保护区指定以及总体规划书面声明中的更改或补充。根据1999年规划（总体规划）规则，此类提案必须公开以供公众检查和评论。如果没有公众反对并且提案获得批准，则它们将纳入总体规划的修正案。

控制规划修订：市区重建局URA在处理开发应用程序时使用这些指南和控制。这些计划会在主管当局认为合适或必要时不时进行修订。

3　舟山"五个城市"建设体检评估框架

3.1　指标选择框架与内容

基于"绿色城市、共享城市、开放城市、和善城市、智慧城市"五个领域，分别从生态本底、环保机制、和谐宜居、城乡融合、韧性健康、绿色生产、开放国际、历史传承、人文交往、设施友好、经济高质、智慧人才、智慧技术13个二级目标出发，形成指标评价体系构建的基本框架。通过以2018—2019年舟山海上花园城市前期研究指标、新加坡2030年可持续发展指标体系，借鉴天津中新生态城城市指标体系1.0版，对接国土空间规划城市体检指标，整体形成29个基本、20个推荐指标的舟山海上花园城市建设指标体系。

"绿色生态"领域：突出城市在海洋生态保护和城市环保实践方面的竞争力塑造，由"优越的自然生态本底、先进的环保管理机制"6个基本指标、4个推荐指标组成。

"社会共享"领域：突出城市在理想宜居生活环境、社会和谐发展和高品质共享设施体系方面的竞争力塑造，由"和谐宜居、城乡融合、韧性健康"10个基本指标、5个推荐指标组成。

"经济高效"领域：围绕舟山国家新区的核心使命，对接新一轮"十四五"发展规划要求，突出城市在全球海洋中心城市分工体系中的核心竞争力，由"绿色生产、经济高质、开放国际"7 个基本指标、5 个推荐指标组成。

"文化品质"领域：突出城市在海洋文化底蕴和地域人文魅力方面的竞争力塑造，由"历史传承、人文交往、设施友好"3 个基本指标、4 个推荐指标组成。

"智慧科技"领域：围绕国家重要海洋科技创新试验区、海洋科技产业化孵化基地的历史使命，突出城市在内生动力塑造方面的竞争力，由"智慧人才、智慧科技"3 个基本指标、2 个推荐指标组成（图 1）。

3.2　指标选择思路与过程

3.2.1　指标选择思路

以我国新时代的新思想、新理念、新战略为统领，以"建设海洋经济高质量发展示范区、建设长三角海洋科技创新中心、建设长三角对外开放新高地、建设美丽中国海岛样板、建设品质高端独具韵味的海上花园城市"为愿景，以提升舟山国家新区的国际竞争力为宗旨，以"生态、共享、开放、文化、科技"的海上花园城为理念，以客观指标统计与主观评价调查为手段，构建国际水准、中国经验、舟山特色的海上花园城建设指标体系，力求将"海上花园城"理念转化为共建共享海上花园城的实际行动，将建设"海上花园城"的长远目标转化为现实任务，让经济社会发展又好又快，让人民群众生活越过越好。

舟山海上花园城市指标体系是以 2018—2019 年舟山海上花园城市前期研究指标为基础，借鉴新加坡 2030 年可持续发展指标体系、天津中新生态城城市指标体系 1.0 版，分析"十四五"规划工作热点和方向，对接舟山国土空间城市体检指标，调查舟山市相关行政主管部门实际工作诉求，构建面向舟山花园城市 2021—2025 年建设的 31 个基本指标 +20 个推荐指标的体系框架（图 2）。

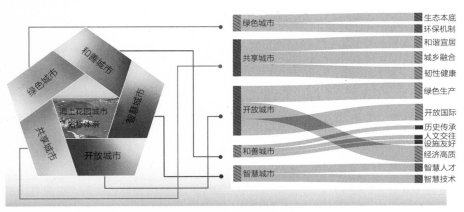

图 1　海上花园城市指标体系框架思路

图2　海上花园城市指标体系框架思路

3.2.2　指标选择过程

（1）绿色城市

为了推进舟山生态资源保护与修复，提高公共绿色空间的开放度，绿色城市维度指标将前期研究指标中街道清洁度、生态环境质量公众满意度、道路林荫率等指标删除；增补了公园绿地及广场用地步行 5 分钟覆盖率（A11）、骨干绿道长度（B1）、单位 GDP 二氧化碳排放降低比例（A8）（表 1）。

国内外绿色城市指标对比分析　　　　　　　　　表 1

舟山海上花园城市前期研究指标体系			舟山空间规划体检指标				
目标	序号	具体指标	一级	二级	编号	指标项	指标类别
生态和谐的绿色城市	1	城市蓝绿空间占比（%）	绿色	生态			
	2	全年空气质量优良天数占比（%）			A–21	森林覆盖率（%）	基本
	3	城市森林覆盖率（%）		保护	B–29	森林蓄积量（亿立方米）	推荐
	4	近岸海域水质优良比例（%）			B–30	林地保有量（公顷）	推荐
	5	海岛永久自然生态岸线占比（%）			B–31	基本草原面积(平方千米)	推荐
	8	新建建筑中绿色建筑占比（%）		绿色			
	9	建成区海绵城市达标覆盖率（%）			A–25	城镇生活垃圾回收利用率（%）	基本
	10	生态空间修复率（%）		生活	A–26	农村生活垃圾处理率（%）	基本
	11	生活垃圾回收利用率（%）			B–39	原生垃圾填埋率（%）	推荐▲
	12	再生水利用率（%）			B–40	绿色交通出行比例（%）	推荐▲
	13	街道清洁度（%）			B–41	装配式建筑比例（%）	推荐
	14	生态环境质量公众满意度（分）					

续表

新加坡可持续发展指标体系			天津中新生态城指标体系				
目标层级	指标名称		指标层	序号	二级指标	单位	
绿色和蓝色空间	绿地：公园和公园连接区域对娱乐活动开放	空间公园的数量（个）	生态环境良好	自然环境良好	1	区内环境空气质量	天数
		公园连接区域的长度（米）			2	区内地表水环境质量	
	蓝色空间水体和水道对娱乐活动开放	水体量（立方米）			3	水喉水达标率	%
					4	功能区噪声达标率	%
		河道长度（米）			5	单位 GDP 碳排放强度	吨 -CO₂/百万美元
					6	自然湿地净损失	
	自然绿道的长度（米）			人工环境协调	7	绿色建筑比例	%
	离公园步行 10 分钟以内的住户比例（%）				8	本地植物指数	
					9	人均公共绿地	平方米/人

（2）共享城市

为了提高舟山城市基础设施功能服务体系和城乡融合发展能力，本次将前期指标中国际知名商业品牌指数、建设活力品质街道密度、万人拥有城市公园指数删除；增补了步行 15 分钟通山达海的居住小区占比（A9）、存量土地供应比例（A15）、人均公园绿地面积（B5）、消防救援 5 分钟可达覆盖率（A16）等指标（表2）。

国内外共享城市领域指标对比分析　　　　表2

舟山海上花园城市前期研究指标体系			舟山空间规划体检指标			
目标	序号	具体指标	二级	编号	指标项	指标类别
以人民为中心的共享城市	15	城市"天眼"设施覆盖密度（个/平方千米）	宜居	A-27	城区道路网密度（千米/平方千米）	基本
	16	人均应急避难场所面积（平方米/人）		B-54	森林步行 15 分钟覆盖率（%）	推荐
	17	食品安全检测抽检合格率 100% 的农贸市场占比（%）		A-28	公园绿地、广场用地步行 5 分钟覆盖率（%）	基本
				A-29	社区卫生服务设施步行 15 分钟覆盖率（%）	基本
	18	危险化工类设施占比(%)		A-30	社区小学步行 10 分钟覆盖率（%）	基本
	19	15 分钟社区生活圈覆盖率（%）		A-31	社区中学步行 15 分钟覆盖率（%）	基本
	20	居民工作平均单向通勤时间（分钟）		A-32	社区体育设施步行 15 分钟覆盖率（%）	基本
	21	城市保障房占本市住宅总量比例（%）		B-55	足球场地设施步行 15 分钟覆盖率（%）	推荐
	22	非工业区支路网密度（千米/平方千米）		B-56	人均公共体育用地面积（平方米）	推荐

续表

舟山海上花园城市前期研究指标体系			舟山空间规划体检指标			
目标	序号	具体指标	二级	编号	指标项	指标类别
以人民为中心的共享城市	23	城市专用人行道、自行车道密度指数（千米/平方千米）	宜居	B-57	社区文化活动设施步行15分钟覆盖率（%）	推荐▲
				B-58	标准化菜市场（生鲜超市）步行10分钟覆盖率（%）	推荐▲
	24	城市公共交通出行比例（%）		A-33	每千人口医疗卫生机构床位数（张）	基本
	25	公交站点300米服务半径覆盖率（%）		A-34	市区级医院2千米覆盖率（%）	基本
	26	岛际联系便捷度（%）		B-59	城镇人均住房面积（平方米）	推荐
	27	万人拥有城市公园指数（个/万人）		B-60	年新增政策性住房占比（%）	推荐▲
	28	骨干绿道长度（千米）		A-35	历史文化街区面积（平方千米）	基本
	29	400平方米以上绿地、广场等公共空间5分钟步行可达覆盖率（%）		B-61	人均公园绿地面积（平方米）	推荐▲
	30	步行15分钟通山达海居住小区占比（%）		B-62	空气质量优良天数（天）	推荐
	31	建成区活力品质街道密度（千米/平方千米）		B-63	人均绿道长度（米）	推荐▲
				B-64	每万人拥有的咖啡馆、茶舍等的数量（个）	推荐
	32	人均体育场地面积（平方米/人）		B-65	每10万人拥有的博物馆、图书馆、科技馆、艺术馆等文化艺术场馆数量（处）	推荐▲
	33	国际知名商业品牌指数（家/万人）	宜养	A-36	每千名老年人养老床位数（张）	基本
	34	人均拥有3A及以上景区面积（平方米/人）		B-67	社区养老设施步行5分钟覆盖率（%）	推荐
				B-68	每万人拥有幼儿园班数（班）	推荐▲

新加坡可持续发展指标体系		天津中新生态城指标体系				
类型	具体指标	目标	子目标	序号	具体指标	单位
社区管理	活跃的绿色志愿者人数（人）	社会和谐进步	生活模式健康	10	日人均生活耗水量	升/人日
				11	日人均垃圾产生量	千克/人日
				12	绿色出行所占比例	%
	盛开的花园社区数量（个）		基础设施完善	13	垃圾回收利用率	%
				14	步行500米范围内有免费文体设施的居住区比例	%
				15	危废与生活垃圾无害化处理率	%
				16	无障碍设施率	%
				17	市政管网普及率	%
	无垃圾示范点数量（个）			18	经济适用房、廉租房占本区住宅总量的比例	%

（3）开放城市

为了以国内外双循环、节能减排构建舟山可持续发展经济，本次将前期指标中海洋物流指数、海洋旅游指数、世界 500 强企业落户数等指标删除，增补了实际利用外资总额（A21）、港口年集装箱吞吐量（A24）等特色指标（表 3）。

国内外开放城市领域指标对比分析　　　　　表 3

舟山海上花园城市前期研究指标体系			舟山空间规划体检指标			
目标	序号	具体指标	二级	编号	指标项	指标类别
多元包容的开放城市	35	人均 GDP（万美元/人）	对外贸易	B–51	港口年集装箱吞吐量（万标箱）	推荐
	36	城乡常住居民人均可支配收入（万元/人）		B–52	机场年货邮吞吐量（万吨）	推荐
	37	城乡收入比		B–53	对外贸易进出口总额（亿元）	推荐
	38	基尼系数	宜业	B–69	城镇年新增就业人数（万人）	推荐
	39	与"一带一路"沿线国家的贸易额年均增长率（%）		B–70	工作日平均通勤时间（分钟）	推荐
	40	海洋大宗商品贸易额占全国比例（%）		B–71	45 分钟通勤时间内居民占比（%）	推荐 ▲
	41	人均年实际利用外资规模（美元/人）	绿色生产	A–23	每万元 GDP 地耗（平方米）	基本
	42	世界 500 强企业落户数（家）		B–33	单位 GDP 二氧化碳排放降低比例（%）	推荐 ▲
	43	境外客运航线数量（条）		B–34	每万元 GDP 能耗（吨标煤）	推荐
	44	海洋经济增加值占 GDP 比例（%）		A–24	每万元 GDP 水耗（立方米）	基本
	45	海洋新兴产业增加值占 GDP 比例（%）		B–35	工业用地地均增加值（亿元/平方千米）	推荐 ▲
	46	海洋金融业增加值占 GDP 比例（%）		B–36	年新增城市更新改造用地面积（平方千米）	推荐 ▲
	47	海洋物流指数（万吨）		B–37	综合管廊长度（千米）	推荐
	48	海洋旅游指数：年旅游收入、人均旅游消费水平（亿元、元）		B–38	新能源和可再生能源比例（%）	推荐

续表

新加坡可持续发展指标体系					天津中新生态城指标体系					
目标	子目标	序号	具体指标	单位	目标	具体指标	2012年数值	2015年数值	2030年目标值	2015年到2030年变化百分比
经济蓬勃高效	经济发展持续	19	可再生能源使用率	%	资源可持续性	达到BCA Green Mark认证等级建筑物的比例	21.90%	31%	80%	49%
		20	非传统水资源利用率	%		能源强度改善水平（对比2005年水平）	22%（2012年）	24.10%	35%	10.90%
	科技创新活跃	21	每万劳动力中R&D科学家和工程师全时当量	人·年		生活用水量（人均每天）	151升	151升	140升	-7%
						自然循环利用率	61%	61%	70%	9%
	就业综合平衡	22	就业住房平衡指数	%		生活垃圾循环利用率	20%	19%	30%	11%
						非生活垃圾循环利用率	77%	77%	81%	4%

（4）和善城市

为了提升舟山城市人文空间风貌，传递舟山海岛特色文化底蕴，本次将前期指标中国际友好城市数量、公交双语率、和善社区等指标删除，增补了历史文化风貌保护面积（A25）、3A级以上景区数量（B17）等指标（表4）。

和善城市领域指标对比分析　　　　　　　　　　　　表4

舟山海上花园城市前期研究指标体系			舟山空间规划体检指标			
目标	序号	具体指标	二级	编号	指标项	指标类别
人文魅力的和善城市	49	城市非物质文化遗产数量（项）	宜居	A-35	历史文化街区面积（平方千米）	基本
	50	万人拥有城市历史文化风貌保护面积（公顷/万人）		B-65	每10万人拥有的博物馆、图书馆、科技馆、艺术馆等文化艺术场馆数量（处）	推荐▲
	51	市区特色海岛渔农村打造数量（个）	宜养	A-36	每千名老年人养老床位数（张）	基本
	52	国际友好城市数量（个）		B-67	社区养老设施步行5分钟覆盖率（%）	推荐
	53	年境外游客接待量（万人次）		B-68	每万人拥有幼儿园班数（班）	推荐▲
	54	年国际国家级体育赛事、节庆活动、会议会展数量（次/年）				

续表

舟山海上花园城市前期研究指标体系			天津中新生态城指标体系			
目标	序号	具体指标	指标层	序号	二级指标	指标描述
人文魅力的和善城市	55	市民注册志愿者占常住人口比例（%）	社会文化协调	3	河口文化特征突出	城市规划和建筑设计延续历史，传承文化，突出历史，保护民族文化遗产和风景名胜资源；安全生产和社会治安均有保障
	56	公共场所无障碍设施普及率（%）				
	57	公交双语率（%）				
	58	每10万人拥有公共文化设施数量（个/10万人）				
	59	和善社区创建率（%）				

（5）智慧城市

为了提升舟山智慧人才培育与引进、智慧技术的应用，本次将前期指标中人均双创平台建筑面积、海洋科技基金规模（亿）、是否建成海洋城市智慧大脑、智慧景区占比等指标删除，增补了受过高等教育人员占比（A29）、万人发明专利拥有量（B19）、研究与试验发展经费投入强度（B20）等指标（表5）。

智慧城市领域指标对比分析　　　　表5

舟山海上花园城市前期研究指标体系			舟山空间规划体检指标			
目标	序号	具体指标	二级	编号	指标项	指标类别
永续发展的智慧市	49	D60 全社会研究与试验发展经费支出占 GDP 比例（%）	创新投入产出	B-14	研究与试验发展经费投入强度（%）	推荐
	50	D61 海洋科技基金规模（亿）		B-15	万人发明专利拥有量（件）	推荐
	51	D62 国省级海洋科技实验室数量（家）		B-16	科研用地占比（%）	推荐
	52	D63 人均双创平台建筑面积（平方米/人）	创新环境	B-18	在校大学生数量（万人）	推荐
	53	D64 海洋科技成果应用率（%）		B-19	高新技术制造业增长（%）	推荐
	54	D65 海洋科技专利占全国比例（%）				

			天津中新生态城指标体系			
	55	D66 每万人海洋科技高端人才拥有量（人/万人）	指标层	序号	二级指标	指标类型
	56	D67 每万名劳动人口中研发人员数（人/万人）	科技创新活跃	21	每万人劳动力中R&D科学家和工程师全时当量	控制性
	57	D68 5G 网络覆盖率（%）				
	58	D69 是否建成海洋城市智慧大脑				
	59	D70 智慧景区占比（%）				

3.3　舟山"五大领域"评价指标

基于舟山花园城市建设前期指标，通过与新加坡可持续发展指标体系、天津中新生态城指标体系、舟山国土空间规划体检指标体系对比分析，共构建了舟山"五个领域"31 个基本指标、20 个推荐指标（表 6）。

舟山"五大领域"评价指标　　　　　　　　　　　　　表 6

领域	目标层	具体指标	适用范围		约束特性	指标类型	导向
			城区	全域			
绿色城市	绿色生态	A1– 城市森林覆盖率（%）		√	控制性	基本指标	目标导向
		A2– 建成区绿化覆盖率（%）		√	控制性	基本指标	问题导向
		A3– 湿地面积（平方千米）		√	控制性	基本指标	目标导向
		A4– 生态空间修复率（%）		√	控制性	基本指标	问题导向
		B1– 骨干绿道长度（千米）		√	控制性	推荐指标	目标导向
		B2– 全年空气质量优良天数占比（%）		√	控制性	推荐指标	操作导向
	绿色生活	A5– 新建建筑中绿色建筑占比（%）		√	控制性	基本指标	操作导向
		A6– 生活垃圾回收利用率（%）		√	控制性	基本指标	操作导向
		B3– 绿色交通出行比例（%）		√	控制性	推荐指标	操作导向
		B4– 城市公共交通出行比例（%）	√	√	引导性	推荐指标	目标导向
		B5– 人均公园绿地面积（平方米）		√	控制性	推荐指标	目标导向
	绿色生产	A7– 新能源和可再生能源比例（%）		√	引导性	基本指标	操作导向
		A8– 单位 GDP 二氧化碳排放降低比例（%）		√	引导性	基本指标	问题导向
		B6– 人均累计碳排放量（吨 / 人）		√	引导性	推荐指标	操作导向
		B7– 碳排放总量（吨）		√	引导性	推荐指标	操作导向
共享城市	和谐宜居	A9– 步行 15 分钟通山达海的居住小区占比（%）		√	控制性	基本指标	操作导向
		A10–15 分钟社区生活圈覆盖率（%）	√	√	控制性	基本指标	目标导向
		A11– 公园绿地、广场用地步行 5 分钟覆盖率（%）		√	控制性	基本指标	目标导向
		A12– 市区级医院 2 千米覆盖率（%）		√	控制性	基本指标	目标导向

续表

领域	目标层	具体指标	适用范围		约束特性	指标类型	导向
			城区	全域			
共享城市	和谐宜居	A13– 城区道路网密度（千米 / 平方千米）		√	控制性	基本指标	目标导向
		B8– 城镇保障性住房覆盖率（%）	√	√	控制性	推荐指标	问题导向
		B9– 公交站点 300 米服务半径覆盖率（%）	√	√	控制性	推荐指标	目标导向
		B10– 城市专用人行道、自行车道密度指数（千米/平方千米）		√	控制性	推荐指标	操作导向
	城乡融合	A14– 常住人口城镇化率（%）		√	控制性	基本指标	目标导向
		A15– 存量土地供应比例（%）		√	控制性	基本指标	问题导向
		B11– 城乡居民人均可支配收入比		√	控制性	推荐指标	目标导向
	韧性安全	A16– 消防救援 5 分钟可达覆盖率（%）		√	控制性	基本指标	目标导向
		A17– 人均应急避难场所面积（平方米）		√	控制性	基本指标	问题导向
		A18– 水资源开发利用率（%）		√	控制性	基本指标	目标导向
开放城市	经济高质	A19– 每万元 GDP 水耗（立方米）		√	控制性	基本指标	问题导向
		A20– 每万元 GDP 地耗（平方米）		√	控制性	基本指标	问题导向
		A21– 实际利用外资总额（亿美元）		√	控制性	基本指标	目标导向
		A22– 社会劳动生产率（万元/人）		√	控制性	基本指标	目标导向
	开放国际	B12– 海洋生产总值占 GDP 比例（%）		√	控制性	推荐指标	目标导向
		A23– 对外贸易进出口总额（亿元）		√	控制性	基本指标	目标导向
		A24– 港口年集装箱吞吐量（万标箱）		√	引导性	基本指标	目标导向
		B13– 定期国际通航城市数量（个）		√	引导性	推荐指标	目标导向
		B14– 城市对外日均人流联系量（万人次）		√	引导性	推荐指标	目标导向
品质城市	历史传承	A25– 历史文化风貌保护面积（平方千米）		√	控制性	基本指标	目标导向
		B15– 城市非物质文化遗产数量（项）	√	√	引导性	推荐指标	目标导向

续表

领域	目标层	具体指标	适用范围 城区	适用范围 全域	约束特性	指标类型	导向
品质城市	人文交往	A26– 入境旅游人数（万人次/年）	√	√	引导性	基本指标	目标导向
		A27– 入选中国开发利用无居民海岛名录数量（个）		√	引导性	基本指标	目标导向
		B16– 国际会议、展览、体育赛事数量（次）	√	√	引导性	推荐指标	目标导向
	设施友好	B17–3A 级以上景区数量（个）		√	控制性	推荐指标	操作导向
		A28– 公共场所无障碍设施普及率（%）		√	控制性	基本指标	目标导向
智慧城市	智慧人才	B18– 每 10 万人拥有的博物馆、图书馆、科技馆、艺术馆等文化艺术场馆数量（处）		√	引导性	推荐指标	目标导向
		A29– 受过高等教育人员占比（%）		√	引导性	基本指标	目标导向
	智慧科技	B19– 万人发明专利拥有量（件）		√	引导性	推荐指标	目标导向
		A30–5G 网络覆盖率（%）		√	控制性	基本指标	目标导向
		A31– 城市"天眼"设施覆盖密度（个/平方千米）		√	控制性	基本指标	目标导向
		B20– 研究与试验发展经费投入强度（%）		√	引导性	推荐指标	目标导向

4 "五个城市"指标体检结果

按照 5 大城市的 31 项基本指标、20 项推荐指标，对舟山市 2020 年的现状值进行评估。

从评估结果可知，目前舟山市的海上花园城市建设工作，在城市森林覆盖率、全年空气质量优良天数占比、湿地面积、海洋经济总产值占 GDP 比例等部分方面已经达到或接近花园城市的要求，完成较好。但是在生态空间修复率、市区级医院 2 千米覆盖率（%）、新建建筑中绿色建筑占比、15 分钟社区生活圈覆盖率、城镇保障性住房覆盖率、城市专用人行道、自行车道密度指数、城市"天眼"设施覆盖密度等几个方面存在着较为明显的短板。

4.1 绿色城市评估结果

群岛型国土空间，生态资源环境优良，但受外来排放影响较大。舟山市域范围内各类大小岛屿以其生态自然资源共同构建了群岛型特色国土空间格局。1 平方千米以上的岛屿 58 个，占该群岛总面积的 96.9%。舟山整体具有独特的山海城格局，其自然景观集"海岛、海湾、山丘、河渠、滩涂、鱼塘、农田"等多样要素于一体。

由于群岛型空间格局，缺乏较为宽阔的平整空间，主要发展空间集中在定海、新城、普陀三个组团，这几个组团生态环境空间受干扰较大，长期围垦建设，造成了滨海空间生态环境。

舟山近岸海域水质达标率低于全国水平，其主要受周边其他地区外来污染源排污的影响，本地污染源贡献率不高。

同时，舟山城市公园体系、城市道路景观层次还有待提升，海上花园城市特色资源凸显不足；城市绿地系统不完善，城市林荫路推广率不高。

4.2　共享城市评估结果

中心城区社区型公共服务体系尚不健全，城乡融合发展有待提高，公共安全有待加强。定海、普陀等区域基础设施相对完善，但舟山中心城区社区型公共服务设施体系尚不健全。城市保障房覆盖率还需进一步加强，城市公共交通体系需要进一步完善。常住人口增长较慢。舟山市是浙江省常住人口最少的地级市。由于全球疫情的常态化发展，城市人均避难面积、医疗设施等公共安全领域需要进一步加强。城市公共服务功能、公共空间的开放度、公共设施的覆盖还需要进一步改善。

4.3　开放城市评估结果

目前全市劳动生产效率不高，海洋经济比例大、总量小，且结构传统。2019年舟山 GDP 为 1371.6 亿元，经济总量不高；其中海洋经济增加值占 GDP 高达70.2%，全国排名第一。

第二产业在经济结构中比例较低，产业科技投入不高、创新不足。2018 年舟山 R&D 经费占 GDP 比例约 1.2%，在浙江省居末位。

绿色经济、绿色生产水平有待进一步提升。为了积极响应我国 2030 年碳峰值、2060 年碳中和的重要承诺，舟山的绿色经济、绿色生产水平需要进一步提高，快速推进浙江省碳减排目标。

4.4　和善城市评估结果

旅游资源丰富，文化特色突出，但人文空间风貌需要提升，公共空间品质需要更加友善。舟山是全球著名佛教文化圣地与海岛风景旅游胜地。舟山群岛风景旅游资源丰富，约 1000 余处旅游景观；其中有沙滩 40 处，总长度约 28 千米，沙滩休闲旅游资源在长三角区域具有绝对优势。海岛渔村资源丰富，具有独特渔俗、渔港文化资源。

舟山以独具特色的海洋文化、丰富的历史底蕴和重要的军事地位，被评为浙江省首批历史文化名城。人文历史空间精致欠缺。大量的井文化空间、桥文化空间、港口文化空间、船埠文化空间等历史文化空间，其景观性不强并缺乏精致化打造。

公共空间品质需要友善。在政府、商城、图书馆、公园等公共空间，城市的无障碍设施率水平比较低；同时在文体娱乐方面，人均公共文化设施比较欠缺。

4.5 智慧城市评估结果

智慧人才基地培育不足；智慧科技应用场景不足，城市治理、智慧城市建设需要提速。高层次人才吸引力不足，企业中研发人员占比较少。舟山对先进产业和高技术人才的吸引力不足，对舟山高层人才引进模式比较单一，一定程度上减缓了海上花园城市的建设。

智慧城市建设、治理、运营等应用场景需要进一步扩大。海洋环境方面实现海洋气候、海水污染的智慧化监测与预测，城市建设方面实现智慧交通、智慧出行、智慧居住等。

5G 基站建设需要快速推进。基于发展 5G 技术的全球战略共识及我国 5G 技术领跑者地位的背景，实现 5G 基站建设与网络全覆盖是舟山未来发展强有力的技术支撑与前沿方向。

5 结论与讨论

基于新加坡比较的视角对舟山花园城市"五个领域"建设进行体检评估，发现舟山在城市森林覆盖率、全年空气质量优良天数占比、湿地面积、海洋经济总产值占 GDP 比例等部分方面已经达到或接近花园城市的要求，完成较好。但对标城市高质量发展与规划目标，舟山"五个城市"建设上仍存在不足：公共文化服务供给能力与新加坡、自身规划目标存在差距，尤其在医疗设施、应急避难设施等方面，缺少具有国际影响力的文化品牌；国际组织规模影响力与千岛之城"海上花园城市"地位不匹配，对国际游客的吸引力不强；舟山海岛科技投入较低，受过高等教育的就业人数与国内外其他城市还有一定差距，创新对高质量发展支撑能力待增强。

　　未来"十四五"规划时期内，舟山花园城市"五大领域"建设评估应受到重视，"五大领域"是海上花园城市重要内容和支撑，通过体检判断城市"五大领域"发展目标是否按预期实现；强化各阶段的多元主体参与，加强各参与方的交流合作，更好发挥各参与方的优势，共同推进舟山海上花园城市建设；拓宽国际视野，进一步对标新加坡、伦敦等世界知名城市，构建和完善海上花园城市体检与评价体系，围绕"碳中和、碳达峰"重要指标进行综合比较分析；落实国家高质量发展要求，舟山"十四五"规划纲要均优化创新指标，强调专利的"高价值"和企业研发经费的投入；探索"天空地一体化"时空数据分析技术在体检评估中的应用，进一步加强政府和社会数据的深度融合，提高"五大领域"评估精度。

参考文献

[1] 喻平, 张敬佩. 区域绿色金融与高质量发展的耦合协调评价 [J/OL]. 统计与决策, 2021 (24): 142-146. [2021-12-27]. DOI: 10.13546/j.cnki.tjyjc.2021.24.031.

[2] 张雪倩, 尚猛, 张濛, 等. 区域经济高质量发展评价体系的构建研究——以河南省为例 [J]. 商展经济, 2021 (23): 107-109.

[3] 王文静, 秦维, 孟圆华, 等. 面向城市治理提升的转型探索——重庆城市体检总结与思考 [J]. 城市规划, 2021, 45 (11): 15-27.

[4] 卢明华, 朱婷, 李国平. 基于国际比较视角的北京"四个中心"建设体检评估探索 [J]. 地理科学, 2021, 41 (10): 1706-1717. DOI: 10.13249/j.cnki.sgs.2021.10.003.

[5] 詹美旭, 刘倩倩, 黄旭, 等. 城市体检视角下城市治理现代化的新机制与路径 [J]. 地理科学, 2021, 41 (10): 1718-1728. DOI: 10.13249/j.cnki.sgs.2021.10.004.

[6] 张文忠. 中国城市体检评估的理论基础和方法 [J]. 地理科学, 2021, 41 (10): 1687-1696. DOI: 10.13249/j.cnki.sgs.2021.10.001.

[7] 石晓冬, 杨明, 王吉力. 城市体检: 空间治理机制、方法、技术的新响应 [J]. 地理科学, 2021, 41 (10): 1697-1705. DOI: 10.13249/j.cnki.sgs.2021.10.002.

[8] 沙永杰, 纪雁, 陈琬婷. 新加坡城市规划与发展 [J]. 同济大学学报 (社会科学版), 2021, 32 (5): 2.

[9] 陈志端, 陈鸿, 郭晶鹏, 等. 城市高质量发展综合绩效评价指标研究初探 [C]// 中国城市规划学会. 面向高质量发展的空间治理——2021 中国城市规划年会论文集 (11 城乡治理与政策研究). 北京: 中国建筑工业出版社, 2021: 803-814. DOI: 10.26914/c.cnkihy.2021.028596.

[10] 罗晓杰, 罗兵保, 肖先柳, 等. 新加坡产城新镇模式在我国产业新城规划中的应用初探——以云南滇中新区东盟产业城控规为例 [C]// 中国城市规划学会. 面向高质量发展的空间治理——2020 中国城市规划年会论文集 (17 详细规划). 北京: 中国建筑工业出版社, 2021: 409-419. DOI: 10.26914/c.cnkihy.2021.030063.

[11] 赵纯燕, 于光宇, 黄思涵, 等. 高密度环境下的公园城市空间体系研究——以新加坡和我国深圳为例 [C]// 中国城市规划学会. 面向高质量发展的空间治理——2021 中国城市规划年会论文集 (04 城市规划历史与理论). 北京: 中国建筑工业出版社, 2021: 97-110. DOI: 10.26914/c.cnkihy.2021.023814.

[12] 陈雷鸣, 雷敏. 基于国外经验的公园城市体系研究 [C]// 中国城市规划学会. 面向高质量发展的空间治理——2020 中国城市规划年会论文集 (08 城市生态规划). 北京: 中国建筑工业出版社, 2021: 727-736. DOI: 10.26914/c.cnkihy.2021.037125.

[13] 朱震龙, 刘冰冰, 苏茜茜. 新加坡规划编制管理经验及启示 [J]. 城市建筑, 2021, 18 (20): 10-15, 31. DOI: 10.19892/j.cnki.csjz.2021.20.02.

[14] 李荷, 杨培峰, 田乃鲁, 等. 舟山"海上花园城市"规划设计及生态化建设策略 [J]. 规划师, 2021, 37 (3): 44-50.

[15] 段义猛, 李欣, 叶果. 新加坡"2019 总体规划"的特征及对我国的启示 [J]. 中国土地, 2020 (11): 48-50. DOI: 10.13816/j.cnki.ISSN1002-9729.2020.11.16.

[16] 赵瑞东, 方创琳, 刘海猛. 城市韧性研究进展与展望 [J]. 地理科学进展, 2020, 39 (10): 1717-1731.

张艳，深圳大学建筑与城市规划学院副教授，中国城市规划学会国外城市规划学术委员会青年委员

郭影霞，深圳大学建筑与城市规划学院硕士研究生

邹兵，中国城市规划学会理事、规划实施学术委员会副主任委员、学术工作委员会委员，深圳市规划国土发展研究中心总规划师、教授级高级规划师

邹
兵

郭
影
霞

张
艳

基于居住—就业空间布局视角的深圳城市多中心结构评价

为克服由于人口和功能在局部空间过度集聚造成的"大城市病"，规划界无论从理论还是实践上都普遍倡导"多中心、组团式、网络化"的城市空间结构模式，试图遏制大城市的"单中心"发展趋向；多中心空间结构模式也被认为是 500 万以上人口的大都市在"成本—效益"权衡下的最佳形态（Bertaud，2003）。深圳从一个边陲小镇快速发展成为超大型城市，自建市以来一直在城市规划中坚持多中心组团式空间结构布局，其发展成就得到广泛关注和赞誉。对于深圳多中心城市结构进行科学合理的评价，在实践上有助于客观评估城市规划的实施成效，在理论上可以作为验证这种空间模式应用价值的重要实证分析论据。

1 深圳总体规划关于空间结构的规划思路演进

深圳自建市以来，历次城市总体规划和发展策略都始终坚持多中心组团式空间结构的规划思路，并与时俱进地对城市发展发挥积极引导功能（邹兵，2017），以下仅通过最重要的四次法定性总体规划来阐述这一思路的发展演进。

1.1 《深圳经济特区总体规划（1986—2000）》

该规划针对原特区 327.5 平方千米的空间范围，依据自然地形和发展基础条件，确定了"多中心带状组团"空间结构（图 1）。规划罗湖—上步、沙头角、南头、沙河、福田五个功能组团，并将前海—妈湾填海区作为 2000 年以后开发的第六组团；以罗湖—上步为城市主中心，确立福田作为未来新市中心进行空间预留。

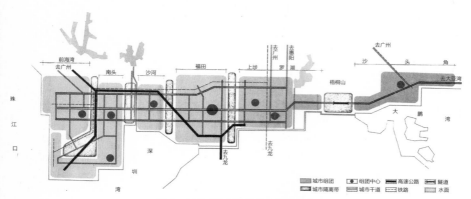

图 1　深圳 1986 版总规空间结构图

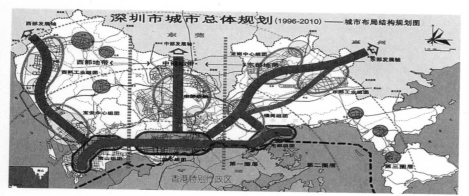

图 2　深圳 1996 版总规空间结构图

1.2 《深圳市城市总体规划（1996—2010）》

该规划将城市规划区覆盖到深圳全市域范围，确立"网状组团"空间结构（图 2）。规划了以原特区为中心、依托对外交通干道向西、中、东三个方向放射发展的三条城镇发展轴，由南向北梯度推进的三个圈层，以及由福田—罗湖市级中心，南山、新安、龙城等七个次级中心和多个社区中心共同组成的多层次多中心服务体系。

1.3 《深圳市城市总体规划（2010—2020）》

该规划确立了面向区域协调发展的"三轴两带多中心"的空间结构（图 3）。规划对 1996 版总规的"多中心"结构进行了优化调整，确立 2+5+8 的主中心—副中心—组团中心的三级城市中心体系。市级中心层面，福田—罗湖中心的行政文化、金融商务功能被进一步强化；在此基础上，新增前海市级中心，涵盖原南山和宝安次中心，打造市级"双中心"格局。副中心层面，规划了龙岗中心、龙华中心、盐田中心、光明中心和坪山中心 5 个城市副中心，赋予其全市性的专项

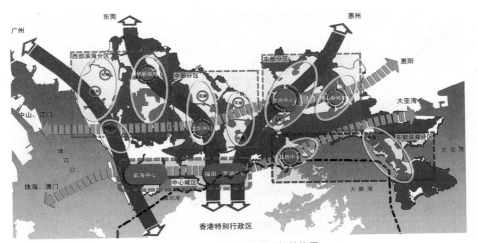

图 3　深圳 2010 版总规空间结构图

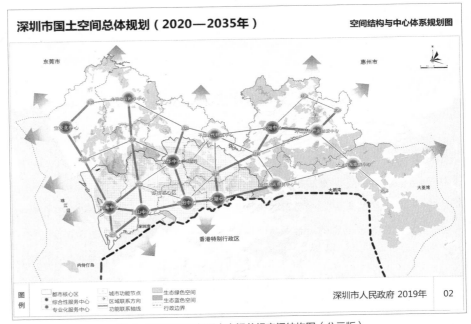

图 4　深圳 2035 版国土空间总规空间结构图（公示版）

服务职能。组团中心层面，按照原特区外的 8 个功能组团规划了 8 个组团中心，承担所在片区的公共服务功能。

1.4　《深圳市国土空间总体规划（2020—2035 年）》（公示草案）

针对深圳未来的城市空间格局，《深圳市国土空间总体规划（2020—2035 年）》（公示草案）提出在延续历版总规空间结构的基础上，持续优化"多中心、组团式、生态型"的城市空间结构，形成"一核多心网络化"的城市开发新格局（图 4）。

其中，"一核"为以福田、罗湖、南山和前海为基础，将宝安区的新安、西乡街道，龙华区的民治、龙华街道，龙岗区的坂田、布吉、吉华和南湾街道等区域纳入的都市核心区（图 4 中深圳西南部分蓝色线范围），承担粤港澳大湾区核心引擎和深圳都市圈主中心的高端综合服务功能。12 个市级功能中心分别为罗湖、福田、南山、前海、龙华、宝安北、光明、平湖、盐田、龙岗、坪山、大鹏，形成市域范围内布局相对均衡、功能差异化分工协作的多中心空间格局。

由此可见，无论是在已完成期限的历版总体规划还是面向未来发展的空间规划中，深圳多中心结构的规划思路一直延续，多中心的层次以及各中心的能级随着空间的拓展也与时俱进地持续调整和优化。那么，深圳当前现实的城市发展是否具有多中心结构的特性？与当初规划的目标构想是否一致？面向未来的新的空间发展目标是否具有合理性和可行性？本文接下来将对此展开分析讨论。

2　多中心城市结构的研究方法

2.1　多中心城市结构的概念内涵与研究视角

关于深圳多中心城市结构的研究，一直是学者关注的热点。但既有研究尚存在不足之处：一是多以定性分析判断为主，缺少定量化的分析和测度；二是对于多中心的概念内涵界定相对模糊，往往混淆作为公共服务中心和作为就业—居住中心的不同特性的差别，使得研究结论缺乏明确的指向性。区别于单中心城市，多中心城市呈现多个集聚"区块"的形态特征（吴一洲，等，2016）。对于这个"区块"的界定通常有两种界定方式，一种是作为城市的公共服务中心，包括行政中心、商业中心、休闲娱乐中心、生活服务中心等功能，研究者往往会选择 POI、夜间灯光等数据来进行定量测度（李欣，2020；陈德权，兰泽英，2020；张亮，等，2017）；另一种是作为就业密度的峰值区域，通常采用经济普查中的就业人口数据、人口普查数据、通勤数据、手机信令数据等进行定量测度（蒋丽，吴缚龙，2009；李峰清，赵民，2011；于涛方，吴唯佳，2016）。

对于深圳而言，经历了近十年推进的行政区划调整优化和特区一体化行动，全市各级公共服务资源的配置与所服务的地域空间范围和居住人口规模已逐步趋向相对均衡合理（图 5）。从公共服务和商业中心的布局视角分析，多中心城市结构正在逐步形成（邹兵，2017）。但全市就业岗位的空间分布状况则尚需进一步考察。因此，本文将采用上述"区块"的第二种界定方式，拟基于手机信令数据的居住地与就业地信息，从就业—居住空间的视角展开分析。

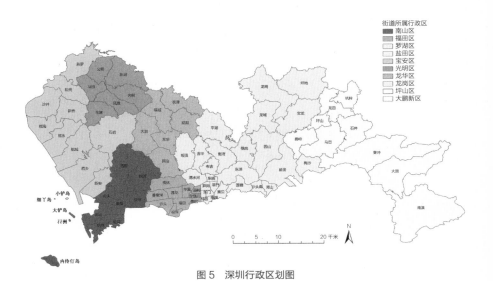

图 5　深圳行政区划图

2.2　本文研究的数据基础

本文使用了深圳市全域范围 ❶ 的中国联通的移动通信信令数据。全部数据包含时间从 2019 年 10 月 1 日到 2019 年 10 月 31 日一个月所有用户连接基站信息，其中有 19 个工作日和 12 个休息日。该数据包含用户属性、基站位置网格编号（250 米精度）、月驻留（驻留位置、驻留时间）、月出行（出行位置、起讫时间）、事件类型等主要信息。

本文将当月在深圳市内居住且工作时长各自累计超过 10 天的用户认为是在深圳职住的用户。在此基础上，将用户在晚 9 点到第二天早上 8 点停留时间最长的位置作为其居住地；工作日上午 9 点到下午 5 点停留时间最长的位置作为其就业地。共获取深圳职住用户数据 482 万条，并记录居住地与就业地对应的经纬度信息。该深圳职住用户数据识别结果占同年深圳市常住人口的 36.12%，对比类似的研究（表 1），这一识别率可以接受。

本文将职住点经纬度相同的用户视为非通勤用户，将其剔除后最终得到 108 万条通勤用户的职住点经纬度数据。以行政区为单位，统计得到各行政区的职点与住点数量（表 2）。对比《深圳统计年鉴（2020）》中各行政区的 GDP 数量和常住人口数量的占比情况，可以看到，职点占比与 GDP 占比的趋势较为一致（图 6），住点占比与常住人口占比的趋势较为一致（图 7），可见本文所采用的手机信令数据具有较强的代表性。

---

❶ 深圳市全域范围土地面积约 1997.47 平方千米，共 9 个行政区和 1 个新区：福田区、罗湖区、南山区、宝安区、盐田区、龙岗区、龙华区、坪山区、光明区、大鹏新区。

部分文献手机信令数据样本的识别率　　　表 1

相关指标		识别情况
（许宁，2014）	手机信令数据识别同时具有职住地的用户（万人）	273.94
	2012 年年末深圳市常住人口	1054.74
	识别率	**0.2648**
（王德，2015）（谢栋灿，2018）	手机信令数据识别同时具有职住地的用户（万人）	752.00
	2014 年年末上海市常住人口	2425.68
	识别率	**0.310**
（范佳慧等，2019）	手机信令数据识别居住人口（万人）	571.28
	2017 年年末广州市常住人口	1449.84
	识别率	**0.394**

资料来源：根据许宁（2014）、王德（2015）、谢栋灿（2018）、范佳慧等（2019）整理

各行政区职住点数量及其与 GDP、人口情况的对比　　　表 2

序号	行政区	职点数量（个）	占比（%）	住点数量（个）	占比（%）	GDP（万元）	GDP 占比（%）	常住人口数量（万人）	占比（%）
1	宝安区	187600	**17.3**	266033	**24.6**	38538847	14.3	334.25	**25.0**
2	大鹏新区	4805	0.4	4381	0.4	3514353	1.3	15.82	1.2
3	福田区	196328	**18.1**	98856	9.1	45464993	**16.9**	166.29	12.5
4	光明区	45790	4.2	44556	4.1	10209216	3.8	65.80	4.9
5	龙岗区	169872	15.7	211148	**19.5**	46857847	17.4	250.86	**18.8**
6	龙华区	122231	11.3	176107	**16.3**	25107724	9.3	170.63	**12.8**
7	罗湖区	68600	6.3	92094	8.5	23902556	8.9	105.66	7.9
8	南山区	244939	**22.6**	152372	14.1	61036866	**22.7**	154.58	11.6
9	坪山区	30354	2.8	29591	2.7	7608700	2.8	46.30	3.5
10	盐田区	11750	1.1	7131	0.7	6564795	2.4	24.36	1.8
	合计	1082269	100.0	1082269	100.0	268805897	100.0	1334.55	100.0

注：表中数据为四舍五入后的结果。
资料来源：职住点数量为作者基于手机信令数据统计整理，GDP 和人口数据来自《深圳统计年鉴（2020）》

2.3　研究对象的空间统计单元选取

本文以刚刚完成期限的 2010 版总规确定的"2+5+8"的中心体系作为考察对象，对于当下的就业—居住分布状况进行分析。鉴于 2010 版总规确立的市级中心和副中心等较高层级的中心数量大致与深圳市下辖的各行政区基本对应，统计单元将以行政区作为统计分析的基础。同时，由于原特区外的行政区的空间规模过大，就业及居住的密度分布不均衡；而 2010 版总规对各级中心有相对明确的

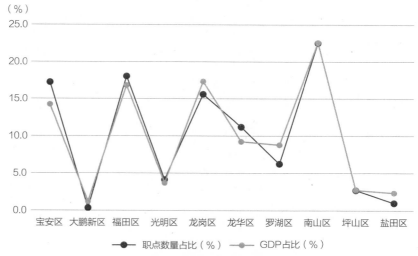

图 6 手机信令数据职点数量占比与统计年鉴 GDP 占比对比
资料来源：作者绘制

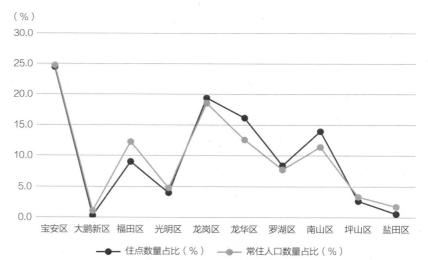

图 7 手机信令数据住点数量占比与统计年鉴常住人口数量占比对比
资料来源：作者绘制

地理范围所指，因此，对部分原行政区界进行适当的优化调整，形成本文研究的
统计单元。首先，将宝安、龙岗两个规模过大的行政区拆分，宝安区分为宝安南、
宝安北两个区域，龙岗区分为龙岗东、龙岗西两个区域，进行职住单元的规模统计。
其次，在考察各中心之间的联系性方面，仅将就业密度较高、服务和就业功能相
对显著的街道作为就业中心纳入统计单元，以保证各中心的规模大致一致且具有
可比性；并与 2010 版总规所界定的中心地域范围相对应。调整后的统计单元及其
与总体规划所界定中心的一一对应关系如图 8 和表 3 所示，其中，除了市级中心
和副中心外，也包括部分组团中心。

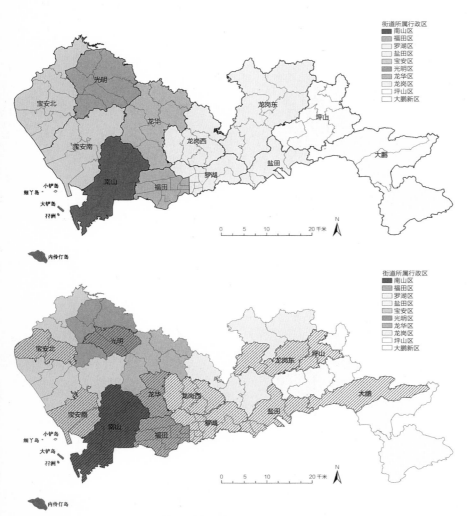

图 8　本文职住单元和就业中心的统计单元选取
资料来源：作者绘制

本文的统计单元选取及其与 2010 版总规的对应关系　　　　表 3

行政区		本文的统计单元界定						
		职住单元			就业中心			
名称	规模（平方千米）	名称	包含街道	规模（平方千米）	名称	包含街道	规模（平方千米）	对应总体规划中心
福田区	72.06	福田	福田全部街道	72.06	福田	福田全部街道	72.06	福田—罗湖市级中心
罗湖区	78.40	罗湖	罗湖全部街道	78.40	罗湖	罗湖全部街道	78.40	
南山区	160.04	南山	南山全部街道	160.04	南山	南山全部街道	160.04	前海市级中心

行政区		本文的统计单元界定						
		职住单元			就业中心			
名称	规模（平方千米）	名称	包含街道	规模（平方千米）	名称	包含街道	规模（平方千米）	对应总体规划中心
宝安区	371.31	宝安南	新安、西乡、航城、石岩	184.61	宝安南	新安、西乡	76.95	前海市级中心
		宝安北	福永、福海、新桥、沙井、松岗、燕罗	186.70	宝安北	沙井、新桥	62.76	沙井组团中心
龙岗区	385.91	龙岗东	龙城、龙岗、坪地、宝龙、园山、横岗	261.60	龙岗东	龙城、宝龙	81.48	龙岗副中心
		龙岗西	平湖、坂田、吉华、南湾、布吉	124.31	龙岗西	布吉、坂田、吉华、南湾	83.80	布吉组团中心
龙华区	174.39	龙华	龙华全部街道	174.39	龙华	龙华、民治	48.17	龙华副中心
盐田区	74.57	盐田	盐田全部街道	74.57	盐田	盐田全部街道	74.57	盐田副中心
光明区	154.33	光明	光明全部街道	154.33	光明	光明、凤凰	52.49	光明副中心
坪山区	165.03	坪山	坪山全部街道	165.03	坪山	坪山、龙田	39.85	坪山副中心
大鹏新区	289.64	大鹏	大鹏全部街道	289.64	大鹏	葵涌	98.49	组团中心

资料来源：作者整理

2.4 多中心城市结构的分析框架

对于多中心结构的测度一般针对中心的重要性展开。Preston（1971）将中心的重要性区分为绝对重要性（即节点性）和相对重要性（即中心性）。从就业的角度而言，中心的绝对重要性即由所能提供的就业岗位数量所表征；中心的相对重要性由除满足本地就业之外所额外提供的就业岗位数量来表征。在此基础上，后续的研究者们进一步将多中心的内涵界定为两个方面——形态多中心和功能多中心（罗震东，朱查松，2008），并相应发展了形态测度和功能测度两种方法。形态测度关注各中心的规模分布的均衡性，功能测度关注各中心之间的联系分布的均衡性（Burger，Meijers，2010）（图9）。

借鉴已有相关研究的思路，综合考虑多中心的功能与形态两个方面；同时考虑

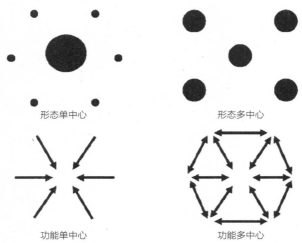

形态单中心　　　　　　　　　形态多中心

功能单中心　　　　　　　　　功能多中心

图 9　形态与功能多中心示意

资料来源：Burger 等，2011

图 10　城市多中心空间结构的测度框架

资料来源：作者绘制

多中心的"尺度敏感"特性（Hall，Pain，2006）以及各个中心之间可能存在的竞合关系，参考既有的相关研究（范佳慧，等，2019），将空间距离的影响纳入考虑，由此形成"空间形态——网络特征——功能范围"的三层次的分析框架（图 10）：

2.4.1　空间形态

空间形态主要关注职住单元的职住点集聚规模、功能类型和密度分布。首先统计职住单元的职点和住点数量，以此判断其作为就业地或作为居住地的集聚规模大小；进而基于职点和住点数量的比值关系衡量职住单元的主导功能，并以核密度的形式呈现职住单元内部职点与住点空间分布的集聚状态。

2.4.2　网络特征

网络特征主要关注各个就业中心的交互联系以及由此形成的网络结构。借鉴Limtanakool（2007）等学者所采用的测度城市区域多中心网络特征的"3S"指数法，将每个中心视为网络中的一个节点，通过统计各节点间的就业流量与流向，形成涵盖强度（Strength）、对称性（Symmetry）和结构（Structure）三个维度的

网络特征测度指标   表 4

	熵指数（EI）	优势度指数（DIT_i 和 DII_i）	相对强度指数（RSI_{ij}）
含义	衡量网络中各节点联系的均匀分布程度	衡量各节点在网络交互联系中的地位	衡量两个节点之间的联系强度
层次	网络	节点	联系
维度	结构	强度、结构	强度、结构

资料来源：根据 Limtanakool（2007）整理

网络特征测度体系。其中，由于空间形态研究中的职住比测度已经能够反映对称性，故主要计算熵指数（EI）、优势度指数（DIT_i 和 DII_i）、相对强度指数（RSL_{ij}）等指标（表 4）。

（1）熵指数（EI）

熵指数（EI）是网络层次的测度，衡量网络中各节点联系的均匀分布程度。计算公式如下：

$$EI = -\sum_{i=1}^{L} \frac{(Z_l)\,\mathrm{Ln}\,(Z_l)}{\mathrm{Ln}\,(L)} \tag{1}$$

式中：L 代表网络中节点间联系的数量；l 代表网络中的连接（$l=1,2,3,\cdots,L$）；Z_l 代表单条联系上的流量占网络上所有联系的总流量的比例。EI 值介于 0 到 1 之间。0 代表所有的流量都朝向一个节点，因此城市是完全单中心的结构；1 代表每条联系上的流量相等，即网络结构不存在层级性，城市是均衡的多中心结构。

（2）优势度指数（DIT_i 和 DII_i）

优势度指数（DIT_i 和 DII_i）是节点层次的强度测度，衡量各节点在网络交互联系中的地位。分为无方向的优势度指数（DIT_i）和有方向的优势度指数（DII_i）两种。计算公式如下：

$$DIT_i = \frac{T_i}{\left(\sum_{j=1}^{J} \frac{T_j}{J}\right)} \tag{2}$$

$$DII_i = \frac{I_i}{\left(\sum_{j=1}^{J} \frac{I_j}{J}\right)} \tag{3}$$

式中：I_i 为从其他节点流入节点 i 的流量，T_i 是与节点 i 有关的相互作用，即流入量与流出量之和，J 为节点数量。DII_i 和 DIT_i 值介于 0 和 ∞ 之间。0 代表节点未能参与网络联系；DII_i 和 DIT_i 值越大，代表节点在网络中的主导性越强。若网络中所有节点均具有同等的较大流量，则网络不具有层次性。

（3）相对强度指数（RSL_{ij}）

相对强度指数（RSL_{ij}）是联系层次的强度测度，衡量两个节点之间的联系强度，以两个节点之间的相互作用占网络总相互作用的比例来表示。计算公式如下：

$$RSL_{ij} = \frac{t_{ij}}{\sum_{i=1}^{I}\sum_{j=1}^{J}t_{ij}} \tag{4}$$

式中：t_{ij} 代表从节点 i 到节点 j 的流量。RSI_{ij} 值介于 0 和 1 之间，网络中所有连接的 RSI_{ij} 值之和为 1。0 代表两个节点间不存在联系，1 代表两个节点间具有最高的联系强度。若所有节点间联系的 RSI_{ij} 都相等，则多中心网络的层级性不明显。

2.4.3　功能范围

主要关注空间距离影响下高等级中心之间的合作与竞争关系。首先考察高等级中心作为就业地的通勤距离特征，以了解其空间影响范围的大小；其次通过分析就业人口的居住地分布，并以自然断点法进行分类，识别高等级中心与周边统计单元之间的组团聚合关系；最后通过势力争夺分析识别高等级中心之间的竞争关系。势力争夺分析聚焦于就业集聚区。在使用自然断点法（栅格大小为 250 米 ×250 米）对就业密度值进行分级和使用局部 *Moran's I* 指数选取就业密度高值聚类区的基础上，将位于高值聚类区、密度等级较高的地区识别为就业集聚区；进而以栅格为单元统计各就业集聚区就业人口的居住归属地和人数。若某就业集聚区对某栅格的就业吸引量明显高于其他集聚区，则判断该栅格属于此就业集聚区的势力范围；否则，该栅格将作为就业集聚区的势力争夺区。

3　深圳多中心城市结构的空间形态评价

统计各职住单元职住点数量并进行可视化，得到表 5、图 11。

3.1　集聚规模

职点集聚规模最大的三个职住单元为南山、福田和龙华；住点集聚规模最大的三个职住单元为龙华、宝安南和南山。

3.2　功能类型

职住比方面，福田、南山和盐田表现出显著的职点大于住点数量的特征，显示出较强的就业主导特性；宝安南、龙华、龙岗西和罗湖表现出显著的职点小于住点数量的特征，显示出较强的居住主导特性；大鹏、光明、龙岗东、坪山和宝安北的职点与住点数量较为均衡，没有明显的功能主导。

基于手机信令数据的各职住单元职住点数量　　表 5

序号	统计单元	职点数量（个）	占比（%）	住点数量（个）	占比（%）	职住比
1	宝安北	93547	8.66	105332	9.74	0.89
2	宝安南	93378	8.65	160425	**14.84**	**0.58**
3	大鹏	4344	0.40	4236	0.39	1.03
4	福田	196132	**18.16**	98884	9.14	**1.98**
5	光明	45730	4.23	44527	4.12	1.03
6	龙岗东	78834	7.30	82098	7.59	0.96
7	龙岗西	91312	8.46	129311	11.96	**0.71**
8	龙华	122294	**11.32**	176224	**16.30**	**0.69**
9	罗湖	68830	6.37	92458	8.55	**0.74**
10	南山	243042	**22.51**	151055	**13.97**	1.61
11	坪山	30941	2.87	29758	2.75	1.04
12	盐田	11503	1.07	7021	0.65	**1.64**
	合计	1079887	100.0	1081329	100.0	—

资料来源：作者统计

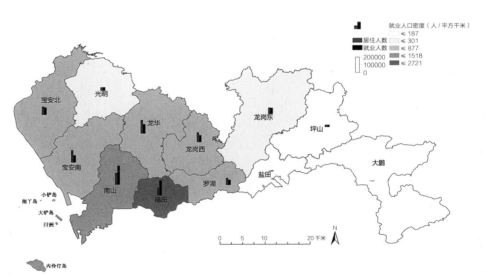

图 11　基于手机信令数据的各职住单元职住点数量
资料来源：作者绘制

3.3　密度分布

从职住密度的空间分布看（图 12），就业人口密度高值区分布较为集中，主要在原特区关内的南山、福田、罗湖。居住人口密度高值区域的分布更为分散；除原特区关内的南山、福田、罗湖外，还包括宝安南、龙华和龙岗西与原特区邻接区位的区域。

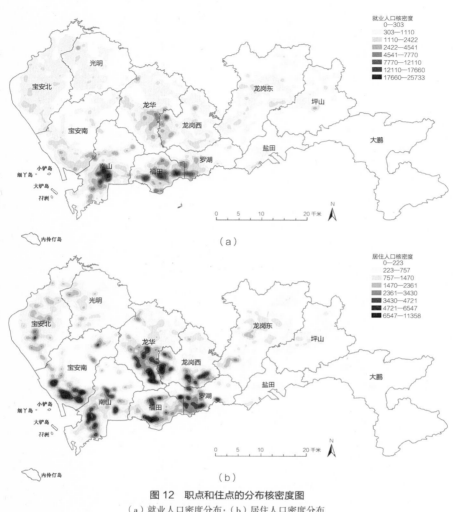

就业人口核密度
0—303
303—1110
1110—2422
2422—4541
4541—7770
7770—12110
12110—17660
17660—25733

（a）

居住人口核密度
0—223
223—757
757—1470
1470—2361
2361—3430
3430—4721
4721—6547
6547—11358

（b）

图 12　职点和住点的分布核密度图
（a）就业人口密度分布；（b）居住人口密度分布
资料来源：作者绘制

综上，从各职住单元的职住点集聚规模和功能类型看，大体可以区分出四种不同的类型：

（1）供给型。主要为福田和南山，不仅就业岗位绝对数量大、就业人口密度高，且除满足本地就业之外额外提供大量就业岗位。

（2）依赖型。主要为罗湖、龙华、龙岗西、宝安南，虽然具有一定规模的就业岗位，但并不能完全实现自给，尚需要依赖外部的就业岗位。

（3）中平衡型。主要为龙岗东和宝安北，具有一定规模的就业岗位，且基本能实现职住平衡。

（4）低平衡型。主要为大鹏、光明、坪山和盐田，其就业岗位数量较少；但基本能实现职住平衡，盐田甚至在满足本地就业之外还能向外提供部分就业岗位。

此外，从密度分布上看，城市空间结构呈现出 1996 版规划中所提出的由南向北梯度推进的圈层式的空间特征，第一圈层的就业和居住功能都很显著，第二圈层的居住功能凸显，第三圈层尚未形成明显的居住—就业集聚中心。

4 深圳多中心城市结构的网络特征评价

统计各中心内部及跨区的住点到职点的交互流量并进行可视化（图 13）。可以看到，内部通勤量最大的为福田、南山和龙华。跨区通勤方面，基于跨区通勤流量数据对网络的强度、对称性和结构特征进一步定量分析。

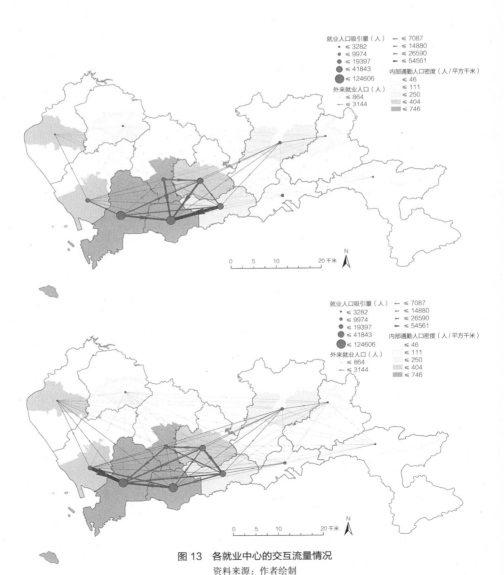

图 13　各就业中心的交互流量情况

资料来源：作者绘制

4.1　优势度

无论是无方向的优势度指数（DIT_i）还是有方向的优势度指数（DII_i）（表6），均以南山和福田的值为最高；其次依次是罗湖、龙岗西、宝安南、龙华、龙岗东和宝安北；盐田、坪山、光明和大鹏较低。

优势度指数测度结果　　　　　　　　　　　表6

节点名称	无方向的优势度指数（DIT_i）	有方向的优势度指数（DII_i）
南山	3.32	5.57
福田	3.29	5.88
罗湖	1.98	1.49
龙岗西	1.81	1.04
宝安南	1.65	0.57
龙华	1.44	0.65
龙岗东	0.31	0.32
宝安北	0.18	0.10
盐田	0.14	0.20
坪山	0.11	0.10
光明	0.07	0.08
大鹏	0.02	0.02

资料来源：作者整理

4.2　相对强度

从相对强度指数（RSL_{ij}）看（表7），具有最高联系强度的节点对为宝安南→南山，RSL_{ij}值为14.41%；其次是罗湖→福田、龙华→福田、龙岗西→福田、南山→福田和福田→南山，RSL_{ij}值分别为9.87%、7.02%、6.09%、5.90%和5.08%。其他各节点之间的RSL_{ij}值均未超过5%。分单元看，宝安北、大鹏、光明、龙岗东、盐田和坪山的RSL_{ij}值总体较低。

4.3　结构

计算得到深圳多中心网络结构的熵指数（EI）值为0.703，可见各节点间的交互联系较强，节点间的通勤流量并非指向单一中心，网络具有较强的多中心特性。

综上，从网络特征看，深圳的多中心网络已经形成，且具有较强的层级性；福田和南山的优势度指数及相对强度指数远高于其他单元，具有明显的市级中心特征；其次是罗湖、龙岗西、龙华、宝安南、龙岗东和宝安北，其优势度指数较

相对强度指数（RSL_{ij}）测度结果　　　　　　表 7

流出／流入	宝安北	宝安南	大鹏	福田	光明	龙岗东	龙岗西	龙华	罗湖	南山	坪山	盐田
宝安北		0.44%	0.00%	0.35%	0.07%	0.05%	0.08%	0.11%	0.09%	0.83%	0.02%	0.02%
宝安南	0.35%		0.01%	2.69%	0.07%	0.28%	0.47%	0.37%	0.72%	**14.41%**	0.08%	0.19%
大鹏	0.00%	0.00%		0.02%	0.00%	0.03%	0.01%	0.01%	0.02%	0.01%	0.02%	0.02%
福田	0.07%	0.49%	0.01%		0.05%	0.29%	0.95%	0.68%	2.30%	**5.08%**	0.08%	0.15%
光明	0.05%	0.04%	0.00%	0.09%		0.02%	0.05%	0.06%	0.03%	0.15%	0.01%	0.00%
龙岗东	0.02%	0.10%	0.02%	0.59%	0.02%		0.46%	0.12%	0.37%	0.39%	0.27%	0.05%
龙岗西	0.05%	0.55%	0.01%	**6.09%**	0.09%	0.44%		2.61%	4.76%	3.35%	0.10%	0.16%
龙华	0.07%	0.58%	0.00%	**7.02%**	0.14%	0.17%	3.01%		1.25%	3.93%	0.05%	0.07%
罗湖	0.08%	0.41%	0.04%	**9.87%**	0.05%	0.40%	1.85%	0.58%		3.35%	0.09%	0.53%
南山	0.16%	1.87%	0.01%	**5.90%**	0.12%	0.42%	0.94%	0.51%	1.23%		0.11%	0.40%
坪山	0.01%	0.05%	0.02%	0.07%	0.01%	0.52%	0.07%	0.04%	0.08%	0.08%		0.01%
盐田	0.00%	0.02%	0.01%	0.23%	0.00%	0.03%	0.05%	0.02%	0.21%	0.13%	0.01%	

资料来源：作者整理

高，且与福田、南山具有较强的交互联系，大体可被确认为次级中心；光明、坪山、盐田和大鹏的中心性较弱。

5　深圳多中心城市结构的功能范围评价

5.1　联系距离

选择前述中心性较强的 8 个就业中心单元统计其就业者的通勤距离构成，按优势度从高到低排序得到图 14。可以看到，优势度较高的福田、南山和罗湖，不同区段通勤距离的比例分布较为均衡，显示出作为高等级中心的更广的联系空

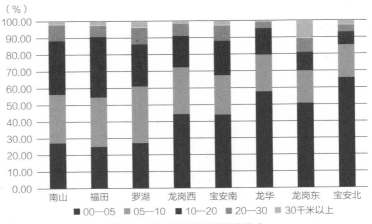

图 14　作为就业地的通勤距离构成

资料来源：作者绘制

间范围；而龙岗西、宝安南、龙华、龙岗东和宝安北则均以短距离通勤为主导，40% 以上的通勤分布在 5 千米以内，显示出作为次级中心的地方性特征。

5.2　组团聚合

针对罗湖、南山和福田三个在联系距离上呈现高等级中心特质的单元，统计其跨区通勤人口的居住地分布，并用自然断点法分类，可以看到其作为就业地与周边行政区基本呈现出近域组团聚合的关系，并具有一定的方向性（图 15）：罗

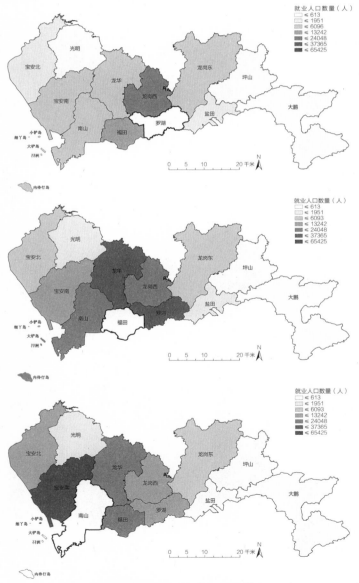

图 15　罗湖、福田和南山与周边的组团聚合关系示意

资料来源：作者绘制

湖与龙岗西的联系最为紧密，其次是福田；福田与罗湖和龙华的联系最为紧密，其次是龙岗西和南山；南山与宝安南的联系最为紧密，其次是福田和龙华。

5.3　势力争夺

首先对就业人口进行密度分级（图16）；然后使用局部 *Moran's I* 指数，以反距离法表达空间关系，取800米距离阈值，在5%显著性水平下选出就业人口高值聚类区（图17）。基于密度分级和高值聚类，取密度等级高于二级、位于高值聚类区的区域，识别出南山、福田、罗湖三个单元的就业集聚区（图18）。

进而按250米×250米栅格将每个栅格前往各集聚区的就业人数排序，将第一大值与第二大值差值在20%以上的栅格界定为第一大值所属集聚区的影响范围；否则，就界定为势力争夺范围，由此得到图19。可以看到：南山和福田的就

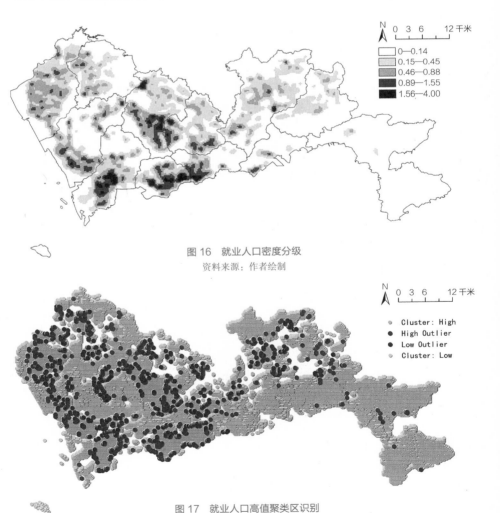

图16　就业人口密度分级

资料来源：作者绘制

图17　就业人口高值聚类区识别

资料来源：作者绘制

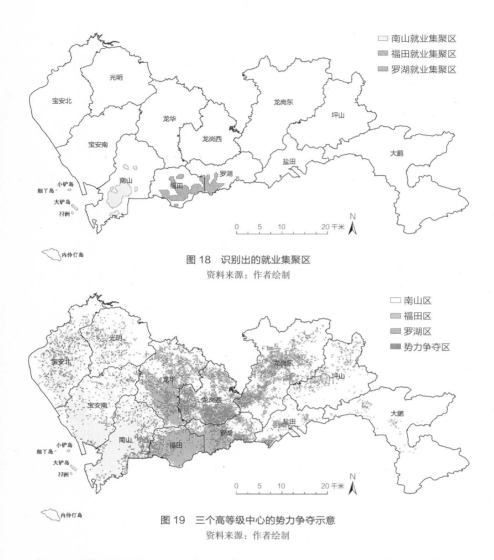

图 18　识别出的就业集聚区
资料来源：作者绘制

图 19　三个高等级中心的势力争夺示意
资料来源：作者绘制

业集聚区的势力范围较大、分布相对集中；罗湖的就业集聚区的势力范围面积较小、分布相对分散，且周边有较高比例的势力争夺范围。

综上，从功能范围看，福田、南山和罗湖显示出作为综合性高等级中心的特征，并分别与其邻接的部分区域形成了组团聚合关系；三个中心之间存在较强的竞争，福田和南山的势力范围明显更大，罗湖处于相对弱势的地位。

6　深圳多中心城市结构评价的总体结论

6.1　与多中心结构原型的对比

基于不同等级中心之间的通勤联系，Burger 等（2011）提出了功能多中心的 4 种理论原型（图 20）：

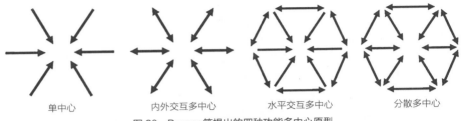

单中心　　　　　　　内外交互多中心　　　　　水平交互多中心　　　　　分散多中心

图20　Burger等提出的四种功能多中心原型

资料来源：Burger 等，2011

（1）单中心（Monocentric）。以从次级中心向主中心的通勤联系为主，主中心向次级中心以及各次级中心之间的通勤联系较少。

（2）内外交互多中心（Polycentric Exchange）。既存在大量从次级中心向主中心的通勤联系，也存在大量从中心向次级中心的通勤联系。

（3）水平交互多中心（Polycentric Criss-cross）。除了从次级中心向主中心的通勤联系外，各次级中心之间也存在大量的通勤联系。

（4）分散多中心（Polycentric Decentralized）。各中心之间的通勤联系均衡分布，不再有明确的主中心。

对比来看，深圳的多中心结构目前大致处于水平交互多中心的阶段，即以次级中心向主中心的向心通勤和各次级中心之间的通勤联系为主。南山和福田作为市级中心具有很强的通勤吸引力，吸引了大量从罗湖、宝安南、龙岗西和龙华等次级中心向主中心的向心通勤，但主中心到次级中心的通勤有限；各次级中心之间形成了程度不一的水平交互联系，比如龙华和龙岗西之间的较强联系，龙岗东与坪山之间的弱联系等。从居住—就业功能平衡的角度看，这显然并非较为理想的多中心结构，如何降低通勤向南山与福田的单中心趋向、实现向通勤均衡分布的分散多中心结构演化是今后规划需要进一步引导的方向。

6.2　与规划多中心结构的对比

基于居住—就业布局的视角，总体而言当前深圳基本上形成了具有层级性的多中心结构，其特性不仅体现在空间形态上，也体现在交互联系上。与2010版总规确定的多中心结构相比，空间格局上大体吻合，但中心的分布和能级存在差异（表8），具体体现在：

6.2.1　新的市级中心崛起，传统的市级中心有所衰落

深圳的发展建设最早从原特区的东部区域起步，2010版总体规划主导引导城市重心逐步从东向西推进，形成罗湖—福田、前海双中心格局。目前来看，"双中心"结构凸显；市级中心主要的空间载体为新崛起的南山和福田，而传统中心罗

当前各中心发展与总体规划的各级中心的比较　　　表 8

名称	总体规划界定的中心	当前发展与规划的对比
福田	福田—罗湖市级中心	符合规划预期，已具有市级中心特征
罗湖		作为传统中心出现衰落，部分指标呈现出副中心特征
南山	前海市级中心	符合规划预期，已具有市级中心特征
宝安南		尚未形成规划的市级中心
宝安北	沙井组团中心	基本形成规划的组团中心
龙岗东	龙岗副中心	基本形成规划的副中心
龙岗西	布吉组团中心	已超越规划的组团中心，达到副中心能级
龙华	龙华副中心	基本形成规划的副中心
盐田	盐田副中心	未形成规划的副中心，大致为组团中心能级
光明	光明副中心	未形成规划的副中心，大致为组团中心能级
坪山	坪山副中心	未形成规划的副中心，大致为组团中心能级
大鹏	组团中心	基本形成规划的组团中心

资料来源：笔者整理

湖则出现与规划目标不尽一致的衰落，在多项指标上已与福田、南山拉开较大差距。此外，虽然宝安南当前的能级与龙华、龙岗等副中心级别相当，尚未与南山一样实现中心能级的跃迁；但未来随着前海的逐步建设完成，可以预期宝安南的能级还存在提升的空间。由此可见，相比规划的中心体系分布，现实的中心分布出现了进一步向西转移的趋势。

6.2.2　其他中心的建设存在较大分化

5 个规划的城市副中心中，龙岗和龙华的能级要明显高于盐田、光明和坪山，后三者大致处于组团级中心的水平；同时，龙岗西虽然在总规中仅定位为组团级中心，但当前已基本达到副中心级别。此外，宝安北已经初步形成规划的组团中心能级。

6.3　未来展望

与前三版总体规划相比，新一版面向 2035 年的国土空间总体规划所确定的市级功能中心数量大幅增加，分散多中心的特性更为显著，这无疑有助于引导减少向心通勤，促进居住与就业的平衡与匹配。结合本文的分析所呈现的这些中心的现状能级看，都市核心区已经成为一个高度集聚的就业中心区，未来需要着力考虑维持罗湖这个传统中心的竞争力，并增强龙华的就业功能，提高其中心性特征；在都市核心区外围的 12 个功能中心中，仅龙岗中心初具规模，其他中心虽有一定的基础但还需要大力培育，需要强力的资源投入和政策支持，才可能实现规划目标。

主要参考文献

[1]   BERTAUD A. World Development Report 2003：Dynamic Development in a Sustainable World Background Paper：The Spatial Organization of Cities：Deliberate Outcome or Unforeseen Consequence[R]. World Bank，2003.

[2]   邹兵 . 深圳城市空间结构的演进历程及其中的规划效用评价 [J]. 城乡规划，2017（6）：69-79.

[3]   许宁，尹凌，胡金星 . 从大规模短期规则采样的手机定位数据中识别居民职住地 [J]. 武汉大学学报（信息科学版），2014，39（6）：750-756.

[4]   王德，钟炜菁，谢栋灿，等 . 手机信令数据在城市建成环境评价中的应用——以上海市宝山区为例 [J]. 城市规划学刊，2015（5）：82-90.

[5]   谢栋灿，王德，钟炜菁，等 . 上海市建成环境的评价与分析——基于手机信令数据的探索 [J]. 城市规划，2018，42（10）：97-108.

[6]   范佳慧，张艺帅，赵民，等 . 广州市空间结构与绩效研究：职住空间的视角 [J]. 城市规划学刊，2019（6）：33-42.

[7]   吴一洲，赖世刚，吴次芳，等 . 多中心城市的概念内涵与空间特征解析 [J]. 城市规划，2016（6）：23-31.

[8]   李欣 . 基于 POI 要素空间聚集特征的城市多中心结构识别——以郑州市为例 [J]. 北京大学学报（自然科学版），2020，56（4）：692-702.

[9]   陈德权，兰泽英 . 基于 POI 数据的城市中心体系识别与边界提取——以长沙市中心六区为例 [J]. 现代城市研究，2020（4）：82-89.

[10]   张亮，岳文泽，刘勇 . 多中心城市空间结构的多维识别研究——以杭州为例 [J]. 经济地理，2017，37（6）：67-75.

[11]   李峰清，赵民 . 关于多中心大城市住房发展的空间绩效——对重庆市的研究与延伸讨论 [J]. 城市规划学刊，2011（3）：8-19.

[12]   蒋丽，吴缚龙 . 广州市就业次中心和多中心城市研究 [J]. 城市规划学刊，2009（3）：75-81.

[13]   于涛方，吴唯佳 . 单中心还是多中心：北京城市就业次中心研究 [J]. 城市规划学刊，2016（3）：21-29.

[14]   Preston, R. E. The structure of central place systems[J]. Economic Geography，1971，47：136-155.

[15]   罗震东，朱查松 . 解读多中心：形态、功能与治理 [J]. 国际城市规划，2008（1）：85-88.

[16]   Burger M, Meijers E. Form Follows Function? Linking Morphological and Functional Polycentricity[J]. Urban Studies，2012，49（5）：1127-1149.

[17]   Burger M., Goei B. D., Laan Lvd. Heterogeneous development of metropolitan spatial structure：Evidence from commuting patterns in English and Welsh city-regions[J]. Cities，2011，28：160-170.

[18]   Pain K，Hall P. The polycentric metropolis：learning from mega-city regions in Europe[M]. London：Earthscan，2006.

[19]   Limtanakool N，Dijst M J，Schwanen T. A Theoretical Framework and Methodology for Characterising National Urban Systems on the Basis of Flows of People：Empirical Evidence for France and Germany[J]. Urban studies（Edinburgh，Scotland），2007，44（11）：2123-2145.

审图号：GS京（2022）0894号

图书在版编目（CIP）数据

人本·规划=Planning for the People/孙施文
等著；中国城市规划学会学术工作委员会编.—北京：
中国建筑工业出版社，2022.9
（中国城市规划学会学术成果）
ISBN 978-7-112-27963-0

Ⅰ.①人… Ⅱ.①孙… ②中… Ⅲ.①城市规划—中
国—文集 Ⅳ.①TU984.2-53

中国版本图书馆CIP数据核字（2022）第174361号

责任编辑：杨　虹　尤凯曦
书籍设计：付金红
责任校对：董　楠

中国城市规划学会学术成果

人本·规划
Planning for the People
孙施文　等　著
中国城市规划学会学术工作委员会　编

*
中国建筑工业出版社出版、发行（北京海淀三里河路9号）
各地新华书店、建筑书店经销
北京雅盈中佳图文设计公司制版
北京雅昌艺术印刷有限公司印刷
*
开本：787毫米×1092毫米　1/16　印张：21³/₄　字数：412千字
2022年12月第一版　2022年12月第一次印刷
定价：128.00元
ISBN 978-7-112-27963-0
　　（40088）